"十二五"普通高等教育本科国家级规划教材

高等学校计算机专业核心课
名师精品·系列教材

数据结构
（C语言版 第2版）

双色版｜附微课视频

严蔚敏 李冬梅 吴伟民 **编著**

DATA STRUCTURES IN C
(2ND EDITION)

人民邮电出版社

北 京

图书在版编目（CIP）数据

数据结构：C语言版：双色版 / 严蔚敏，李冬梅，吴伟民编著. -- 2版. -- 北京：人民邮电出版社，2022.1（2024.6重印）
高等学校计算机专业核心课名师精品系列教材
ISBN 978-7-115-57666-8

Ⅰ. ①数… Ⅱ. ①严… ②李… ③吴… Ⅲ. ①数据结构－高等学校－教材②C语言－程序设计－高等学校－教材 Ⅳ. ①TP311.12②TP312.8

中国版本图书馆CIP数据核字(2021)第208784号

内 容 提 要

本书在选材与编排上，贴近当前普通高等院校"数据结构"课程的现状和发展趋势，符合最新的全国研究生考试计算机统考大纲，内容难度适度，突出实用性和应用性。全书共 8 章，内容包括绪论，线性表，栈和队列，串、数组和广义表，树和二叉树，图，查找和排序。全书采用类 C 语言作为数据结构和算法的描述语言。

本书可作为普通高等院校计算机和信息技术相关专业"数据结构"课程的教材，也可供从事计算机工程与应用工作的科技工作者参考。

◆ 编　　著　严蔚敏　李冬梅　吴伟民
　　责任编辑　刘　博
　　责任印制　王　郁　马振武
◆ 人民邮电出版社出版发行　　北京市丰台区成寿寺路 11 号
　　邮编　100164　电子邮件　315@ptpress.com.cn
　　网址　https://www.ptpress.com.cn
　　三河市中晟雅豪印务有限公司印刷
◆ 开本：787×1092　1/16
　　印张：17　　　　　　　　　　2022 年 1 月第 2 版
　　字数：447 千字　　　　　　　2024 年 6 月河北第 8 次印刷
定价：49.80 元
读者服务热线：(010)81055256　印装质量热线：(010)81055316
反盗版热线：(010)81055315
广告经营许可证：京东市监广登字 20170147 号

《数据结构（C语言版）》第1版自出版以来，深受广大读者欢迎，被百余所学校选为"数据结构"课程的教材，并被评为"'十二五'普通高等教育本科国家级规划教材"。党的二十大报告指出，要加快建设网络强国、数字中国，夯实数字基础设施和数据资源体系"两大基础"，打通数字基础设施大动脉，畅通数据资源大循环，建设公共卫生、科技、教育等重要领域国家数据资源库，筑牢数据安全保障防线，推进数据分类分级管理、数据安全共享使用。这些数字基础设施和数据资源体系的建设离不开数据结构的知识。为了更好地满足广大高等院校的学生对数据结构知识学习的需要，编者结合近几年的教学改革实践、科研项目以及广大读者的反馈意见，并参考了大量文献资料，对教材进行了仔细的修订。这次修订的主要内容如下。

（1）采用"案例驱动"的编写模式。书中结合实际应用，将各章按照"案例引入—数据结构及其操作—案例分析与实现"的案例驱动思路来展开。每章使用一个有趣的"问题案例"开头，由该案例逐步引入新的数据结构，然后给出该数据结构的存储表示及各种基本操作的实现，之后进一步分析此案例，最终利用该数据结构来实现此案例。这样，学生便能体会到从问题求解到程序设计的转换过程，深刻理解数据结构在程序设计中的作用。

（2）算法讲解更加细致。学生学习数据结构最大的困难是不能将用文字表述的算法思想转换成程序。新教材中对每个算法思想进行详细阐述，将用文字描述的算法步骤与用类C语言表述的算法描述一一对应。尤其是对于有循环结构的算法，本书在算法步骤的描述中利用缩进的格式清晰地体现出了循环的执行过程。因为本书中的算法是由浅到深的，所以学生通过学习这些算法，在不知不觉中便逐步提高了将自然语言描述的算法转化为高级语言描述的程序的能力，真正提高了算法设计与算法实现的能力。

（3）优化教材内容。参考计算机专业最新的全国统考考研大纲，本书增加了大纲近两年新增的考点内容，如分块查找、外部排序等，有助于考研学生复习备考使用。

本书共8章内容，其中第1章为绪论，综述数据、数据结构和抽象数据类型等基本概念；第2章至第6章从抽象数据类型的角度，分别讨论线性表、栈、队列、串、数组、广义表、树和二叉树以及图等基本类型的数据结构及其应用；第7章和第8章分别讨论查找和排序，除了介绍各种实现方法之外，还着重从时间上进行定性或定量的分析和比较。本书突出了抽象数据类型的概念，对每一种数据结构，都分别给出相应的抽象数据类型规范说明和实现方法。

全书采用类C语言作为数据结构和算法的描述语言，在对数据的存储结构和算法进行描述时，尽量考虑C语言的特色，同时兼顾数据结构和算法的可读性。学生在实际上机操作时，可以很容易地将本书中的数据结构和算法转换成C或C++程序。

为方便教师教学和学生学习，本书还提供了PPT教学课件、习题答案、源代码、教学大纲、实验指导，以及算法的Flash动态演示。读者可从人邮教育社区（www.ryjiaoyu.com）上免费下载。

针对"数据结构"这门课中难以理解的算法，本书专门提供了微课视频进行演示和讲解，读者可直接使用手机扫描"算法"旁边的二维码，观看视频。

为了帮助计算机考研学生更好地掌握数据结构课程，本书附赠了数据结构考研辅导视频（见图1）。读者可登录人邮学院（www.rymooc.com），利用本书封底的刮刮卡，获得数据结构考研辅导视频。读者可扫描右侧的二维码，获取人邮学院的使用方法。

人邮学院使用方法

图1 数据结构考研辅导视频

在本书的编写过程中，北京林业大学信息学院的瞿小龙、杨宇、孟湘晧、曲锦涛、田紫微、李雨浔、姜文娟、宋潮、刘昊然、焦元周、林阳光、林峰、史东升等同学参加了有关程序的调试工作和文字校对工作，李雨浔、姜文娟、田紫微、苏翔等同学参加了算法动态演示课件的制作工作，在此表示衷心的感谢！

因编者水平有限，书中错误在所难免，恳请批评指正。

编 者

2022年12月

CONTENTS 目录

目录 CONTENTS

CONTENTS **目录**

第1章

绪论

早期的计算机主要用于数值计算，而现在的计算机主要用于非数值计算，包括对字符、表格和图像等具有一定结构的数据进行处理。这些数据内容存在着某种联系，只有分清楚数据的内在联系，合理地组织数据，才能对它们进行有效的处理，设计出高效的算法。如何合理地组织数据、高效地处理数据，这就是"数据结构"主要研究的问题。本章简要介绍有关数据结构的基本概念和算法分析方法。

1.1 数据结构的研究内容

计算机用于数值计算时，一般要经过如下几个步骤：首先从具体问题中抽象出数学模型，然后设计一个用于此数学模型的算法，最后编写程序，进行测试、调试，直到解决问题。在此过程中寻求数学模型的实质是分析问题，从中提取操作的对象，并找出这些操作对象之间的关系，然后用数学语言加以描述，即建立相应的数学方程。例如，用计算机进行全球天气预报时，就需要求解一组球面坐标系下的二阶椭圆偏微分方程；预测人口增长情况的数学模型为常微分方程。求解这些数学方程的算法属于计算数学研究的范畴，如高斯消元法、差分法、有限元法等算法。数据结构主要研究非数值计算问题，非数值计算问题无法用数学方程建立数学模型，下面通过三个实例加以说明。

【例1.1】 学生学籍管理系统。

高等院校教务处使用计算机对全校的学生学籍进行统一管理。学生的基本信息，包括学生的学号、姓名、性别、籍贯、专业等，如表1.1所示。每个学生的基本情况按照不同的顺序号，依次存放在"学生基本信息表"中，教务处可以根据需要在这张表中进行查找。每个学生的基本信息记录按顺序号排列，形成了学生基本信息记录的线性序列，呈线性关系。

表 1.1 学生基本信息表

学号	姓名	性别	籍贯	专业
060214201	杨阳	男	安徽	计算机科学与技术
060214202	薛林	男	福建	计算机科学与技术
060214215	王诗萌	女	吉林	计算机科学与技术
060214216	冯子晗	女	山东	计算机科学与技术

诸如此类的线性表结构还有图书馆的书目管理系统、库存管理系统等。在这类问题中，计算机处理的对象是各种表，元素之间存在简单一对一的线性关系，因此这类问题的数学模型就是各种线性表，施加于对象上的操作有查找、插入和删除等。这类数学模型称为"线性"的数据结构。

【例1.2】 人机对弈问题。

计算机之所以能和人对弈是因为已经将对弈的策略在计算机中存储好。由于对弈的过程是在一定规则下随机进行的，所以，为使计算机能灵活对弈，就必须把对弈过程中所有可能发生的情况及相应的对策都加以考虑。以简单的井字棋为例，初始状态是一个空的棋盘格局。对弈开始后，每下一步棋，则构成一个新的棋盘格局，且相对于上一个棋盘格局的可能选择可以有多种形式，因而整个对弈过程就如同图1.1所示的"一棵倒长的树"。在这棵"树"中，从初始状态（根）到某一最终格局（叶子）的一条路径，就是一次具体的对弈过程。

人机对弈问题的数学模型就是用树结构表示棋盘和棋子等，算法是博弈的规则和策略。诸如此类的树结构还有计算机的文件系统、一个单位的组织机构等。在这类问题中，计算机处理的对象是树结构，元素之间存在一对多的层次关系，施加于对象上的操作有查找、插入和删除等。这类数学模型称为"树"的数据结构。

【例1.3】 最短路径问题。

从城市A到城市B有多条线路，但每条线路所需的交通费不同，那么，如何选择一条线路，使得从城市A到城市B所需的交通费最少呢？解决的方法是，把这类问题抽象为图的最短路径问题。如图1.2所示，图中的顶点代表城市，有向边代表两个城市之间的通路，边上的权值代表两个城市之间的交通费。求解A到B所需的最少交通费，就是要在有向图中A点（源点）到达B点（终点）的多条路径中，寻找一条各边权值之和最小的路径，即最短路径。

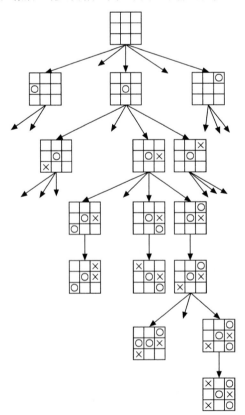

图1.1 井字棋的对弈树

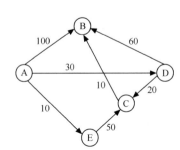

图1.2 最短路径问题

最短路径问题的数学模型就是图结构，算法是求解两点之间的最短路径。诸如此类的图结构还有网络工程图和网络通信图等。在这类问题中，元素之间存在多对多的网状关系，施加于对象上的操作依然有查找、插入和删除等。这类数学模型称为"图"的数据结构。

从上面3个实例可以看出，非数值计算问题的数学模型不再是数学方程，而是诸如线性表、树和图的数据结构。因此，简单地说，数据结构是一门研究非数值计算程序设计中的操作对象，以及这些对象之间的关系和操作的学科。

20世纪60年代初期，"数据结构"有关的内容散见于操作系统、编译原理等课程中。1968年，"数据结构"作为一门独立的课程被列入美国一些大学计算机科学系的教学计划。同年，著名计算机科学家唐纳德·克努特（D.E.Knuth）教授发表了《计算机程序设计艺术》第一卷《基本算法》。这是第一本较系统地阐述"数据结构"基本内容的著作。之后，随着大型程序和大规模文件系统的出现，结构化程序设计成为程序设计方法学的主要研究方向，人们普遍认为程序设计的实质就是为所处理的问题选择一种好的数据结构，并在此结构基础上施加一种好的算法，著名科学家沃斯（Wirth）教授的《算法+数据结构=程序》正是这种观点的集中体现。

目前，数据结构在计算机科学中是一门综合性的专业基础课。数据结构的研究不仅涉及计算机硬件（特别是编码理论、存储装置和存取方法等）的研究范围，而且和计算机软件的研究有着密切的关系，无论是编译程序还是操作系统都涉及数据元素在存储器中的分配问题。在研究信息检索时也必须考虑如何组织数据，以使查找和存取数据元素更为方便。因此，可以认为，数据结构是介于数学、计算机硬件和软件三者之间的一门核心课程。

有关"数据结构"的研究仍不断发展，一方面，面向各专门领域中特殊问题的数据结构正在研究和发展；另一方面，从抽象数据类型的观点来讨论数据结构，已成为一种新的趋势，越来越被人们所重视。

1.2 数据结构的基本概念和术语

下列概念和术语将在后文中多次出现，本节先对这些概念和术语给出确定的含义。

1.2.1 数据、数据元素、数据项和数据对象

数据（Data）是客观事物的符号表示，是所有能输入计算机中并被计算机程序处理的符号的总称。如数学计算中用到的整数和实数，文本编辑中用到的字符串，多媒体程序处理的图形、图像、声音及动画等通过特殊编码定义后的数据。

数据元素（Data Element）是数据的基本单位，在计算机中通常作为一个整体进行考虑和处理。在有些情况下，数据元素也称为元素、记录等。数据元素用于完整地描述一个对象，如前一节示例中的一名学生记录，树中棋盘的一个格局（状态），以及图中的一个顶点等。

数据项（Data Item）是组成数据元素的、有独立含义的、不可分割的最小单位。例如，学生基本信息表中的学号、姓名、性别等都是数据项。

数据对象（Data Object）是性质相同的数据元素的集合，是数据的一个子集。例如：整数数据对象是集合$N=\{0, \pm1, \pm2, \cdots\}$，字母字符数据对象是集合$C=\{'A','B',\cdots,'Z','a','b',\cdots,'z'\}$，学生基本信息表也可以是一个数据对象。由此可以看出，不论数据元素集合是无限集（如整数集），或是有限集（如字母字符集），还是由多个数据项组成的复合数据元素（如学生表）的集合，只要集合内元素的性质均相同，都可称之为一个数据对象。

1.2.2 数据结构

数据结构（Data Structure）是相互之间存在一种或多种特定关系的数据元素的集合。换句话说，数据结构是带"结构"的数据元素的集合，"结构"就是指数据元素之间存在的关系。

数据结构包括逻辑结构和存储结构两个层次。

1. 逻辑结构

数据的**逻辑结构**是从逻辑关系上描述数据，它与数据的存储无关，是独立于计算机的。因此，数据的逻辑结构可以看作从具体问题中抽象出来的数学模型。

数据的逻辑结构有两个要素：一是数据元素；二是关系。数据元素的含义如前所述，关系是指数据元素间的逻辑关系。根据数据元素之间关系的不同特性，数据的逻辑结构通常有4类基本逻辑结构，如图1.3所示。它们的复杂程度依次递进。

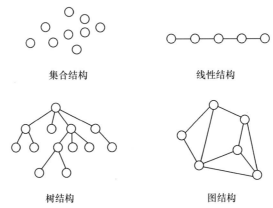

图1.3 4类基本逻辑结构

下面4种结构中所举的示例是以某班级学生作为数据对象（数据元素是学生的学籍档案记录），来分别考察数据元素之间的关系。

（1）集合结构

数据元素之间除了"属于同一集合"的关系外，别无其他关系。例如，确定一名学生是否为班级成员，只需将班级看作一个集合结构。

（2）线性结构

数据元素之间存在一对一的关系。例如，将学生信息数据按照其入学报到的时间先后顺序进行排列，将组成一个线性结构。

（3）树结构

数据元素之间存在一对多的关系。例如，在班级的管理体系中，班长管理多个组长，每位组长管理多名组员，从而构成树结构。

（4）图结构或网状结构

数据元素之间存在多对多的关系。例如，多位同学之间的朋友关系，任何两位同学都可以是朋友，从而构成图结构或网状结构。

其中集合结构、树结构和图结构或网状结构都属于非线性结构。

线性结构包括线性表（典型的线性结构，如例1.1中的学生基本信息表）、栈和队列（具有特殊限制的线性表，数据操作只能在表的一端或两端进行）、字符串（也是特殊的线性表，其特殊性表现在它的数据元素仅由一个字符组成）、数组（是线性表的推广，它的数据元素是一个线性表）、广义表（也是线性表的推广，它的数据元素是一个线性表，但不同构，即或者是单元素，或者是线性表）。非线性结构包括树结构[分为树（具有多个分支的层次结构）和二叉树（具有两个分支的层次结构）]、图结构[分为有向图（一种图结构，边是顶点的有序对）和无向图（另一种图结构，边是顶点的无序对）]和集合结构。这几种逻辑结构可以用一个层次图描述，如图1.4所示。

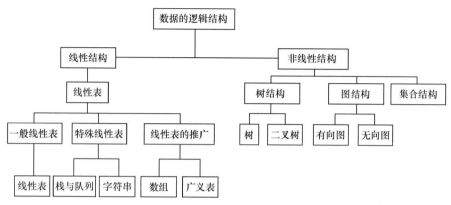

图1.4 逻辑结构层次图

2. 存储结构

数据对象在计算机中的存储表示称为数据的**存储结构**，也称为**物理结构**。把数据对象存储到计算机时，通常要求既要存储各数据元素的数据，又要存储数据元素之间的逻辑关系，数据元素在计算机内用一个结点来表示。数据元素在计算机中有两种基本的存储结构，分别是顺序存储结构和链式存储结构。

（1）顺序存储结构

顺序存储结构是借助元素在存储器中的相对位置来表示数据元素之间的逻辑关系的，通常借助程序设计语言的数组类型来描述。

对于前面的"学生基本信息表"，假定每个结点（学生记录）占用50个存储单元，数据从0号单元开始由低地址向高地址方向存储，对应的顺序存储结构如表1.2所示。

表 1.2 顺序存储结构

地址	学号	姓名	性别	籍贯	专业
0	060214201	杨阳	男	安徽	计算机科学与技术
50	060214202	薛林	男	福建	计算机科学与技术
100	060214215	王诗萌	女	吉林	计算机科学与技术
150	060214216	冯子晗	女	山东	计算机科学与技术

（2）链式存储结构

顺序存储结构要求所有的元素依次存放在一片连续的存储空间中，而链式存储结构，无须占用一整块存储空间。但为了表示结点之间的关系，需要给每个结点附加指针字段，用于存放后继元素的存储地址。所以链式存储结构通常借助于程序设计语言的指针类型来描述。

假定给前面的"学生基本信息表"中的每个结点附加一个"下一个结点地址"，即后继指针字段，用于存放后继结点的首地址，则可得到如表 1.3 所示的链式存储结构。从表中可以看出，每个结点占用两个连续的存储单元，一个存放结点的信息，另一个存放后继结点的首地址。

表 1.3　链式存储结构

地址	学号	姓名	性别	籍贯	专业	后继结点的首地址
0	060214201	杨阳	男	安徽	计算机科学与技术	100
50	060214216	冯子晗	女	山东	计算机科学与技术	∧
100	060214202	薛林	男	福建	计算机科学与技术	150
150	060214215	王诗萌	女	吉林	计算机科学与技术	50

为了更清楚地反映链式存储结构，可采用更直观的图来表示，如"学生基本信息表"的链式存储结构可用如图1.5所示的方式表示。

图 1.5　链式存储结构示意

1.2.3　数据类型和抽象数据类型

1. 数据类型

数据类型（Data Type）是高级程序设计语言中的一个基本概念，前面提到过顺序存储结构可以借助程序设计语言的数组类型来描述，链式存储结构可以借助指针类型来描述，所以数据类型和数据结构的概念密切相关。

一方面，在程序设计语言中，每一个数据都属于某种数据类型。类型明显或隐含地规定了数据的取值范围、存储方式以及允许进行的运算，**数据类型**是一个值的集合和定义在这个值集上的一组操作的总称。例如，C语言中的整型变量，其值集为某个区间上的整数（区间大小依赖于不同的机器），定义在其上的操作为加、减、乘、除和取模等算术运算；而实型变量也有自己的取值范围和相应运算，比如取模运算是不能用于实型变量的。程序设计语言允许用户直接使用的数据类型由具体语言决定，数据类型反映了程序设计语言的数据描述和处理能力。C语言除了提供整型、实型、字符型等基本类型数据外，还允许用户自定义各种类型数据，例如数组、结构体和指针等。

2. 抽象数据类型

抽象就是抽取出实际问题的本质。在计算机中使用二进制数来表示数据，在汇编语言中则可给出各种数据的十进制表示，它们是二进制数据的抽象，使用者在编程时可以直接使用，不必考虑实现细节。高级语言则给出更高一级的数据抽象，出现了数据类型，如整型、实型、字符型等，可以进一步利用这些类型构造出线性表、栈、队列、树、图等复杂的抽象数据类型。

抽象数据类型（Abstract Data Type，ADT）一般指由用户定义的、表示应用问题的数学模型，以及定义在这个模型上的一组操作的总称，具体包括3个部分：数据对象、数据对象上关系的集合以及对数据对象的基本操作的集合。

抽象数据类型的定义格式如下：

```
ADT 抽象数据类型名｛
    数据对象:〈数据对象的定义〉
    数据关系:〈数据关系的定义〉
    基本操作:〈基本操作的定义〉
｝ADT 抽象数据类型名
```

其中，数据对象和数据关系的定义采用数学符号和自然语言描述，基本操作的定义格式为：

```
基本操作名(参数表)
    初始条件:〈初始条件描述〉
    操作结果:〈操作结果描述〉
```

基本操作有两种参数：赋值参数只为操作提供输入值；引用参数以"&"打头，除可提供输入值外，还将返回操作结果。"初始条件"描述了操作执行之前数据结构和参数应满足的条件，若初始条件为空，则省略。"操作结果"说明了操作正常完成之后，数据结构的变化状况和应返回的结果。

1.3　抽象数据类型的表示与实现

运用抽象数据类型描述数据结构，有助于在设计软件系统时，不必首先考虑其中包含的数据对象，以及操作在不同处理器中的表示和实现细节，而是在构成软件系统的每个相对独立的模块上定义一组数据和相应的操作，把这些数据的表示和操作细节留在模块内部解决，在更高的层次上进行软件的分析和设计，从而提高软件的整体性能和利用率。

抽象数据类型的概念与面向对象方法的思想是一致的。抽象数据类型独立于具体实现，将数据和操作封装在一起，使得用户程序只能通过抽象数据类型定义的某些操作来访问其中的数据，从而实现了信息隐藏。在C++中，我们可以用类的声明表示抽象数据类型，用类的实现来实现抽象数据类型。因此，C++中实现的类相当于数据的存储结构及其在存储结构上实现的对数据的操作。

抽象数据类型和类的概念实际上反映了程序或软件设计的两层抽象：抽象数据类型相当于在概念层（或称为抽象层）上描述问题，而类相当于在实现层上描述问题。此外，C++中的类只是一个由用户定义的普通类型，可用它来定义变量（称为对象或类的实例）。因此，在C++中，最终是通过操作对象来解决实际问题的，所以我们可将该层次看作应用层。例如，main程序就可看做是用户的应用程序。

由此可以看出，最终表示和实现抽象数据类型，最好用面向对象的方法，比如用C++语言的类描述比较方便、有效，但本课程大多在大学低年级开设，用C语言的描述方法更符合学生的实际情况。另外，由于实际问题千变万化，数据模型和算法也形形色色，因此抽象数据类型的设计和实现，就不可能像基本数据类型那样规范和一劳永逸。本书所讨论的数据结构及其算法主要是面向读者的，故采用介于伪码和C语言之间的类C语言作为描述工具。这使得数据结构与算法的描述与讨论简明清晰，不拘泥于C语言的细节，又容易转换成C或C++程序。

本书采用的类C语言精选了C语言的一个核心子集，同时做了若干扩充修改，增强了语言的描述功能，以下对其做简要说明。

（1）预定义常量及类型：

```
// 函数结果状态代码
#define OK 1
#define ERROR 0
```

```
#define OVERFLOW -2
//Status是函数返回值类型，其值是函数结果状态代码。
typedef int Status;
```

（2）数据结构的表示（存储结构）用类型定义（typedef）描述；数据元素类型约定为
ElemType，由用户在使用该数据类型时自行定义。

（3）基本操作的算法都用如下格式的函数来描述：

```
函数类型 函数名（函数参数表）
{
    //算法说明
    语句序列
}//函数名
```

当函数返回值为函数结果状态代码时，函数定义为Status类型。为了便于描述算法，除了值
调用方式外，增加了C++语言引用调用的参数传递方式。在形参表中，以"&"打头的参数即为
引用参数。传递引用给函数与传递指针的效果是一样的，形参变化实参也发生变化，但引用使
用起来比指针更加方便、高效。

（4）内存的动态分配与释放。

使用new和delete动态分配和释放内存空间：

分配空间　指针变量=new数据类型；

释放空间　delete指针变量；

（5）赋值语句：

简单赋值 变量名 = 表达式；

串联赋值 变量名1 = 变量名2 = ... = 变量名n = 表达式；

成组赋值 (变量名1，...，变量名n) = (表达式1，...，表达式n)；

结构赋值　结构名1 = 结构名2；

　　　　　结构名 = (值1，值2，...，值n)；

条件赋值 变量名 = 条件表达式 ? 表达式T：表达式F；

交换赋值 变量名1 <-->变量名2；

（6）选择语句：

条件语句1 if (表达式) 语句；

条件语句2 if (表达式) 语句；

　　　　　else 语句；

开关语句 switch (表达式)

```
        {
            case 值1：语句序列1 ;break;
            case 值2：语句序列2 ;break;
            ...
            case 值n：语句序列n;break;
            default：语句序列n+1;
        }
```

（7）循环语句：

for语句　　　for (表达式1；条件；表达式2) 语句；

while语句　　while (条件) 语句；

do-while语句　do {

```
                        语句序列；
                    } while (条件);
```

（8）结束语句：

函数结束语句　`return 表达式;`

`return;`

case或循环结束语句 `break;`

异常结束语句 `exit (异常代码);`

（9）输入输出语句使用C++流式输入输出的形式：

输入语句　`cin>>变量1>>…>>变量n;`

输出语句　`cout<<表达式1<<…<<表达式n;`

（10）基本函数：

求最大值　`Max (表达式1,…,表达式n)`

求最小值　`Min (表达式1,…,表达式n)`

下面以复数为例，给出一个完整的抽象数据类型的定义、表示和实现。

（1）定义部分：

```
ADT Complex {
    数据对象：D={e1,e2|e1,e2 ∈ R,R是实数集 }
    数据关系：S={<e1,e2>|e1是复数的实部,e2 是复数的虚部 }
    基本操作：
      Creat(&C,x,y)
        操作结果：构造复数C,其实部和虚部分别被赋予参数x和y的值。
      GetReal(C)
        初始条件：复数C已存在。
        操作结果：返回复数C的实部值。
      GetImag(C)
        初始条件：复数C已存在。
        操作结果：返回复数C的虚部值。
      Add(C1,C2)
        初始条件：C1,C2是复数。
        操作结果：返回两个复数C1和C2的和。
      Sub(C1,C2)
        初始条件：C1,C2是复数。
        操作结果：返回两个复数C1和C2的差。
} ADT Complex
```

在后文中，每定义一个新的数据结构，都先用这种定义方式给出其抽象数据类型的定义，对于数据结构的表示方法，则根据不同的存储结构相应给出，同时用类C语言给出主要操作的实现方法。下面为了让读者对抽象数据类型有一个完整、正确的理解，给出复数的存储表示和相应操作的具体实现过程。

（2）表示部分：

```
typedef struct              //复数类型
{
    float Realpart;         //实部
    float Imagepart;        //虚部
}Complex;
```

（3）实现部分：

```
void Create(&Complex C, float x, float y)
```

```
{//构造一个复数
  C.Realpart=x;
  C.Imagepart=y;
}
float GetReal(Complex C)
{//取复数C=x+yi的实部
  return C.Realpart;
}
float GetImag(Complex C)
{//取复数C=x+yi的虚部
  return C.Imagepart;
}
Complex Add(Complex C1, Complex C2)
{ //求两个复数C1和C2的和sum
  Complex sum;
  sum.Realpart=C1.Realpart+C2.Realpart;
  sum.Imagepart=C1.Imagepart+C2.Imagepart;
  return sum;
}
Complex Sub(Complex C1, Complex C2)
{ //求两个复数C1和C2的差difference
  Complex difference;
  difference.Realpart=C1.Realpart-C2.Realpart;
  difference.Imagepart=C1.Imagepart-C2.Imagepart;
  return difference;
}
```

　　这样定义之后，就可以在主程序中通过调用Create函数构造一个复数，调用Add或Sub函数实现复数的加法或减法运算，从而使用户可以像使用整数类型那样使用复数类型了。通过上述实例，读者可以对抽象数据类型的概念有更加深刻的理解。

1.4　算法和算法分析

　　数据结构与算法之间存在着本质联系。在研究某一类型的数据结构时，总要涉及其上施加的运算。只有通过对所定义运算的研究，才能真正理解数据结构的定义和作用。而在研究具体的运算时，又需要联系到该算法处理的对象和输出结果所对应的数据。也就是说，在"数据结构"的研究过程中，将遇到大量的算法问题，这些算法联系着数据在计算过程中的组织方式，为了描述如何实现某种操作，常常需要设计算法，因而算法是研究数据结构的重要途径。

1.4.1　算法的定义及特性

　　算法（Algorithm）是为了解决某类问题而规定的一个有限长的操作序列。

　　一个算法必须满足以下5个重要特性。

　　（1）**有穷性**。一个算法必须总是在执行有穷步后结束，且每一步都必须在有穷时间内完成。

　　（2）**确定性**。对于每种情况下所应执行的操作，在算法中都有确切的规定，不会产生二义性，算法的执行者或阅读者都能明确其含义及如何执行。

　　（3）**可行性**。算法中的所有操作都可以通过已经实现的基本操作运算执行有限次来实现。

（4）**输入**。一个算法有0个或多个输入。当用函数描述算法时，输入往往是通过形参表示的，在它们被调用时，从主调函数获得输入值。

（5）**输出**。一个算法有一个或多个输出，它们是算法进行信息加工后得到的结果，无输出的算法没有任何意义。当用函数描述算法时，输出多用返回值或引用类型的形参表示。

1.4.2 评价算法优劣的基本标准

一个算法的优劣应该从以下几方面来评价。

（1）**正确性**。在合理的数据输入下，能够在有限的运行时间内得到正确的结果。

（2）**可读性**。一个好的算法，首先应便于人们理解和相互交流，其次才是机器可执行性。可读性强的算法有助于人们对算法的理解，而难懂的算法容易隐藏错误，且难于调试和修改。

（3）**健壮性**。当输入的数据非法时，好的算法能适当地做出正确反应或进行相应处理，而不会产生一些莫名其妙的输出结果。

（4）**高效性**。高效性包括时间和空间两个方面。时间高效是指算法设计合理，执行效率高，可以用时间复杂度来度量；空间高效是指算法占用存储容量合理，可以用空间复杂度来度量。时间复杂度和空间复杂度是衡量算法的两个主要指标。

1.4.3 算法的时间复杂度

算法效率分析的目的是看算法实际是否可行，并在同一问题存在多个算法时，可进行时间和空间性能上的比较，以便从中挑选出较优算法。

衡量算法效率的方法主要有两类：事后统计法和事前分析估算法。事后统计法需要先将算法实现，然后测算其时间和空间开销。这种方法的缺陷很显然，一是必须把算法转换成可执行的程序，二是时空开销的测算结果依赖于计算机的软硬件等环境因素，这容易掩盖算法本身的优劣。所以我们通常采用事前分析估算法，通过计算算法的渐近复杂度来衡量算法的效率。

1．问题规模和语句频度

不考虑计算机的软硬件等环境因素，影响算法时间代价的最主要因素是问题规模。**问题规模**是算法求解问题输入量的多少，是问题大小的本质表示，一般用整数n表示。问题规模n对不同的问题含义不同，例如，在排序运算中n为参加排序的记录数，在矩阵运算中n为矩阵的阶数，在多项式运算中n为多项式的项数，在集合运算中n为集合中元素的个数，在树的有关运算中n为树的结点个数，在图的有关运算中n为图的顶点数或边数。显然，n越大算法的执行时间越长。

一个算法的执行时间大致上等于其所有语句执行时间的总和，而语句的执行时间则为该条语句的重复执行次数和执行一次所需时间的乘积。

一条语句的重复执行次数称作**语句频度**（Frequency Count）。

由于语句的执行要由源程序经编译程序翻译成目标代码，目标代码经装配再执行，因此语句执行一次实际所需的具体时间是与机器的软、硬件环境（如机器速度、编译程序质量等）密切相关的。所以，所谓的算法分析并非精确统计算法实际执行所需时间，而是针对算法中语句的执行次数做出估计，从中得到算法执行时间的信息。

设每条语句执行一次所需的时间均是单位时间，则一个算法的执行时间可用该算法中所有语句频度之和来度量。

【例1.4】 求两个 n 阶矩阵的乘积算法。

```
for(i=1;i<=n;i++)                              // 频度为 n+1
   for(j=1;j<=n;j++)                           // 频度为 n*(n+1)
   {
      c[i][j]=0;                               // 频度为 n²
      for(k=1;k<=n;k++)                        // 频度为 n² * (n+1)
      c[i][j]=c[i][j]+a[i][k]*b[k][j];         // 频度为 n³
   }
```

该算法中所有语句频度之和，是矩阵阶数 n 的函数，用 $f(n)$ 表示之。换句话说，上例算法的执行时间与 $f(n)$ 成正比。

$$f(n)=2n^3+3n^2+2n+1$$

2. 算法的时间复杂度定义

对于例1.4这种较简单的算法，可以直接计算出算法中所有语句的频度；但对于稍微复杂一些的算法，计算所有语句的频度则通常是比较困难的，即便能够计算出，也可能是个非常复杂的函数。因此，为了客观地反映一个算法的执行时间，可以只用算法中的"基本语句"的执行次数来度量算法的工作量。所谓"基本语句"指的是算法中重复执行次数和算法的执行时间成正比的语句，它对算法运行时间的贡献最大。通常，算法的执行时间是随问题规模增长而增长的，因此对算法的评价通常只需考虑其随问题规模增长的趋势。这种情况下，我们只需要考虑当问题规模充分大时，算法中基本语句的执行次数在渐近意义下的阶。如例1.4中矩阵的乘积算法，当 n 趋向无穷大时，显然有

$$\lim_{n \to \infty} f(n)/n^3 = \lim_{n \to \infty}(2n^3+3n^2+2n+1)/n^3 = 2$$

即当 n 充分大时，$f(n)$ 和 n^3 之比是一个不等于0的常数。即 $f(n)$ 和 n^3 是同阶的，或者说 $f(n)$ 和 n^3 的数量级（Order of Magnitude）相同。在这里，我们用"O"来表示数量级，记作 $T(n) = O(f(n))=O(n^3)$。由此我们可以给出下述算法时间复杂度的定义。

一般情况下，算法中基本语句重复执行的次数是问题规模 n 的某个函数 $f(n)$，算法的时间量度记作：

$$T(n) = O(f(n))$$

它表示随着问题规模 n 的增大，算法执行时间的增长率和 $f(n)$ 的增长率相同，称作算法的**渐近时间复杂度**，简称**时间复杂度**（Time Complexity）。

数学符号"O"的严格定义为：

若 $T(n)$ 和 $f(n)$ 是定义在正整数集合上的两个函数，则 $T(n) = O(f(n))$ 表示存在正的常数 C 和 n_0，使得当 $n \geq n_0$ 时都满足 $0 \leq T(n) \leq Cf(n)$。

该定义说明了函数 $T(n)$ 和 $f(n)$ 具有相同的增长趋势，并且 $T(n)$ 的增长至多趋向于函数 $f(n)$ 的增长。符号"O"用来描述增长率的上限，它表示当问题规模 $n > n_0$ 时，算法的执行时间不会超过 $f(n)$，其直观的含义如图1.6所示。

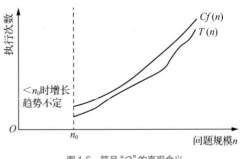

图1.6 符号"O"的直观含义

3. 算法的时间复杂度分析举例

分析算法时间复杂度的基本方法为：找出所有语句中语句频度最大的那条语句作为基本语句，计算基本语句的频度得到问题规模 n 的某个函数 $f(n)$，取其数量级用符号"O"表示即可。具

体计算数量级时，可以遵循以下定理。

定理1.1 若$f(n)=a_mn^m+a_{m-1}n^{m-1}+\cdots+a_1n+a_0$是一个$m$次多项式，则$T(n)=O(n^m)$。

定理1.1说明，在计算算法时间复杂度时，可以忽略所有低次幂项和最高次幂的系数，这样可以简化算法分析，也体现出了增长率的含义。

若算法可用递归方法描述，则算法的时间复杂度通常可使用递归方程表示，此时将涉及递归方程求解问题。有关递归算法的时间复杂度分析方法将在第3章给出。

下面举例说明如何求非递归算法的时间复杂度。

【例1.5】 常量阶示例。

```
{x++;s=0;}
```

两条语句频度均为 1，算法的执行时间是一个与问题规模 n 无关的常数，所以算法的时间复杂度为$T(n) = O(1)$，称为常量阶。

实际上，如果算法的执行时间不随问题规模n的增长而增长，算法中语句频度就是某个常数。即使这个常数再大，算法的时间复杂度都是$O(1)$。例如，对上面的程序进行如下改动：

```
for(i=0;i<10000;i++){x++;s=0;}
```

算法的时间复杂度仍然为$O(1)$。

【例1.6】 线性阶示例。

```
for(i=0;i<n;i++){x++;s=0;}
```

循环体内两条基本语句的频度均为$f(n) = n$，所以算法的时间复杂度为$T(n) = O(n)$，称为线性阶。

【例1.7】 平方阶示例。

```
(1)  x=0;y=0;
(2)  for(k=1;k<=n;k++)
(3)      x++;
(4)  for(i=1;i<=n;i++)
(5)      for(j=1;j<=n;j++)
(6)          y++;
```

对循环语句只需考虑循环体中语句的执行次数，以上程序段中频度最大的语句是（6），其频度为$f(n) = n^2$，所以该算法的时间复杂度为$T(n) = O(n^2)$，称为平方阶。

多数情况下，当有若干个循环语句时，算法的时间复杂度是由最深层循环内的基本语句的频度$f(n)$决定的。

【例1.8】 立方阶示例。

```
(1)  x=1;
(2)  for(i=1;i<=n;i++)
(3)      for(j=1;j<=i;j++)
(4)          for(k=1;k<=j;k++)
(5)              x++;
```

显而易见，该程序段中频度最大的语句是（5），这条最深层循环内的基本语句的频度，依赖于各层循环变量的取值，由内向外可分析出语句（5）的执行次数为：

$$\sum_{i=1}^{n}\sum_{j=1}^{i}\sum_{k=1}^{j}1=\sum_{i=1}^{n}\sum_{j=1}^{i}j=\sum_{i=1}^{n}i(i+1)/2=[n(n+1)(2n+1)/6+n(n+1)/2]/2$$

则该算法的时间复杂度为$T(n) = O(n^3)$，称为立方阶。

【例1.9】 对数阶示例。

```
for(i=1;i<=n;i=i*2){x++;s=0;}
```

设循环体内两条基本语句的频度为$f(n)$，则有$2^{f(n)}\leqslant n$，$f(n)\leqslant\log_2 n$，所以算法的时间复杂度为$T(n) = O(\log_2 n)$，称为对数阶。

常见的时间复杂度按数量级递增排列依次为：常量阶$O(1)$、对数阶$O(\log_2 n)$、线性阶$O(n)$、线性对数阶$O(n\log_2 n)$、平方阶$O(n^2)$、立方阶$O(n^3)$、……、k次方阶$O(n^k)$、指数阶$O(2^n)$等。

不同数量级的时间复杂度性状如图1.7所示。一般情况下，随着n的增大，$T(n)$的增长较慢的算法为较优的算法。显然，时间复杂度为指数阶$O(2^n)$的算法效率极低，当n值稍大时就无法应用。应该尽可能选择使用多项式阶$O(n^k)$的算法，而避免使用指数阶的算法。

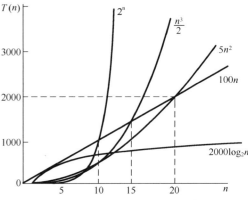

图1.7　不同数量级的时间复杂度性状

4. 最好、最坏和平均时间复杂度

对于某些问题的算法，其基本语句的频度不仅仅与问题的规模相关，还依赖于其他因素。在此仅举一例说明之。

【例1.10】　在一维数组a中顺序查找某个值等于e的元素，并返回其所在位置。

```
(1)  for(i=0;i<n;i++)
(2)      if(a[i]==e) return i+1;
(3)  return 0;
```

容易看出，此算法中语句（2）的频度不仅与问题规模n有关，还与输入实例中数组a[i]的各元素值及e的取值有关。假设在数组a[i]中必定存在值等于e的元素，则查找必定成功，且for循环内的语句的频度将随被找到的元素在数组中出现的位置不同而不同，最好情况是，每次要找的值与e相同的元素恰好就是数组中的第一个元素，则不论数组的规模多大，语句（2）的频度$f(n) = 1$，最坏情况是，每次待查找的都是数组中最后一个元素，则语句（2）的频度$f(n) = n$。而对于一个算法来说，需要考虑各种可能出现的情况，以及每一种情况出现的概率。一般情况下，可假设待查找的元素在数组中所有位置上出现的可能性均相同，则可取语句（2）的频度在最好情况与最坏情况下的平均值，即$f(n) = n/2$，作为它的度量。

此例说明，算法的时间复杂度不仅与问题的规模有关，还与问题的其他因素有关。再如某些排序的算法，其执行时间与待排序记录的初始状态有关。因此，有时会对算法有最好、最坏以及平均时间复杂度的评价。

称算法在最好情况下的时间复杂度为**最好时间复杂度**，是指算法计算量可能达到的最小值；称算法在最坏情况下的时间复杂度为**最坏时间复杂度**，是指算法计算量可能达到的最大值；算法的**平均时间复杂度**是指算法在所有可能情况下，按照输入实例以等概率出现时，算法计算量的加权平均值。

对算法时间复杂度的度量，人们更关心的是最坏情况下和平均情况下的时间复杂度。然而在很多情况下，算法的平均时间复杂度难以确定。因此，通常只讨论算法在最坏情况下的时间复杂度，即分析在最坏情况下，算法执行时间的上界。在本书后面内容中讨论的时间复杂度，除特别指明外，均指最坏情况下的时间复杂度。

1.4.4　算法的空间复杂度

关于算法的存储空间需求，类似于算法的时间复杂度，我们采用渐近空间复杂度（Space Complexity）作为算法所需存储空间的量度，简称空间复杂度，它也是问题规模n的函数，记作：

$$S(n) = O(f(n))$$

一般情况下，一个程序在机器上执行时，除了需要寄存本身所用的指令、常数、变量和输入数据外，还需要一些对数据进行操作的辅助存储空间。其中，输入数据所占的具体存储量取决于问题本身，与算法无关，这样只需分析该算法在实现时所需要的辅助空间就可以了。若算法执行时所需要的辅助空间相对于输入数据量而言是个常数，则称这个算法在原地工作，辅助空间为$O(1)$，本节中前面的示例都是如此。有的算法需要占用临时的工作单元数与问题规模n有关，如第8章介绍的归并排序算法就属于这种情况。

下面举一简单示例说明如何求算法的空间复杂度。

【例1.11】 数组逆序，将一维数组a中的n个数逆序存放到原数组中。

【算法1】

```
for(i=0;i<n/2;i++)
{   t=a[i];
    a[i]=a[n-i-1];
    a[n-i-1]=t;
}
```

【算法2】

```
for(i=0;i<n;i++)
    b[i]=a[n-i-1];
for(i=0;i<n;i++)
    a[i]=b[i];
```

算法1仅需要另外借助一个变量t，与问题规模n大小无关，所以其空间复杂度为$O(1)$。

算法2需要另外借助一个大小为n的辅助数组b，所以其空间复杂度为$O(n)$。

对于一个算法，其时间复杂度和空间复杂度往往是相互影响的，当追求一个较好的时间复杂度时，可能会导致占用较多的存储空间，即可能会使空间复杂度的性能变差，反之亦然。不过，通常情况下，鉴于运算空间较为充足，人们都以算法的时间复杂度作为算法优劣的衡量指标。

1.5 小结

本章介绍了数据结构的基本概念和术语，以及算法和算法时间复杂度的分析方法，主要内容如下。

（1）数据结构是一门研究非数值计算程序设计中的操作对象，以及这些对象之间的关系和操作的学科。

（2）数据结构包括两个方面的内容：数据的逻辑结构和存储结构。同一逻辑结构采用不同的存储方法，可以得到不同的存储结构。

① 逻辑结构是从具体问题中抽象出来的数学模型，从逻辑关系上描述数据，它与数据的存储无关。根据数据元素之间关系的不同特性，数据的逻辑结构通常有4类基本逻辑结构：集合结构、线性结构、树结构和图结构。

② 存储结构是逻辑结构在计算机中的存储表示，有两类存储结构：顺序存储结构和链式存储结构。

（3）抽象数据类型是指由用户定义的、表示应用问题的数学模型，以及定义在这个模型上的一组操作的总称，具体包括3个部分：数据对象、数据对象上关系的集合，以及对数据对象的基本操作的集合。

（4）算法是为了解决某类问题而规定的一个有限长的操作序列。算法具有5个性质：有穷性、确定性、可行性、输入和输出。一个算法的优劣应该从以下四方面来评价：正确性、可读性、健壮性和高效性。

（5）算法分析的两个主要方面是算法的时间复杂度和空间复杂度，以考察算法的时间和空间效率。一般情况下，鉴于运算空间较为充足，故将算法的时间复杂度作为分析的重点。算法执行时间的数量级称为算法的渐近时间复杂度，$T(n) = O(f(n))$，它表示随着问题规模 n 的增大，算法执行时间的增长率和 $f(n)$ 的增长率相同，简称时间复杂度。

学完本章后，读者应掌握数据结构相关的基本概念，包括数据、数据元素、数据项、数据对象、数据结构、逻辑结构、存储结构等；重点掌握数据结构所含两个层次的具体含义及其相互关系；了解抽象数据类型的定义、表示与实现方法；了解算法的特性和评价标准；重点掌握算法时间复杂度的分析方法。

习题

1. 简述下列概念：数据、数据元素、数据项、数据对象、数据结构、逻辑结构、存储结构、抽象数据类型。

2. 试举一个数据结构的例子，叙述其逻辑结构和存储结构两个层次的含义及相互关系。

3. 简述逻辑结构的4种基本结构并画出它们的关系图。

4. 存储结构由哪两种基本的存储方法实现？

5. 选择题

（1）在数据结构中，从逻辑上可以把数据结构分成（　　　）。

    A. 动态结构和静态结构　　　　　　B. 紧凑结构和非紧凑结构

    C. 线性结构和非线性结构　　　　　　D. 内部结构和外部结构

（2）与数据元素本身的形式、内容、相对位置、个数无关的是数据的（　　　）。

    A. 存储结构　　　　　　　　　　　　B. 存储实现

    C. 逻辑结构　　　　　　　　　　　　D. 运算实现

（3）通常要求同一逻辑结构中的所有数据元素具有相同的特性，这意味着（　　　）。

    A. 数据具有同一特点

    B. 不仅数据元素所包含的数据项的个数要相同，而且对应数据项的类型要一致

    C. 每个数据元素都一样

    D. 数据元素所包含的数据项的个数要相等

（4）以下说法正确的是（　　　）。

    A. 数据元素是数据的最小单位

    B. 数据项是数据的基本单位

    C. 数据结构是带有结构的各数据项的集合

    D. 一些表面上很不相同的数据可以有相同的逻辑结构

（5）算法的时间复杂度取决于（　　　）。

    A. 问题的规模　　　　　　　　　　　B. 待处理数据的初态

    C. 计算机的配置　　　　　　　　　　D. A和B

（6）以下数据结构中，（　　　）是非线性数据结构。

    A. 树　　　　　　B. 字符串　　　　　　C. 队列　　　　　　D. 栈

6. 试分析下列各算法的时间复杂度。

（1）x=90; y=100;

    while(y>0)

```
          if(x>100)
             {x=x-10;y--;}
          else x++;
（2）for(i=0; i<n; i++)
          for(j=0; j<m; j++)
            a[i][j]=0;
（3）s=0;
   for(i=0; i<n; i++)
      for(j=0; j<n; j++)
       s+=B[i][j];
     sum=s;
（4）i=1;
   while(i<=n)
      i=i*3;
（5）x=0;
   for(i=1; i<n; i++)
      for(j=1; j<=n-i; j++)
          x++;
（6）x=n;  //n>1
   y=0;
   while(x>=(y+1)*(y+1))
      y++;
```

第2章
线性表

从本章至第4章讨论的线性表、栈、队列、串和数组都属于线性结构。线性结构的基本特点是除第一个元素无直接前驱、最后一个元素无直接后继之外，其他每个数据元素都有一个前驱和一个后继。线性表是最基本且最常用的一种线性结构，同时也是其他数据结构的基础，尤其单链表是贯穿整个数据结构课程的基本结构。本章将讨论线性表的逻辑结构、存储结构和相关运算，以及线性表的应用实例。本章所涉及的许多问题都具有一定的普遍性。因此，本章是整个课程的重点与核心内容，也是后续章节的重要基础。

2.1　线性表的定义和特点

在日常生活中，线性表的例子比比皆是。例如，26个英文字母的字母表：

$$(A,B,C,\cdots,Z)$$

是一个线性表，表中的数据元素是单个字母。在稍复杂的线性表中，一个数据元素可以包含若干个数据项。例如在第1章中提到的学生基本信息表，每个学生为一个数据元素，包括学号、姓名、性别、籍贯、专业等数据项。

由以上示例可以看出，它们的数据元素虽然不同，但同一线性表中的元素必定具有相同的特性，即属于同一数据对象，相邻数据元素之间存在着序偶关系。

诸如此类由n（$n \geqslant 0$）个数据特性相同的元素构成的有限序列，称为**线性表**。

线性表中元素的个数n（$n \geqslant 0$）定义为线性表的长度，当$n = 0$时称之为空表。

对于非空的线性表或线性结构，其特点是：

（1）存在唯一的一个被称作"第一个"的数据元素；

（2）存在唯一的一个被称作"最后一个"的数据元素；

（3）除第一个元素之外，结构中的每个数据元素均只有一个前驱；

（4）除最后一个元素之外，结构中的每个数据元素均只有一个后继。

2.2 案例引入

案例2.1：一元多项式的运算。

在数学上，一个一元多项式$P_n(x)$可按升幂写成：

$$P_n(x) = p_0 + p_1x + p_2x^2 + \cdots + p_nx^n$$

要求：实现两个一元多项式的相加、相减和相乘的运算。

实现两个多项式相关运算的前提是在计算机中有效地表示一元多项式，进而在此基础上设计相关运算的算法。这个问题看似很复杂，我们通过学习本章中线性表的表示及其相关运算便可以解决。

可以看出，一元多项式可由$n + 1$个系数唯一确定，因此，可以将一元多项式$P_n(x)$抽象为一个由$n+1$个元素组成的有序序列，该序列可用线性表P来表示：

$$P = (p_0, p_1, p_2, \cdots, p_n)$$

这时，每一项的指数i隐含在其系数p_i的索引中。

假设$Q_m(x)$是一元m次多项式，同样可用线性表Q来表示从中抽象出来的序列：

$$Q = (q_0, q_1, q_2, \cdots, q_m)$$

不失一般性，设$m \leqslant n$，则两个多项式相加的结果$R_n(x) = P_n(x) + Q_m(x)$可用线性表R表示：

$$R = (p_0 + q_0, p_1 + q_1, p_2 + q_2, \cdots, p_m + q_m, p_{m+1}, \cdots, p_n)$$

在后面的叙述中将看到，对此类多项式的线性表只需要用数组表示的顺序存储结构便很容易实现上述运算。

然而，在通常的应用中，多项式的次数可能很高且变化很大，这种所谓的稀疏多项式如果采用上述表示方法，将使得线性表中出现很多零元素。下面给出稀疏多项式的例子。

案例2.2：稀疏多项式的运算。

例如，在处理形如

$$S(x) = 1 + 3x^{10000} + 2x^{20000}$$

的多项式时，就要用一个长度为20001的线性表来表示，而表中仅有3个非零元素，将会造成存储空间的很大浪费，这种对空间的浪费是应当避免的。由于线性表中的元素可以包含多个数据项，由此可改变元素设定，对多项式的每一项，可用"(系数,指数)"的形式唯一确定。

一般情况下的一元n次多项式可写成：

$$P_n(x) = p_1 x^{e_1} + p_2 x^{e_2} + \cdots + p_m x^{e_m} \tag{2-1}$$

其中，p_i是指数为e_i的项的非零系数，且满足：

$$0 \leqslant e_1 < e_2 < \cdots < e_m = n$$

用一个长度为m且每个元素有两个数据项（系数项和指数项）的线性表：

$$((p_1, e_1), (p_2, e_2), \cdots, (p_m, e_m)) \tag{2-2}$$

便可唯一确定多项式$P_n(x)$。在最坏情况下，$n + 1 (= m)$个系数都不为0，则比只存储每项系数的方案要多存储一倍的数据。但是，对于类似$S(x)$的稀疏多项式，这种表示将大大节省空间。

由上述讨论可以看出，如果多项式属于非稀疏多项式，且只对多项式进行"求值"等不改变多项式的系数和指数的运算，可采用数组表示的顺序存储结构。如果多项式属于稀疏多项式，虽然可以采用数组表示法，但这种顺序存储结构的存储空间分配不够灵活。因为事先无法确定多项式的非零项数，所以需要根据预期估计可能的最大值定义数组的大小，这种分配方式可能会带来两种问题：一种是实际非零项数比较小，浪费了大量存储空间；另一种是实际非零项数超过了最大值，存储空间不够。另外在实现多项式的相加运算时，还需要开辟一个新的数组保存结果多项式，导致算法的空间复杂度较高。改进方案是利用链式存储结构表示多项式的有序序列，这样灵活性更大些。

那么，如何利用链式存储结构表示由式（2-2）定义的多项式，并实现多项式的相关运算呢？本章2.8节将给出详细的介绍。

案例2.3：图书信息管理系统。

出版社有一些图书数据保存在一个文本文件book.txt中，为简单起见，在此假设每种图书只包括3部分信息：ISBN（书号）、书名和价格，文件中的部分图书数据如图2.1所示。现要求实现一个图书信息管理系统，包括以下6个具体功能。

ISBN	书名	定价
9787302257646	程序设计基础	25
9787302219972	单片机技术及应用	32
9787302203513	编译原理	46
9787811234923	汇编语言程序设计教程	21
9787512100831	计算机操作系统	17
9787302265436	计算机导论实验指导	18
9787302180630	实用数据结构	29
9787302225065	数据结构（C语言版）	38
9787302171676	C#面向对象程序设计	39
9787302250692	C语言程序设计	42
9787302150664	数据库原理	35
9787302260306	Java编程与实践	56
9787302252887	Java程序设计与应用教程	39
9787302198505	嵌入式操作系统及编程	25
9787302169666	软件测试	24
9787811231557	Eclipse基础与应用	35

图2.1 文件中的部分图书数据

（1）查找：根据指定的ISBN或书名查找相应图书的有关信息，并返回该图书在表中的位置序号。

（2）插入：插入一条新的图书信息。

（3）删除：删除一条图书信息。

（4）修改：根据指定的ISBN，修改该图书的价格。

（5）排序：将图书按照价格由低到高进行排序。

（6）计数：统计文件中的图书数量。

要实现上述功能，与前面两个案例中的多项式一样，我们首先根据图书的特点将其抽象成一个线性表，每本图书作为线性表中的一个元素，然后可以采用适当的存储结构来表示该线性表，在此基础上设计完成有关的功能算法。具体采取哪种存储结构，可以根据两种不同存储结构的优缺点，视实际情况而定。

可以看出，在工作和生活中的许多实际应用问题都会涉及图书信息管理案例中用到的这些基本操作。这些问题中都包含n个数据特性相同的元素，即可以表示为线性表。不同的问题所涉元素的数据类型不尽相同，可以为简单数据类型（如案例2.1所示的一元多项式表示），也可以为复杂数据类型（如案例2.2所示的稀疏多项式表示和案例2.3中的图书数据），但这些问题所涉及的基本操作都具有很大的相似性，如果为每个具体应用都编一个程序显然不是一种很好的方法。解决这类问题的最好方法就是从具体应用中抽象出共性的逻辑结构和基本操作（抽象数据类型），然后采用程序设计语言实现相应的存储结构和基本操作。

本章后续章节将依次给出线性表的抽象数据类型定义、线性表的顺序和链式存储结构的表示及实现、线性表应用实例的实现。

学完本章后，案例2.3的基本操作读者很容易就能实现。

2.3 线性表的类型定义

线性表是一种相当灵活的数据结构,其长度可根据需要增长或缩短,即对线性表的数据元素不仅可以进行访问,而且可以进行插入和删除等操作。为不失一般性,本书采用1.2节抽象数据类型格式对各种数据结构进行描述。下面给出线性表的抽象数据类型定义:

```
ADT List{
  数据对象:D={aᵢ|aᵢ∈ElemSet,i=1,2,…,n,n≥0}
  数据关系:R={<aᵢ₋₁,aᵢ>|aᵢ₋₁,aᵢ∈D,i=2,…,n}
  基本操作:
  InitList(&L)
    操作结果:构造一个空的线性表L。
  DestroyList(&L)
    初始条件:线性表L已存在。
    操作结果:销毁线性表L。
  ClearList(&L)
    初始条件:线性表L已存在。
    操作结果:将L重置为空表。
  ListEmpty(L)
    初始条件:线性表L已存在。
    操作结果:若L为空表,则返回true,否则返回false。
  ListLength(L)
    初始条件:线性表L已存在。
    操作结果:返回L中数据元素的个数。
  GetElem(L,i,&e)
    初始条件:线性表L已存在,且1≤i≤ListLength(L)。
    操作结果:用e返回L中第i个数据元素的值。
  LocateElem(L,e)
    初始条件:线性表L已存在。
    操作结果:返回L中第1个值与e相同的元素在L中的位置。若这样的数据元素不存在,则返回值为0。
  PriorElem(L,cur_e,&pre_e)
    初始条件:线性表L已存在。
    操作结果:若cur_e是L的数据元素,且不是第一个,则用pre_e返回其前驱,否则操作失败,pre_e无定义。
  NextElem(L,cur_e,&next_e)
    初始条件:线性表L已存在。
    操作结果:若cur_e是L的数据元素,且不是最后一个,则用next_e返回其后继,否则操作失败,next_e无定义。
  ListInsert(&L,i,e)
    初始条件:线性表L已存在,且1≤i≤ListLength(L)+1。
    操作结果:在L中第i个位置之前插入新的数据元素e,L的长度加1。
  ListDelete(&L,i)
    初始条件:线性表L已存在且非空,且1≤i≤ListLength(L)。
    操作结果:删除L的第i个数据元素,L的长度减1。
  TraverseList(L)
    初始条件:线性表L已存在。
    操作结果:对线性表L进行遍历,在遍历过程中对L的每个结点访问一次。
}ADT List
```

说明 💡

（1）抽象数据类型仅是一个模型的定义，并不涉及模型的具体实现，因此这里描述中所涉及的参数不必考虑具体数据类型。在实际应用中，数据元素可能有多种类型，到时可根据具体需要选择使用不同的数据类型。

（2）上述抽象数据类型中给出的操作只是基本操作，由这些基本操作可以构成其他较复杂的操作。例如，2.2 节中的案例，不论是一元多项式的运算还是图书的管理，首先都需要将数据元素读入，生成一个包括所需数据的线性表，这属于线性表的创建。这项操作可首先调用基本操作定义中的 InitList(&L) 构造一个空的线性表 L，然后反复调用 ListInsert(&L,i,e) 在表中插入元素 e，就可以创建一个需要的线性表。同样，对于一元多项式的运算可以看作线性表的合并，合并过程需要不断地进行元素的插入操作。其他如线性表的拆分、复制等操作也都可以利用上述基本操作的组合来实现。

（3）对于不同的应用，基本操作的接口可能不同。例如，案例 2.3 中的删除操作，如果要求删除其中 ISBN 为 x 的图书，首先需要根据 x 确定该图书在线性表中的位置，然后利用 ListDelete(&L,i) 基本操作将该种图书记录从表中删除。

（4）由抽象数据类型定义的线性表，可以根据实际所采用的存储结构形式，进行具体的表示和实现。

2.4 线性表的顺序表示和实现

2.4.1 线性表的顺序表示

线性表的顺序表示指的是用一组地址连续的存储单元依次存储线性表的数据元素，这种表示也称作线性表的顺序存储结构或顺序映像。通常，称这种存储结构的线性表为顺序表（Sequential List）。其特点是，逻辑上相邻的数据元素，其物理位置也是相邻的。

假设线性表的每个元素需占用 l 个存储单元，并以所占的第一个单元的存储地址作为数据元素的存储起始位置，则线性表中第 $i + 1$ 个数据元素的存储位置 $LOC(a_{i+1})$ 和第 i 个数据元素的存储位置 $LOC(a_i)$ 之间满足下列关系：

$$LOC(a_{i+1}) = LOC(a_i) + l$$

一般来说，线性表的第 i 个数据元素 a_i 的存储位置为：

$$LOC(a_i) = LOC(a_1) + (i-1) \times l$$

式中，$LOC(a_1)$ 是线性表的第一个数据元素 a_1 的存储位置，通常称作线性表的起始位置或基地址，表中相邻的元素 a_i 和 a_{i+1} 的存储位置 $LOC(a_i)$ 和 $LOC(a_{i+1})$ 是相邻的。每一个数据元素的存储位置都和线性表的起始位置相差一个常数，这个常数和数据元素在线性表中的位序成正比（见图2.2）。由此，只要确定了存储线性表的起始位置，线性表中任一数据元素都可随机存取，所以线性表的顺序存储结构是一种随机存取的存储结构。

由于高级程序设计语言中的数组类型也有随机存取的特性，因此，通常都用数组来描述数据结构中的顺序存储结构。在此，由于线性表的长度可变，且所需最大存储空间随问题不同而不同，则在C语言中可用动态分配的一维数组表示线性表，描述如下：

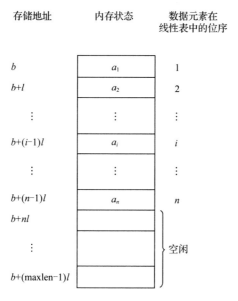

图2.2　线性表的顺序存储结构示意

```
//- - - - - 顺序表的存储结构- - - - -
#define MAXSIZE 100                    //顺序表可能达到的最大长度
typedef struct
{
    ElemType *elem;                    //存储空间的基地址
    int length;                        //当前长度
}SqList;                               //顺序表的结构类型为SqList
```

说明 💡

（1）数组空间通过后面的算法 2.1 初始化动态分配得到，初始化完成后，数组指针 elem 指示顺序表的基地址，数组空间大小为 MAXSIZE。

（2）元素类型定义中的 ElemType 数据类型是为了描述统一而自定的，在实际应用中，用户可根据实际需要具体定义表中数据元素的数据类型，既可以是基本数据类型，如 int、float、char 等，也可以是构造数据类型，如 struct 结构体类型。

（3）length 表示顺序表中当前数据元素的个数。因为 C 语言数组的下标是从 0 开始的，而位置序号是从 1 开始的，所以要注意区分元素的位置序号和该元素在数组中的下标位置之间的对应关系，数据元素 a_1、a_2、$\cdots$、a_n 依次存放在数组 elem[0]、elem[1]、$\cdots$、elem[length−1] 中。

　　用顺序表存储案例2.2的稀疏多项式数据时，其顺序存储分配情况如图2.3所示。多项式的顺序存储结构的类型定义如下：

elem[0]	elem[1]	elem[2]	$\cdots$	elem[length-1]	空闲区
a_1	a_2	a_3	$\cdots$	a_{length}	

系数	指数

图 2.3　稀疏多项式的顺序存储分配情况

```
#define MAXSIZE 100              // 多项式可能达到的最大长度
typedef struct                   // 多项式非零项的定义
{
  float  coef;                   // 系数
  int    expn;                   // 指数
}Polynomial;
typedef struct
{
  Polynomial *elem;              // 存储空间的基地址
  int length;                    // 多项式中当前项的个数
}SqList;                         // 多项式的顺序存储结构类型为SqList
```

　　用顺序表存储案例2.3的图书数据时，其顺序存储分配情况如图2.4所示。图书表的顺序存储结构的类型定义如下：

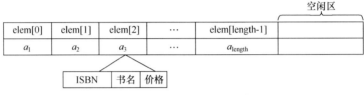

图2.4　图书数据的顺序存储分配情况

```
#define MAXSIZE 10000            // 图书表可能达到的最大长度
typedef struct                   // 图书信息定义
{
  char no[20];                   // 图书 ISBN
  char name[50];                 // 图书名字
  float price;                   // 图书价格
}Book;
typedef struct
{
  Book *elem;                    // 存储空间的基地址
  int length;                    // 图书表中当前图书个数
}SqList;                         // 图书表的顺序存储结构类型为SqList
```

　　在上述定义后，可以通过变量定义语句

```
SqList L;
```

将L定义为SqList类型的变量，便可以利用L.elem[i-1]访问表中位置序号为i的图书记录。

2.4.2　顺序表中基本操作的实现

　　可以看出，当线性表以上述定义的顺序表表示时，某些操作很容易实现。因为表的长度是顺序表的一个"属性"，所以可以通过返回length的值实现求表长的操作，通过判断length的值是否为0判断表是否为空，实现这些操作的算法的时间复杂度都是$O(1)$。下面讨论顺序表其他几个主要操作的实现。

1. 初始化

　　顺序表的初始化操作就是构造一个空的顺序表。

算法2.1　顺序表的初始化

【算法步骤】

① 为顺序表L动态分配一个预定义大小的数组空间，使elem指向这段空间

顺序表的初始化

的基地址。

②将表的当前长度设为0。

【算法描述】

```
Status InitList(SqList &L)
{//构造一个空的顺序表L
    L.elem=new ElemType[MAXSIZE];        //为顺序表分配一个大小为MAXSIZE的数组空间
    if(!L.elem) exit(OVERFLOW);          //存储分配失败退出
    L.length=0;                          //空表长度为0
    return OK;
}
```

　　动态分配线性表的存储区域可以更有效地利用系统的资源，当不需要该线性表时，可以使用销毁操作及时释放占用的存储空间。

2．取值

　　取值操作是根据指定的位置序号i，获取顺序表中第i个数据元素的值。

　　由于顺序存储结构具有随机存取的特点，可以直接通过数组下标定位得到，elem[i-1]单元存储第i个数据元素。

算法2.2　顺序表的取值

【算法步骤】

　　①判断指定的位置序号i值是否合理（1≤i≤L.length），若不合理，则返回ERROR。

　　②若i值合理，则将第i个数据元素L.elem[i-1]赋给参数e，通过e返回第i个数据元素的传值。

顺序表的取值

【算法描述】

```
Status GetElem(SqList L,int i,ElemType &e)
{
    if (i<1||i>L.length) return ERROR;    //判断i值是否合理,若不合理,返
                                            回ERROR
    e=L.elem[i-1];                        //elem[i-1]单元存储第i个数据
                                            元素
    return OK;
}
```

【算法分析】

　　显然，顺序表取值算法的时间复杂度为$O(1)$。

3．查找

　　查找操作是根据指定的元素值e，查找顺序表中第1个值与e相等的元素。若查找成功，则返回该元素在表中的位置序号；若查找失败，则返回0。

算法2.3　顺序表的查找

【算法步骤】

　　①从第一个元素起，依次将其值和e相比较，若找到值与e相等的元素L.elem[i]，则查找成功，返回该元素的序号i+1。

　　②若查遍整个顺序表都没有找到，则查找失败，返回0。

顺序表的查找

【算法描述】

```
int LocateElem(SqList L,ElemType e)
{// 在顺序表L中查找值为e的数据元素,返回其序号
  for(i=0;i< L.length;i++)
    if(L.elem[i]==e) return i+1;        //查找成功,返回序号i+1
  return 0;                              //查找失败,返回0
}
```

【算法分析】

当在顺序表中查找一个数据元素时，其时间主要耗费在数据的比较上，而比较的次数取决于被查元素在线性表中的位置。

在查找时，为确定元素在顺序表中的位置，需和给定值进行比较的数据元素个数的期望值称为查找算法在查找成功时的**平均查找长度**（Average Search Length，**ASL**）。

假设p_i是查找第i个元素的概率，C_i为找到表中其关键字与给定值相等的第i个记录时，和给定值已进行过比较的关键字个数，则在长度为n的线性表中，查找成功时的平均查找长度为：

$$ASL = \sum_{i=1}^{n} p_i C_i \qquad (2-3)$$

从顺序表查找的过程可见，C_i取决于所查元素在表中的位置。例如，查找表中第一个记录时，仅需比较一次；而查找表中最后一个记录时，则需比较n次。一般情况下C_i等于i。

假设每个元素的查找概率相等，即：

$$p_i = 1/n$$

则式（2-3）可简化为：

$$ASL = \frac{1}{n} \sum_{i=1}^{n} i = \frac{n+1}{2} \qquad (2-4)$$

由此可见，顺序表按值查找算法的平均时间复杂度为$O(n)$。

4. 插入

线性表的插入操作是指在表的第i个位置插入一个新的数据元素e，使长度为n的线性表：

$$(a_1, \cdots, a_{i-1}, a_i, \cdots, a_n)$$

变成长度为$n+1$的线性表：

$$(a_1, \cdots, a_{i-1}, e, a_i, \cdots, a_n)$$

数据元素a_{i-1}和a_i之间的逻辑关系发生了变化。在线性表的顺序存储结构中，由于逻辑上相邻的数据元素在物理位置上也是相邻的，因此，除非$i=n+1$，否则必须移动元素才能反映这个逻辑关系的变化。

例如，图2.5所示为一个线性表在插入前后数据元素在存储空间中的位置变化。为了在线性表的第5个位置上插入一个值为25的数据元素，则需将第5个至第8个数据元素依次向后移动一个位置。

一般情况下，在第i（$1 \leq i \leq n$）个位置插入一个元素时，需从最后一个元素即第n个元素开始，依次向后移动一个位置，直至第i个元素（共$n-i+1$个元素）。

算法2.4 顺序表的插入

【算法步骤】

① 判断插入位置i是否合法（i值的合法范围是$1 \leq i \leq n+1$），若不合法则返回ERROR。

序号	数据元素
1	12
2	13
3	21
4	24
5	28
6	30
7	42
8	77

插入25→

序号	数据元素
1	12
2	13
3	21
4	24
→5	25
6	28
7	30
8	42
9	77

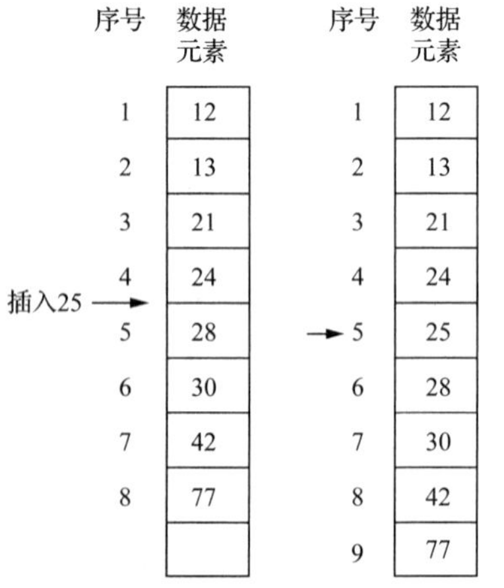

（a）插入前$n=8$　（b）插入后$n=9$

图2.5 线性表插入前后的状况

② 判断顺序表的存储空间是否已满，若满则返回ERROR。

③ 将第*n*个至第*i*个位置的元素依次向后移动一个位置，空出第*i*个位置（*i* = *n* + 1时无须移动）。

④ 将要插入的新元素e放入第*i*个位置。

⑤ 表长加1。

顺序表的插入

【算法描述】

```
Status ListInsert(SqList &L,int i ,ElemType e)
{// 在顺序表L中第i个位置插入新的元素e,i值的合法范围是1≤i≤L.length+1
    if((i<1)||(i>L.length+1)) return ERROR;       //i值不合法
    if(L.length==MAXSIZE) return ERROR;           // 当前存储空间已满
    for(j=L.length-1;j>=i-1;j--)
        L.elem[j+1]=L.elem[j];                     //插入位置及之后的元素后移
    L.elem[i-1]=e;                                 //将新元素e放入第i个位置
    ++L.length;                                    // 表长加1
    return OK;
}
```

上述算法没有处理表的动态扩充，因此当表长已经达到预设的最大空间时，则不能再插入元素。

【算法分析】

当在顺序表中某个位置上插入一个数据元素时，其时间主要耗费在移动元素上，而移动元素的个数取决于插入元素的位置。

假设p_i是在第*i*个元素之前插入一个元素的概率，E_{ins}为在长度为*n*的线性表中插入一个元素时所需移动元素次数的期望值（平均次数），则有：

$$E_{ins} = \sum_{i=1}^{n+1} p_i(n-i+1) \tag{2-5}$$

不失一般性，可以假定在线性表的任何位置上插入元素都是等概率的，即：

$$p_i = \frac{1}{n+1}$$

则式（2-5）可简化为：

$$E_{ins} = \frac{1}{n+1}\sum_{i=1}^{n+1}(n-i+1) = \frac{n}{2} \tag{2-6}$$

由此可见，顺序表插入算法的平均时间复杂度为$O(n)$。

5. 删除

线性表的删除操作是指将表的第*i*个元素删去，将长度为*n*的线性表：

$$(a_1,\cdots,a_{i-1},a_i,a_{i+1},\cdots,a_n)$$

变成长度为*n*-1的线性表：

$$(a_1,\cdots,a_{i-1},a_{i+1},\cdots,a_n)$$

数据元素a_{i-1}、a_i和a_{i+1}之间的逻辑关系发生了变化，为了在存储结构上反映这个变化，同样需要移动元素。如图2.6所示，为了删除第4个数据元素，必须将第5个至第8个元素都依次向前移动一个位置。

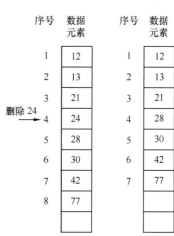

图2.6　线性表删除前后的状况

一般情况下，删除第i（$1 \leqslant i \leqslant n$）个元素时需将第$i+1$个至第$n$个元素（共$n-i$个元素）依次向前移动一个位置（$i=n$时无须移动）。

算法2.5　顺序表的删除

【算法步骤】

① 判断删除位置i是否合法（合法值为$1 \leqslant i \leqslant n$），若不合法则返回ERROR。

② 将第$i+1$个至第n个元素依次向前移动一个位置（$i=n$时无须移动）。

③ 表长减1。

顺序表的删除

【算法描述】

```
Status ListDelete(SqList &L,int i)
{//在顺序表L中删除第i个元素,i值的合法范围是1≤i≤L.length
  if((i<1)||(i>L.length)) return ERROR;    //i值不合法
  for(j=i;j<=L.length-1;j++)
    L.elem[j-1]=L.elem[j];                 // 被删除元素之后的元素前移
  --L.length;                              // 表长减1
  return OK;
}
```

【算法分析】

当在顺序表中某个位置上删除一个数据元素时，其时间主要耗费在移动元素上，而移动元素的个数取决于删除元素的位置。

假设p_i是删除第i个元素的概率，E_{del}为在长度为n的线性表中删除一个元素时所需移动元素次数的期望值（平均次数），则有：

$$E_{del} = \sum_{i=1}^{n} p_i(n-i) \qquad (2\text{-}7)$$

不失一般性，可以假定在线性表的任何位置上删除元素都是等概率的，即：

$$p_i = \frac{1}{n}$$

则式（2-7）简化为：

$$E_{del} = \frac{1}{n}\sum_{i=1}^{n}(n-i) = \frac{n-1}{2} \qquad (2\text{-}8)$$

由此可见，顺序表删除算法的平均时间复杂度为$O(n)$。

顺序表可以随机存取表中任一元素，其存储位置可用一个简单、直观的公式来表示。然而，从另一方面来看，这个特点也造成了这种存储结构的缺点：在做插入或删除操作时，需移动大量元素。另外由于数组有长度相对固定的静态特性，当表中数据元素个数较多且变化较大时，操作过程相对复杂，必然导致存储空间的浪费。所有这些问题，都可以通过线性表的另一种表示方法——链式存储结构来解决。

2.5　线性表的链式表示和实现

2.5.1　单链表的定义和表示

线性表链式存储结构的特点是：用一组任意的存储单元存储线性表的数据元素（这组存储单元可以是连续的，也可以是不连续的）。因此，为了表示每个数据元素a_i与其直接后继数据元素a_{i+1}之间的逻辑关系，对数据元素a_i来说，除了存储其本身的信息之外，还需存储一个指示其直接后继的信息（直接后继的存储位置）。这两部分信息组成数据元素a_i的存储映像，称为**结点**（node）。它包括两个域：其中存储数据元素信息的域称为**数据域**；存储直接后继存储位置的域称为**指针域**。指针域中存储的信息称作**指针**或**链**。n个结点[a_i（$1 \leqslant i \leqslant n$）的存储映像]链接成一个**链表**，即为线性表：

$$(a_1, a_2, \cdots, a_n)$$

的链式存储结构。又由于此链表的每个结点中只包含一个指针域，故又称**线性链表**或**单链表**。

根据链表结点所含指针个数、指针指向和指针连接方式，可将链表分为单链表、循环链表、双向链表、二叉链表、十字链表、邻接表、邻接多重表等。其中单链表、循环链表和双向链表多用于实现线性表的链式存储结构，其他形式多用于实现树和图等非线性结构。

本节先讨论单链表，例如，图2.7所示为线性表的单链表存储结构，整个链表的存取必须从头指针开始进行，头指针指示链表中第一个结点（第一个数据元素的存储映像，也称首元结点）的存储位置。同时，由于最后一个数据元素没有直接后继，则单链表中最后一个结点的指针为空（NULL）。

(ZHAO, QIAN, SUN, LI, ZHOU, WU, ZHENG, WANG)

	存储地址	数据域	指针域
	1	LI	85
	13	QIAN	25
头指针 L	25	SUN	1
	37	WANG	NULL
61	49	WU	73
	61	ZHAO	13
	73	ZHENG	37
	85	ZHOU	49

图2.7 单链表存储结构

用单链表表示线性表时，数据元素之间的逻辑关系是由结点中的指针指示的。换句话说，指针为数据元素之间的逻辑关系的映像，则逻辑上相邻的两个数据元素其存储的物理位置不要求紧邻，由此，这种存储结构为非顺序映像或链式映像。

通常将链表画成用箭头相链接的结点的序列，结点之间的箭头表示链域中的指针。图2.7所示的单链表可画成如图2.8所示的形式，这是因为在使用链表时，关心的只是它所表示的线性表中数据元素之间的逻辑顺序，而不是每个数据元素在存储器中的实际位置。

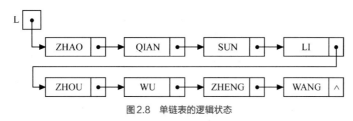

图2.8 单链表的逻辑状态

由上述可见，单链表可由头指针唯一确定。在C语言中可用"结构指针"来描述：

```
//- - - - - 单链表的存储结构- - - - -
typedef struct  LNode
{
  ElemType  data;                        //结点的数据域
  struct LNode *next;                     //结点的指针域
}LNode,*LinkList;                         //LinkList为指向结构体LNode的指针类型
```

说明💡

（1）这里定义的是单链表中每个结点的存储结构，它包括两部分：存储结点的数据域 data，其类型用通用类型标识符 ElemType 表示（例如，用链表表示案例 2.3 中的图书信息时，只需将 ElemType 替换为 2.4.1 定义的 Book 数据类型即可）；存储后继结点位置的指针域 next，其类型为指向结点的指针类型 LNode *。

（2）为了提高程序的可读性，在此对同一结构体指针类型起了两个名称，LinkList 与 LNode *，两者本质上是等价的。通常习惯上用 LinkList 定义单链表，强调定义的是某个单链表的头指针；用 LNode * 定义指向单链表中任意结点的指针变量。例如，若定义 LinkList L，则 L 为单链表的头指针，若定义 LNode *p，则 p 为指向单链表中某个结点的指针，用 *p 代表该结点。当然也可以使用定义 LinkList p，这种定义形式完全等价于 LNode *p。

（3）单链表是由表头指针唯一确定的，因此单链表可以用头指针的名字来命名。若头指针名是 L，则简称该链表为表 L。

（4）注意区分指针变量和结点变量两个不同的概念，若定义 LinkList p 或 LNode *p，则 p 为指向某结点的指针变量，表示该结点的地址；而 *p 为对应的结点变量，表示该结点的名称。

一般情况下，为了处理方便，在单链表的第一个结点之前附设一个结点，称之为头结点。图2.8所示的单链表增加头结点后如图2.9所示。

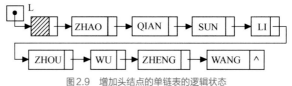

图2.9　增加头结点的单链表的逻辑状态

下面对首元结点、头结点、头指针3个容易混淆的概念加以说明。

说明💡

（1）首元结点是指链表中存储第一个数据元素 a_1 的结点。如图 2.8 或图 2.9 所示的结点 "ZHAO"。

（2）头结点是在首元结点之前附设的一个结点，其指针域指向首元结点。头结点的数据域可以不存储任何信息，也可存储与数据元素类型相同的其他附加信息。例如，当数据元素为整型时，头结点的数据域中可存放该线性表的长度。

（3）头指针是指向链表中第一个结点的指针。若链表设有头结点，则头指针所指结点为线性表的头结点；若链表不设头结点，则头指针所指结点为该线性表的首元结点。

链表增加头结点的作用如下。

（1）便于首元结点的处理

增加了头结点后，首元结点的地址保存在头结点（其"前驱"结点）的指针域中，则对链表的第一个数据元素的操作与对其他数据元素的操作相同，无须进行特殊处理。

（2）便于空表和非空表的统一处理

当链表不设头结点时，假设L为单链表的头指针，它应该指向首元结点，则当单链表为长度

n为0的空表时，L指针为空（判定空表的条件可记为：L == NULL）。

增加头结点后，无论链表是否为空，头指针都是指向头结点的非空指针。如图2.10（a）所示的非空单链表，头指针指向头结点。若为空表，则头结点的指针域为空（判定空表的条件可记为：L ->next == NULL），如图2.10（b）所示。

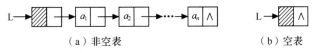

（a）非空表   （b）空表

图2.10　带头结点的单链表

在顺序表中，由于逻辑上相邻的两个元素在物理位置上紧邻，则每个元素的存储位置都可从线性表的起始位置计算得到。而在单链表中，各个元素的存储位置都是随意的。然而，每个元素的存储位置都包含在其直接前驱结点的信息之中。假设p是指向单链表中第i个数据元素（结点a_i，即数据域为a_i的结点）的指针，则p ->next是指向第$i+1$个数据元素（结点a_{i+1}）的指针。换句话说，若p ->data = a_i，则p ->next->data = a_{i+1}。由此，单链表是非随机存取的存储结构，要取得第i个数据元素必须从头指针出发顺链进行寻找，也称为**顺序存取**的存储结构。因此，其基本操作的实现不同于顺序表。

2.5.2　单链表基本操作的实现

1. 初始化

单链表的初始化操作就是构造一个如图2.10（b）所示的空表。

算法2.6　单链表的初始化

单链表的初始化

【算法步骤】

① 生成新结点作为头结点，用头指针L指向头结点。

② 头结点的指针域置空。

【算法描述】

```
Status InitList(LinkList &L)
{//构造一个空的单链表L
    L=new LNode;          //生成新结点作为头结点，用头指针 L 指向头结点
    L->next=NULL;         //头结点的指针域置空
    return OK;
}
```

2. 取值

和顺序表不同，链表中逻辑相邻的结点并没有存储在物理相邻的单元中，这样，根据给定的结点位置序号i，在链表中获取该结点的值不能像顺序表那样随机访问，而只能从链表的首元结点出发，顺着链域next逐个结点向下访问。

算法2.7　单链表的取值

【算法步骤】

① 用指针p指向首元结点，用j做计数器初值赋为1。

② 从首元结点开始依次顺着链域next向下访问，只要指向当前结点的指针p不为空（NULL），并且没有到达序号为i的结点，则循环执行以下操作：

● p指向下一个结点；

● 计数器j相应加1。

③ 退出循环时，如果指针p为空，或者计数器j大于i，说明指定的序号i值不合法（i大于表长n或i小于等于0），取值失败返回ERROR；否则取值成功，此时j = i时，p所指的结点就是要找的第i个结点，用参数e保存当前结点的数据域，返回OK。

单链表的取值

【算法描述】

```
Status GetElem(LinkList L,int i,ElemType &e)
{//在带头结点的单链表L中根据序号i获取元素的值,用e返回L中第i个数据元素的值
    p=L->next;j=1;              //初始化,p指向首元结点,计数器j初值赋为1
    while(p&&j<i)               //顺链域向后查找,直到p为空或p指向第i个元素
    {
        p=p->next;             //p指向下一个结点
        ++j;                   //计数器j相应加1
    }
    if(!p||j>i)return ERROR;   //i值不合法i>n或i<=0
    e=p->data;                 //取第i个结点的数据域
    return OK;
}
```

【算法分析】

该算法的基本操作是比较j和i并后移指针p，while循环体中的语句频度与位置i有关。若$1 \leqslant i \leqslant n$，则频度为$i - 1$，一定能取值成功；若$i > n$，则频度为$n$，取值失败。因此算法2.7的最坏时间复杂度为$O(n)$。

假设每个位置上元素的取值概率相等，即：

$$p_i = 1/n$$

则：

$$\text{ASL} = \frac{1}{n}\sum_{i=1}^{n}(i-1) = \frac{n-1}{2} \qquad (2\text{-}9)$$

由此可见，单链表取值算法的平均时间复杂度为$O(n)$。

3. 查找

链表中按值查找的过程和顺序表类似，从链表的首元结点出发，依次将结点值和给定值e进行比较，返回查找结果。

单链表的查找

算法2.8　单链表的按值查找

【算法步骤】

① 用指针p指向首元结点。

② 从首元结点开始依次顺着链域next向下查找，只要指向当前结点的指针p不为空，并且p所指结点的数据域不等于给定值e，则循环执行以下操作：p指向下一个结点。

③ 返回p。若查找成功，p此时指向结点的地址值，若查找失败，则p的值为NULL。

【算法描述】

```
LNode *LocateElem(LinkList L,ElemType e)
{//在带头结点的单链表L中查找值为e的元素
    p=L->next;                 //初始化,p指向首元结点
    while(p && p->data!=e)     //顺链域向后查找,直到p为空或p所指结点的数据域等于e
        p=p->next;             //p指向下一个结点
    return p;                  //查找成功返回值为e的结点地址p,查找失败p为NULL
}
```

【算法分析】

该算法的执行时间与待查找的值e相关，其平均时间复杂度分析类似于算法2.7，也为$O(n)$。

4. 插入

假设要在单链表的两个数据元素a和b之间插入一个数据元素x，已知p为其单链表存储结构中指向结点a的指针，如图2.11（a）所示。

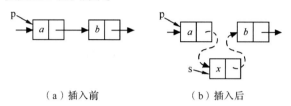

（a）插入前　　　　　　　（b）插入后

图2.11　在单链表中插入结点时指针变化状况

为插入数据元素x，首先要生成一个数据域为x的结点，然后将之插入单链表中。根据插入操作的逻辑定义，还需要修改结点a中的指针域，令其指向结点x，而结点x中的指针域应指向结点b，从而实现3个元素a、b和x之间逻辑关系的变化。插入后的单链表如图2.11（b）所示。假设s为指向结点x的指针，则上述指针修改用语句描述即为：

```
s->next = p->next; p->next = s;
```

算法2.9　单链表的插入

【算法步骤】

单链表的插入

将值为e的新结点插入表的第i个结点的位置，即插入结点a_{i-1}与a_i之间，具体插入过程如图2.12所示，图中对应的5个步骤说明如下。

① 查找结点a_{i-1}并由指针p指向该结点。

② 生成一个新结点*s。

③ 将新结点*s的数据域置为e。

④ 将新结点*s的指针域指向结点a_i。

⑤ 将结点*p的指针域指向新结点*s。

【算法描述】

```
Status ListInsert(LinkList &L,int i,ElemType e)
{//在带头结点的单链表L中第i个位置插入值为e的新结点
  p=L;j=0;
  while(p && (j<i-1))
    {p=p->next;++j;}              //查找第i-1个结点,p指向该结点
  if(!p||j>i-1) return ERROR;     //i > n+1或者i < 1
  s=new LNode;                    //生成新结点*s
  s->data=e;                      //将结点*s的数据域置为e
  s->next=p->next;               //将结点*s的指针域指向结点a_i
  p->next=s;                      //将结点*p的指针域指向结点*s
  return OK;
}
```

> 说明 💡
>
> 　　和顺序表一样，如果表中有n个结点，则插入操作中合法的插入位置有$n+1$个，即$1 \leq i \leq n+1$。当$i=n+1$时，新结点则插在链表尾部。

【算法分析】

单链表的插入操作虽然不需要像顺序表的插入操作那样移动元素，但平均时间复杂度仍为$O(n)$。这是因为，为了在第i个结点之前插入一个新结点，必须首先找到第$i-1$个结点，其时间复杂度与算法2.7相同，为$O(n)$。

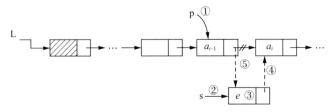

图2.12　在单链表第i个位置上插入新结点的过程

5. 删除

要删除单链表中指定位置的元素，同插入元素一样，首先应该找到该位置的前驱结点。如图2.13所示，在单链表中删除元素b时，应该首先找到其前驱结点a。为了在单链表中实现元素a、b和c之间逻辑关系的变化，仅需修改结点a中的指针域即可。假设p为指向结点a的指针，则修改指针的语句为：

$$p\text{->}next = p\text{->}next\text{->}next;$$

图2.13　在单链表中删除结点时指针的变化

但在删除结点b时，除了修改结点a的指针域外，还要释放结点b所占的空间，所以在修改指针前，应该引入另一指针q，临时保存结点b的地址以备释放。

算法2.10　单链表的删除

【算法步骤】

删除单链表的第i个结点a_i的具体过程如图2.14所示，图中对应的4个步骤说明如下。

① 查找结点a_{i-1}并由指针p指向该结点。

② 临时保存待删除结点a_i的地址在q中，以备释放。

③ 将结点*p的指针域指向a_i的直接后继结点。

④ 释放结点a_i的空间。

【算法描述】

```
Status ListDelete(LinkList &L,int i)
{//在带头结点的单链表L中,删除第i个元素
  p=L;j=0;
  while((p->next) && (j<i-1))          //查找第i-1个结点,p指向该结点
    {p=p->next; ++j;}
  if(!(p->next)||(j>i-1)) return ERROR;  //当i>n或i<1时,删除位置不合理
  q=p->next;                            //临时保存被删结点的地址以备释放
  p->next=q->next;                      //改变删除结点前驱结点的指针域
  delete q;                             //释放删除结点的空间
  return OK;
}
```

单链表的删除

【算法分析】

类似于插入算法，删除算法时间复杂度亦为$O(n)$。

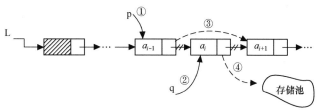

图2.14　删除单链表第 i 个结点的过程

6. 创建单链表

算法2.6的初始化操作是创建一个只有一个头结点的空链表，而上面链表的其他算法都是假定链表已经存在多个结点。那么，如何建立一个包括若干个结点的链表呢？链表和顺序表不同，它是一种动态结构。整个可用存储空间可为多个链表共同享用，每个链表占用的空间不需预先分配划定，而是由系统按需即时生成。因此，建立线性表的链式存储结构的过程就是一个动态生成链表的过程。即从空表的初始状态起，依次建立各元素结点，并逐个插入链表。

根据结点插入位置的不同，链表的创建方法可分为前插法和后插法。

（1）前插法

前插法是通过将新结点逐个插入链表的头部（头结点之后）来创建链表，每次申请一个新结点，读入相应的数据元素值，然后将新结点插入到头结点之后。

算法2.11　前插法创建单链表

【算法步骤】

① 创建一个只有头结点的空链表。

② 根据待创建链表包括的元素个数n，循环n次执行以下操作：

● 生成一个新结点*p；

● 输入元素值赋给新结点*p的数据域；

● 将新结点*p插入到头结点之后。

图2.15所示为线性表（a,b,c,d,e）前插法的创建过程，因为每次插入在链表的头部，所以应该逆位序输入数据，依次输入e、d、c、b、a，输入顺序和线性表中的逻辑顺序是相反的。

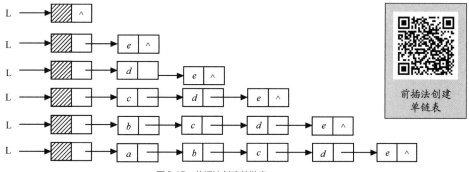

图2.15　前插法创建单链表

【算法描述】

```
void CreateList_H(LinkList &L,int n)
{// 逆位序输入n个元素的值,建立带表头结点的单链表L
    L=new LNode;
    L->next=NULL;                           //先建立一个带头结点的空链表
    for(i=0;i<n;++i)
    {
        p=new LNode;                        //生成新结点 *p
        cin>>p->data;                       //输入元素值赋给新结点 *p的数据域
        p->next=L->next;L->next=p;          //将新结点 *p插入到头结点之后
    }
}
```

显然，算法2.11的时间复杂度为$O(n)$。

（2）后插法

后插法是通过将新结点逐个插入链表的尾部来创建链表。同前插法一样，每次申请一个新结点，读入相应的数据元素值。不同的是，为了使新结点能够插入表尾，需要增加一个尾指针r指向链表的尾结点。

算法2.12　后插法创建单链表

【算法步骤】

① 创建一个只有头结点的空链表。

② 尾指针r初始化，指向头结点。

③ 根据创建链表包括的元素个数n，循环n次执行以下操作：

● 生成一个新结点*p；

● 输入元素值赋给新结点*p的数据域；

● 将新结点*p插入尾结点*r之后；

● 尾指针r指向新的尾结点*p。

图2.16所示为线性表（a,b,c,d,e）后插法的创建过程，读入数据的顺序和线性表中的逻辑顺序是相同的。

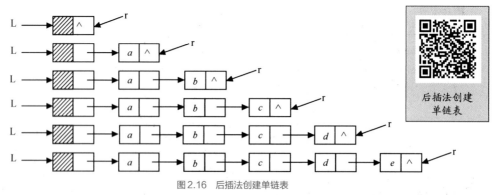

后插法创建单链表

图2.16　后插法创建单链表

【算法描述】

```
void CreateList_R(LinkList &L,int n)
{// 正位序输入n个元素的值,建立带表头结点的单链表L
    L=new LNode;
    L->next=NULL;                           //先建立一个带头结点的空链表
    r=L;                                    //尾指针 r指向头结点
    for(i=0;i<n;++i)
```

```
    {
        p=new LNode;                    //生成新结点
        cin>>p->data;                   //输入元素值赋给新结点 *p 的数据域
        p->next=NULL; r->next=p;        //将新结点 *p 插入尾结点 *r 之后
        r=p;                            //r 指向新的尾结点 *p
    }
}
```

算法2.12的时间复杂度亦为$O(n)$。

2.5.3　循环链表

循环链表（Circular Linked List）是另一种形式的链式存储结构。其特点是表中最后一个结点的指针域指向头结点，整个链表形成一个环。由此，从表中任一结点出发均可找到表中其他结点，图2.17所示为单链的循环链表。类似地，还可以有多重链的循环链表。

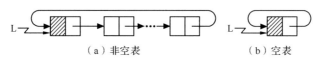

（a）非空表　　　　　　　　（b）空表

图2.17　单循环链表

循环单链表的操作和单链表基本一致，差别仅在于：当链表遍历时，判别当前指针p是否指向表尾结点的终止条件不同。在单链表中，判别条件为p!=NULL或p->next!=NULL，而循环单链表的判别条件为p!=L或p->next!=L。

在某些情况下，若在循环链表中设立尾指针而不设头指针［见图2.18（a）］，可使一些操作简化。例如，将两个线性表合并成一个表时，仅需将第一个表的尾指针指向第二个表的第一个结点，第二个表的尾指针指向第一个表的头结点，然后释放第二个表的头结点。当线性表以图2.18（a）的循环链表作存储结构时，这个操作仅需改变两个指针值即可，主要语句段如下：

$$p = B\text{->}next\text{->}next;$$
$$B\text{->}next = A\text{->}next;$$
$$A\text{->}next = p;$$

上述操作的时间复杂度为$O(1)$，合并后的表如图2.18（b）所示。

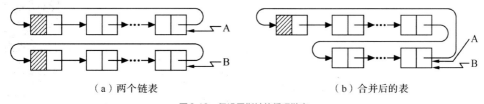

（a）两个链表　　　　　　　　　　　　（b）合并后的表

图2.18　仅设尾指针的循环链表

2.5.4　双向链表

以上讨论的链式存储结构的结点中只有一个指示直接后继的指针域，由此，从某个结点出发只能顺指针向后寻查其他结点。若要寻查结点的直接前驱，则必须从表头指针出发。换句话说，在单链表中，查找直接后继的执行时间为$O(1)$，而查找直接前驱的执行时间为$O(n)$。为克服单链表这种单向性的缺点，可利用**双向链表**（Double Linked List）。

顾名思义，在双向链表的结点中有两个指针域，一个指向直接后继，另一个指向直接前驱，结点结构如图2.19（a）所示，在C语言中可描述如下：

```
//- - - - - 双向链表的存储结构- - - - -
typedef struct DuLNode
{
    ElemType data;                  //数据域
    struct DuLNode *prior;          //指向直接前驱
    struct DuLNode *next;           //指向直接后继
}DuLNode,*DuLinkList;
```

和单循环链表类似，双向链表也可以有循环表，如图2.19（c）所示，链表中存有两个环，图2.19（b）所示为只有一个表头结点的空的双向循环链表。

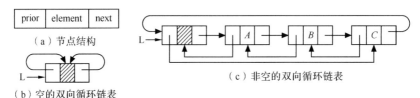

（a）节点结构

（b）空的双向循环链表

（c）非空的双向循环链表

图2.19　双向循环链表示例

在双向链表中，若d为指向表中某一结点的指针（d为DuLinkList型变量），则显然有：

$$d\text{->}next\text{->}prior = d\text{->}prior\text{->}next = d$$

这个表示方式恰当地反映了这种结构的特性。

在双向链表中，有些操作（如ListLength、GetElem和LocateElem等）仅需涉及一个方向的指针，则它们的算法描述和线性链表相同，但在插入、删除时有很大的不同，在双向链表中进行插入、删除时需同时修改两个方向上的指针，图2.20和图2.21分别显示了插入和删除结点时指针修改的情况。在插入结点时需要修改4个指针，在删除结点时需要修改两个指针。它们的实现分别如算法2.13和算法2.14所示，两者的时间复杂度均为$O(n)$。

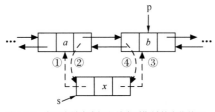

图2.20　在双向链表中插入结点时指针的变化状况

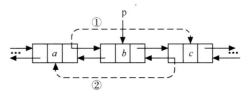

图2.21　在双向链表中删除结点时指针的变化状况

算法2.13　双向链表的插入

【算法描述】

```
Status ListInsert_DuL(DuLinkList &L,int i,ElemType e)
{//在带头结点的双向链表L中第i个位置之前插入元素e
    if(!(p=GetElem_DuL(L,i)))   //在L中确定第i个元素的位置指针p
        return ERROR;           //p为NULL时，第i个元素不存在
    s=new DuLNode;              //生成新结点*s
    s->data=e;                  //将结点*s数据域置为e
    s->prior=p->prior;          //将结点*s插入L中，此步对应图2.20①
    p->prior->next=s;           //对应图2.20②
    s->next=p;                  //对应图2.20③
    p->prior=s;                 //对应图2.20④
    return OK;
}
```

双向链表的插入

算法2.14　双向链表的删除

【算法描述】

```
Status ListDelete_DuL(DuLinkList &L,int i)
{// 删除带头结点的双向链表L中的第i个元素
    if(!(p=GetElem_DuL(L,i)))    //在L中确定第i个元素的位置指针p
        return ERROR;            //p为NULL时,第i个元素不存在
    p->prior->next=p->next;      //修改被删结点的前驱结点的后继指针,对
                                 应图2.21①
    p->next->prior=p->prior;     //修改被删结点的后继结点的前驱指针,对
                                 应图2.21②
    delete p;                    //释放被删结点的空间
    return OK;
}
```

双向链表的删除

2.6　顺序表和链表的比较

前面两节介绍了线性表的两种存储结构:顺序表和链表。在实际应用中,不能笼统地说哪种存储结构更好,由于它们各有优缺点,选用哪种存储结构,应根据具体问题作具体分析,通常从空间性能和时间性能两个方面作比较分析。

2.6.1　空间性能的比较

(1)存储空间的分配

顺序表的存储空间必须预先分配,元素个数有一定限制,易造成存储空间浪费或空间溢出现象;而链表不需要为其预先分配空间,只要内存空间允许,链表中的元素个数就没有限制。

基于此,当线性表的长度变化较大,难以预估存储规模时,宜采用链表作为存储结构。

(2)存储密度的大小

链表的每个结点除了设置数据域用来存储数据元素外,还要额外设置指针域,用来存储指示元素之间逻辑关系的指针,从存储密度上来讲,这是不经济的。所谓**存储密度**是指数据元素本身所占用的存储量和整个结点结构所占用的存储量之比,即:

$$存储密度 = \frac{数据元素本身占用的存储量}{结点结构占用的存储量}$$

存储密度越大,存储空间的利用率就越高。显然,顺序表的存储密度为1,而链表的存储密度小于1。如果每个元素数据域占据的空间较小,则指针的结构性开销就占用了整个结点的大部分空间,这样存储密度较小。例如,若单链表的结点数据均为整数,指针所占用的空间和整型量所占用的相同,则单链表的存储密度为0.5。因此,如果不考虑顺序表中的空闲区,则顺序表的存储空间利用率为100%,而单链表的存储空间利用率仅为50%。

基于此,当线性表的长度变化不大,易于事先确定其大小时,为了节约存储空间,宜采用顺序表作为存储结构。

2.6.2　时间性能的比较

(1)存取元素的效率

顺序表是由数组实现的,它是一种随机存取结构,指定任意一个位置序号i,都可以在$O(1)$时间内直接存取该位置上的元素,即取值操作的效率高;而链表是一种顺序存取结构,按位置

访问链表中第i个元素时，只能从表头开始依次向后遍历链表，直到找到第i个位置上的元素，时间复杂度为$O(n)$，即取值操作的效率低。

基于此，若线性表的主要操作是和元素位置紧密相关的一类取值操作，很少做插入或删除时，宜采用顺序表作为存储结构。

（2）插入和删除操作的效率

对于链表，在确定插入或删除的位置后，插入或删除操作无须移动数据，只需要修改指针，时间复杂度为$O(1)$。而对于顺序表，进行插入或删除时，平均要移动表中近一半的结点，时间复杂度为$O(n)$。尤其是当每个结点的信息量较大时，移动结点的时间开销就相当可观。

基于此，对于频繁进行插入或删除操作的线性表，宜采用链表作为存储结构。

2.7　线性表的应用

2.7.1　线性表的合并

【例2.1】　求解一般集合的并集问题。

【问题描述】

已知两个集合A和B，现要求一个新的集合$A = A \cup B$。例如，设：

$$A = (7,5,3,11)$$
$$B = (2,6,3)$$

合并后：

$$A = (7,5,3,11,2,6)$$

【问题分析】

可以利用两个线性表LA和LB分别表示集合A和B（线性表中的数据元素为集合中的成员），这样只需扩大线性表LA，将存在于LB中而不存在于LA中的数据元素插入LA中。只要从LB中依次取得每个数据元素，并依值在LA中进行查访，若不存在，则插入之。

上述操作过程可用算法2.15来描述。具体实现时既可采用顺序形式，也可采用链表形式。

算法2.15　线性表的合并

【算法步骤】

① 分别获取LA表长m和LB表长n。

② 从LB中第1个数据元素开始，循环n次执行以下操作：

- 从LB中查找第i（$1 \leqslant i \leqslant n$）个数据元素赋给e；
- 在LA中查找元素e，如果不存在，则将e插在表LA的最后。

线性表的合并

【算法描述】

```
void MergeList(List &LA,List LB)
{//将所有在线性表 LB 中但不在 LA 中的数据元素插入 LA 中
  m=ListLength(LA); n=ListLength(LB);      //求线性表的长度
  for(i=1;i<=n;i++)
  {
    GetElem(LB,i,e);                       //取 LB 中第 i 个数据元素赋给 e
    if(!LocateElem(LA,e))                  //LA 中不存在和 e 相同的数据元素
      ListInsert(LA,++m,e);                //将 e 插在 LA 的最后
  }
}
```

【算法分析】

上述算法的时间复杂度取决于抽象数据类型List定义中基本操作的执行时间，假设LA和LB的表长分别为m和n，循环执行n次，则：

① 当采用顺序存储结构时，在每次循环中，GetElem和ListInsert这两个操作的执行时间和表长无关，LocateElem的执行时间和表长m成正比，因此，算法2.15的时间复杂度为$O(m \times n)$；

② 当采用链式存储结构时，在每次循环中，GetElem的执行时间和表长n成正比，而LocateElem和ListInsert这两个操作的执行时间和表长m成正比，因此，若假设m大于n，算法2.15的时间复杂度也为$O(m \times n)$。

2.7.2 有序表的合并

若线性表中的数据元素相互之间可以比较，并且数据元素在线性表中依值非递减或非递增有序排列，则称该线性表为**有序表**（Ordered List）。

【例2.2】 求解有序集合的并集问题。

【问题描述】

有序集合是指集合中的元素有序排列。已知两个有序集合A和B，数据元素按值非递减有序排列，现要求一个新的集合$C = A \cup B$，使集合C中的数据元素仍按值非递减有序排列。

例如，设：

$$A = (3, 5, 8, 11)$$
$$B = (2, 6, 8, 9, 11, 15, 20)$$

则：

$$C = (2, 3, 5, 6, 8, 8, 9, 11, 11, 15, 20)$$

【问题分析】

与例2.1一样，可以利用两个线性表LA和LB分别表示集合A和B，不同的是，此例中的LA和LB有序，这样便没有必要从LB中依次取得每个数据元素，到LA中进行查访。

如果LA和LB两个表长分别记为m和n，则合并后的新表LC的表长应该为$m+n$。由于LC中的数据元素或是LA中的元素，或是LB中的元素，因此只要先设LC为空表，然后将LA或LB中的元素逐个插入LC中即可。为使LC中的元素按值非递减有序排列，可设两个指针pa和pb分别指向LA和LB中的某个元素，若设pa当前所指的元素为a，pb当前所指的元素为b，则当前应插入到LC中的元素c为：

$$c = \begin{cases} a & a \leqslant b \\ b & a > b \end{cases}$$

显然，指针pa和pb初始时分别指向两个有序表的第一个元素，在所指元素插入LC之后，在LA或LB中顺序后移。

根据上述分析，分别给出有序表的顺序存储结构和链式存储结构相应合并算法的实现。

1. 顺序有序表的合并

算法2.16 顺序有序表的合并

【算法步骤】

① 创建一个表长为$m+n$的空表LC。

② 指针pc初始化，指向LC的第一个元素。

③ 指针pa和pb初始化，分别指向LA和LB的第一个元素。

④ 当指针pa和pb均未到达相应表尾时，则依次比较pa和pb所指向的元素值，从LA或LB中"摘取"元素值较小的结点插入LC的最后。

⑤ 如果pb已到达LB的表尾，依次将LA的剩余元素插入LC的最后。

⑥ 如果pa已到达LA的表尾，依次将LB的剩余元素插入LC的最后。

【算法描述】

```
void MergeList_Sq(SqList LA,SqList LB,SqList &LC)
{//已知顺序有序表LA和LB的元素按值非递减排列
 //归并LA和LB得到新的顺序有序表LC,LC的元素也按值非递减排列
   LC.length=LA.length+LB.length;      //新表长度为待合并两表的长度之和
   LC.elem=new ElemType[LC.length];     //为合并后的新表分配一个数组空间
   pc=LC.elem;                          //指针pc指向新表的第一个元素
   pa=LA.elem;  pb=LB.elem;             //指针pa和pb的初值分别指向两个表的第一个元素
   pa_last=LA.elem+LA.length-1;         //指针pa_last指向LA的最后一个元素
   pb_last=LB.elem+LB.length-1;         //指针pb_last指向LB的最后一个元素
   while((pa<=pa_last)&&(pb<=pb_last))  //未达到LA和LB的表尾
   {
      if(*pa<=*pb) *pc++=*pa++;         //依次摘取两表中值较小的结点插入LC的最后
      else *pc++=*pb++;
   }
   while(pa<=pa_last)  *pc++=*pa++;     //已到达LB表尾,依次将LA的剩余元素插入LC的最后
   while(pb<=pb_last)  *pc++=*pb++;     //已到达LA表尾,依次将LB的剩余元素插入LC的最后
}
```

【算法分析】

若对算法2.16中第一个循环语句的循环体进行如下修改：分出元素比较的第三种情况，当 *pa ==*pb时，只将两者之一插入LC，则该算法完成的操作和算法2.15相同，但时间复杂度却不同。在算法2.16中，由于LA和LB中元素依值非递减，则对LB中的每个元素，不需要在LA中从表头至表尾进行全程搜索。如果两个表长分别记为m和n，则算法2.16循环最多执行的总次数为$m+n$。所以算法的时间复杂度为$O(m+n)$。

此算法在归并时，需要开辟新的辅助空间，所以空间复杂度也为$O(m+n)$，空间复杂度较高。利用链表来实现上述归并时，不需要开辟新的存储空间，可以使空间复杂度达到最低。

2. 链式有序表的合并

假设头指针为LA和LB的单链表分别为线性表LA和LB的存储结构，现要归并LA和LB得到单链表LC。因为链表结点之间的关系是通过指针指向建立起来的，所以用链表进行合并不需要另外开辟存储空间，可以直接利用原来两个表的存储空间，合并过程中只需把LA和LB两个表中的结点重新进行链接即可。

按照例2.2给出的合并思想，需设立3个指针pa、pb和pc，其中pa和pb分别指向LA和LB中当前待比较插入的结点，而pc指向LC中当前最后一个结点（LC的表头结点设为LA的表头结点）。指针的初值为：pa和pb分别指向LA和LB表中的第一个结点，pc指向空表LC中的头结点。同算法2.16一样，通过比较指针pa和pb所指向的元素的值，依次从LA或LB中摘取元素值较小的结点插入到LC的最后，当其中一个表变空时，只要将另一个表的剩余段链接在pc所指结点之后即可。

顺序有序表的合并

算法2.17　链式有序表的合并

【算法步骤】

① 指针pa和pb初始化，分别指向LA和LB的第一个结点。

② LC的结点取值为LA的头结点。

③ 指针pc初始化，指向LC的头结点。

链式有序表的
合并

④ 当指针pa和pb均未到达相应表尾时，则依次比较pa和pb所指向的元素值，从LA或LB中摘取元素值较小的结点插入LC的最后。

⑤ 将非空表的剩余段插入pc所指结点之后。

⑥ 释放LB的头结点。

【算法描述】

```
void MergeList_L(LinkList &LA,LinkList &LB,LinkList &LC)
{//已知单链表LA和LB的元素按值非递减排列
 //归并LA和LB得到新的单链表LC,LC的元素也按值非递减排列
  pa=LA->next;pb=LB->next;             //pa和pb的初值分别指向两个表的第一个结点
  LC=LA;                               //用LA的头结点作为LC的头结点
  pc=LC;                               //pc的初值指向LC的头结点
  while(pa&&pb)
  {//LA和LB均未到达表尾,依次"摘取"两表中值较小的结点插入到LC的最后
    if(pa->data<=pb->data)             //摘取pa所指结点
    {
      pc->next=pa;                     //将pa所指结点链接到pc所指结点之后
      pc=pa;                           //pc指向pa
      pa=pa->next;                     //pa指向下一结点
    }
    else                               //摘取pb所指结点
    {
      pc->next=pb;                     //将pb所指结点链接到pc所指结点之后
      pc=pb;                           //pc指向pb
      pb=pb->next;                     //pb指向下一结点
    }
  }                                    //while
  pc->next=pa?pa:pb;                   //将非空表的剩余段插入到pc所指结点之后
  delete LB;                           //释放LB的头结点
}
```

【算法分析】

可以看出，算法2.17的时间复杂度和算法2.16相同，但空间复杂度不同。在归并两个链表为一个链表时，不需要另建新表的结点空间，而只需将原来两个链表中结点之间的关系解除，重新按元素值非递减的关系将所有结点链接成一个链表即可，所以空间复杂度为$O(1)$。

2.8　案例分析与实现

在2.2节我们通过3个典型案例引入了线性表这种数据结构，本节结合线性表的基本操作对这3个案例进行进一步的分析，然后给出案例中有关算法的具体实现。

案例2.1：一元多项式的运算。

【案例分析】

由2.2节的讨论我们已知，一元多项式可以抽象成一个线性表。在计算机中，我们可以采用数组来表示一元多项式的线性表。

利用数组p表示：数组中每个分量$p[i]$表示多项式每项的系数p_i，数组分量的下标i即对应每项的指数。数组中非零的分量个数即多项式的项数。

例如，多项式$P(x) = 10 + 5x - 4x^2 + 3x^3 + 2x^4$可以用表2.1所示的数组表示。

表 2.1　多项式的数组表示

指数（下标i）	0	1	2	3	4
系数$p[i]$	10	5	-4	3	2

显然，利用上述方法表示一元多项式，多项式相加的算法很容易实现，只要把两个数组对应的分量项相加就可以了。

案例2.2：稀疏多项式的运算。

【案例分析】

由2.2节的讨论我们已知，稀疏多项式也可以抽象成一个线性表。结合2.7节介绍的两个有序表的归并方法，可以看出，稀疏多项式的相加过程和归并两个有序表的过程极其类似，不同之处仅在于，后者在比较数据元素时只出现两种情况（小于等于、大于），而多项式的相加过程在比较两个多项式指数时要考虑3种情况（等于、小于、大于）。因此，多项式相加的过程可以根据算法2.16和算法2.17改进而成。

和顺序存储结构相比，利用链式存储结构更加灵活，更适合表示一般的多项式，合并过程的空间复杂度为$O(1)$，所以较为常用。本节将给出如何利用单链表的基本操作来实现多项式的相加运算。

例如，图2.22所示两个链表分别表示多项式$A(x) = 7 + 3x + 9x^8 + 5x^{17}$和多项式$B(x) = 8x + 22x^7 - 9x^8$。从图中可见，每个结点表示多项式中的一项。

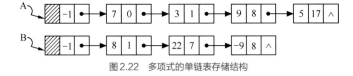

图2.22　多项式的单链表存储结构

如何实现用这种单链表表示的多项式的加法运算呢？

根据多项式相加的运算规则：对于两个多项式中所有指数相同的项，对应系数相加，若其和不为0，则作为"和多项式"中的一项插入"和多项式"链表中；对于两个多项式中指数不相同的项，则将指数值较小的项插入"和多项式"链表中。"和多项式"链表中的结点无须生成，而应该从两个多项式的链表中摘取。图2.22所示的两个多项式相加得到的和多项式如图2.23所示，图中的长方框表示已被释放的结点。

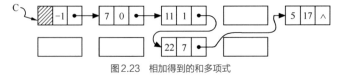

图2.23　相加得到的和多项式

【案例实现】

用链表表示多项式时，每个链表结点存储多项式中的一个非零项，包括系数（coef）和指数（expn）两个数据域以及一个指针域（next）。对应的数据结构定义为：

```
typedef struct PNode
{
   float   coef;                    //系数
   int     expn;                    //指数
   struct PNode  *next;             //指针域
}PNode,*Polynomial;
```

一个多项式可以表示成由这些结点链接起来的单链表，要实现多项式的相加运算，首先需要创建多项式链表。

1. 多项式的创建

多项式的创建方法类似于链表的创建方法，区别在于多项式链表是一个有序表，每项的位置要经过比较才能确定。首先初始化一个空链表用来表示多项式，然后逐个输入各项，通过比较，找到第一个大于该输入项指数的项，将输入项插到此项的前面，这样即可保证多项式链表的有序性。

算法2.18　多项式的创建

【算法步骤】

① 创建一个只有头结点的空链表。

② 根据多项式的项的个数n，循环n次执行以下操作：

● 生成一个新结点*s；

● 输入多项式当前项的系数和指数赋给新结点*s的数据域；

● 设置一前驱指针pre，用于指向待找到的第一个大于输入项指数的结点的前驱，pre初始时指向头结点；

● 指针q初始化，指向首元结点；

● 循环向下逐个比较链表中当前结点的指数与输入项的指数，找到第一个大于输入项指数的结点*q；

多项式的创建

● 将输入项结点*s插入结点*q之前。

【算法描述】

```
void CreatePolyn(Polynomial &P,int n)
{//输入n项的系数和指数,建立表示多项式的有序链表P
   P=new PNode;
   P->next=NULL;                    //先建立一个带头结点的单链表
   for(i=1;i<=n;++i)                //依次输入n个非零项
   {
      s=new PNode;                  //生成新结点
      cin>>s->coef>>s->expn;        //输入系数和指数
      pre=P;                        //pre用于保存q的前驱,初值为头结点
      q=P->next;                    //q初始化,指向首元结点
      while(q&&q->expn<s->expn)     //通过比较指数找到第一个大于输入项指数的项 *q
      {
         pre=q;
         q=q->next;
      }                             //while
      s->next=q;                    //将输入项s插入 *q和其前驱结点pre之间
      pre->next=s;
   }                                //for
}
```

【算法分析】

创建一个项数为*n*的有序多项式链表，需要执行*n*次循环逐个输入各项，而每次循环又都需要从前向后比较输入项与各项的指数。在最坏情况下，第*n*次循环需要进行*n*次比较，因此，时间复杂度为$O(n^2)$。

2. 多项式的相加

创建两个多项式链表后，便可以进行多项式的加法运算了。假设头指针为Pa和Pb的单链表分别为多项式A和B的存储结构，指针p1和p2分别指向*A*和*B*中当前进行比较的某个结点，则逐一比较两个结点中的指数项，对于指数相同的项，对应系数相加，若其和不为0，则插入"和多项式"链表中；对于指数不相同的项，则通过比较，将指数值较小的项插入"和多项式"链表中。

算法2.19 多项式的相加

【算法步骤】

① 指针p1和p2初始化，分别指向Pa和Pb的首元结点。

② p3指向和多项式的当前结点，初值为Pa的头结点。

③ 当指针p1和p2均未到达相应表尾时，则循环比较p1和p2所指结点对应的指数值（p1->expn与p2->expn），有下列3种情况：

● 当p1->expn等于p2->expn时，则将两个结点中的系数相加，若和不为0，则修改p1所指结点的系数值，同时删除p2所指结点，若和为0，则删除p1和p2所指结点；

● 当p1->expn小于p2->expn时，则应摘取p1所指结点插入"和多项式"链表中；

● 当p1->expn大于p2->expn时，则应摘取p2所指结点插入"和多项式"链表中。

多项式的相加

④ 将非空多项式的剩余段插入p3所指结点之后。

⑤ 释放Pb的头结点。

【算法描述】

```
void AddPolyn(Polynomial &Pa,Polynomial &Pb)
{//多项式加法:Pa=Pa+Pb,利用两个多项式的结点构成"和多项式"
  p1=Pa->next; p2=Pb->next;           //p1和p2初始时分别指向Pa和Pb的首元结点
  p3=Pa;                              //p3指向和多项式的当前结点,初值为Pa
  while(p1&&p2)                       //p1和p2均非空
  {
    if(p1->expn==p2->expn)           //指数相等
    {
      sum=p1->coef+p2->coef;         //sum保存两项的系数和
      if(sum!=0)                     //系数和不为0
      {
        p1->coef=sum;                //修改Pa当前结点的系数值为两项系数的和
        p3->next=p1; p3=p1;          //将修改后的Pa当前结点链接在p3之后,p3指向p1
        p1=p1->next;                 //p1指向后一项
        r=p2; p2=p2->next; delete r; //删除Pb当前结点,p2指向后一项
      }
      else                           //系数和为0
      {
```

```
        r=p1; p1=p1->next; delete r;      //删除Pa当前结点，p1指向后一项
        r=p2; p2=p2->next; delete r;      //删除Pb当前结点，p2指向后一项
    }
}
else if(p1->expn<p2->expn)                //Pa当前结点的指数值小
{
    p3->next=p1;                          //将p1链接在p3之后
    p3=p1;                                //p3指向p1
    p1=p1->next;                          //p1指向后一项
}
else                                      //Pb当前结点的指数值小
{
    p3->next=p2;                          //将p2链接在p3之后
    p3=p2;                                //p3指向p2
    p2=p2->next;                          //p2指向后一项
}
}                                         //while
p3->next=p1?p1:p2;                        //插入非空多项式的剩余段
delete Pb;                                //释放Pb的头结点
}
```

【算法分析】

假设两个多项式的项数分别为m和n，则同算法2.17一样，该算法的时间复杂度为$O(m+n)$，空间复杂度为$O(1)$。

对于两个一元多项式减法和乘法的运算，都可以利用多项式加法的算法来实现。减法运算比较简单，只需要先对要减的多项式的每项系数进行取反，再调用加法运算AddPolyn即可。多项式的乘法运算可以分解为一系列的加法运算。假设$A(x)$和$B(x)$为式（2-1）的多项式，则：

$$M(x) = A(x) \times B(x)$$
$$= A(x) \times [b_1 x^{e_1} + b_2 x^{e_2} + \cdots + b_n x^{e_n}]$$
$$= \sum_{i=1}^{n} b_i A(x) x^{e_i}$$

其中，每一项都是一个一元多项式。

多项式相加的例子说明，对于一些有规律的数学运算，借助链表实现是一种解决问题的途径。

案例2.3：图书信息管理系统。

【案例分析】

把图书表抽象成一个线性表，每本图书（包括ISBN、书名、定价）作为线性表中的一个元素。在图书信息管理系统中要求实现查找、插入、删除、修改、排序和计数总计6个功能，具体分析如下。

（1）对于查找、插入、删除这3个功能的算法，本章已分别给出了线性表利用顺序存储结构和链式存储结构表示时相应的算法描述。

（2）对于修改功能，可以通过调用查找算法，找到满足条件的图书进行修改。

（3）对于排序功能，在没有时间复杂度限制的情况下，可以采用读者熟悉的冒泡排序来完成；如果图书数目较多，对排序算法的时间效率要求较高，在学完第8章的内部排序算法后，可以选取一种较高效的排序算法来实现，如快速排序。

（4）对于计数功能，如果采取顺序存储结构，线性表的长度是它的属性，可以直接通过返回length的值实现图书数量的统计功能，时间复杂度是$O(1)$；如果采取链式存储结构，则需要通过

从首元结点开始，附设一个计数器进行计数，一直"数"到最后一个结点，时间复杂度是$O(n)$。

在实现图书信息管理系统时，具体采取哪种存储结构，可以根据实际情况而定。如果图书数据较多，需要频繁地进行插入和删除操作，则宜采取链表表示；反之，如果图书数据变化不大，很少进行插入和删除操作，则宜采取顺序表表示。

此案例中所涉及的算法比较基础，但非常重要，读者可以分别采用顺序表和链表实现此案例的相应功能，作为本章的实验题目来完成。

2.9 小结

线性表是整个数据结构课程的重要基础，本章主要内容如下。

（1）线性表的逻辑结构特性是指数据元素之间存在着线性关系，在计算机中表示这种关系的两类不同的存储结构是顺序存储结构（顺序表）和链式存储结构（链表）。

（2）对于顺序表，元素存储的相邻位置反映出其逻辑上的线性关系，可借助数组来表示。给定数组的下标，便可以存取相应的元素，可称为随机存取结构。而对于链表，其是依靠指针来反映其线性逻辑关系的，链表结点的存取都要从头指针开始，顺链而行，所以不属于随机存取结构，可称之为顺序存取结构。不同的特点使得顺序表和链表有不同的适用情况，表2.2分别从空间、时间和适用情况3个方面对二者进行了比较。

表 2.2　顺序表和链表的比较

比较项目		存储结构	
		顺序表	链表
空间	存储空间	预先分配，会出现空间闲置或溢出现象	动态分配，不会出现存储空间闲置或溢出现象
	存储密度	不用为表示结点间的逻辑关系而增加额外的存储开销，存储密度等于1	需要借助指针来体现元素间的逻辑关系，存储密度小于1
时间	存取元素	随机存取，按位置访问元素的时间复杂度为$O(1)$	顺序存取，按位置访问元素时间复杂度为$O(n)$
	插入、删除	平均移动约表中一半元素，时间复杂度为$O(n)$	不需移动元素，确定插入、删除位置后，时间复杂度为$O(1)$
适用情况		① 表长变化不大，且能事先确定变化的范围 ② 很少进行插入或删除操作，经常按元素位置序号访问数据元素	① 长度变化较大 ② 频繁进行插入或删除操作

（3）对于链表，除了常用的单链表外，在本章还讨论了两种不同形式的链表，即循环链表和双向链表，它们有不同的应用场合。表2.3对三者的几项有差别的基本操作进行了比较。

表 2.3　单链表、循环链表和双向链表的比较

链表名称	操作名称		
	查找表头结点	查找表尾结点	查找结点*p的前驱结点
带头结点的单链表L	L->next 时间复杂度$O(1)$	从L->next依次向后遍历 时间复杂度$O(n)$	通过p->next无法找到其前驱

续表

链表名称	操作名称		
	查找表头结点	查找表尾结点	查找结点*p的前驱结点
带头结点仅设头指针L的循环单链表	L->next 时间复杂度$O(1)$	从L->next依次向后遍历 时间复杂度$O(n)$	通过p->next可以找到其前驱 时间复杂度$O(n)$
带头结点仅设尾指针R的循环单链表	R->next 时间复杂度$O(1)$	R 时间复杂度$O(1)$	通过p->next可以找到其前驱 时间复杂度$O(n)$
带头结点的双向循环链表L	L->next 时间复杂度$O(1)$	L->prior 时间复杂度$O(1)$	p->prior 时间复杂度$O(1)$

学习完本章后，读者应熟练掌握顺序表和链表的查找、插入和删除算法，链表的创建算法，并能够设计出线性表应用的常用算法，比如线性表的合并等；能够从时间和空间复杂度的角度比较两种存储结构的不同特点及其适用场合，明确它们各自的优缺点。

习题

1. 选择题

（1）顺序表中第一个元素的存储地址是100，每个元素的长度为2，则第5个元素的地址是（　　）。

    A. 110   B. 108   C. 100   D. 120

（2）在含n个结点的顺序表中，算法的时间复杂度是$O(1)$的操作是（　　）。

    A. 访问第i个结点（$1 \leq i \leq n$）和求第i个结点的直接前驱（$2 \leq i \leq n$）

    B. 在第i个结点后插入一个新结点（$1 \leq i \leq n$）

    C. 删除第i个结点（$1 \leq i \leq n$）

    D. 将n个结点从小到大排序

（3）在一个有127个元素的顺序表中插入一个新元素并保持原来顺序不变，平均要移动的元素个数为（　　）。

    A. 8   B. 63.5   C. 63   D. 7

（4）链接存储的存储结构所占存储空间（　　）。

    A. 分为两部分，一部分存放结点值，另一部分存放表示结点间关系的指针

    B. 只有一部分，存放结点值

    C. 只有一部分，存储表示结点间关系的指针

    D. 分为两部分，一部分存放结点值，另一部分存放结点所占单元数

（5）线性表若采用链式存储结构，要求内存中可用存储单元的地址（　　）。

    A. 必须是连续的   B. 部分地址必须是连续的

    C. 一定是不连续的   D. 连续或不连续都可以

（6）线性表L在（　　）情况下适用于使用链式结构实现。

    A. 需经常修改L中的结点值   B. 需不断对L进行删除、插入

    C. L中含有大量的结点   D. L中结点结构复杂

（7）单链表的存储密度（　　）。

    A. 大于1   B. 等于1   C. 小于1   D. 不能确定

（8）将两个各有n个元素的有序表归并成一个有序表，其最少的比较次数是（　　）。

    A. n B. $2n-1$ C. $2n$ D. $n-1$

（9）在一个长度为n的顺序表中，在第i个元素（$1 \leqslant i \leqslant n+1$）之前插入一个新元素时需向后移动（　　）个元素。

    A. $n-i$ B. $n-i+1$ C. $n-i-1$ D. i

（10）线性表L=$(a_1,a_2,\cdots,a_n)$，下列陈述正确的是（　　）。

    A. 每个元素都有一个直接前驱和一个直接后继

    B. 线性表中至少有一个元素

    C. 表中诸元素的排列必须是由小到大或由大到小的

    D. 除第一个和最后一个元素外，其余每个元素都有一个且仅有一个直接前驱和直接后继

（11）创建一个包括n个结点的有序单链表的时间复杂度是（　　）。

    A. $O(1)$ B. $O(n)$ C. $O(n^2)$ D. $O(n\log_2 n)$

（12）以下陈述错误的是（　　）。

    A. 求表长、定位这两种运算在采用顺序存储结构时实现的效率不比采用链式存储结构时实现的效率低

    B. 顺序存储的线性表可以随机存取

    C. 由于顺序存储要求连续的存储区域，因此在存储管理上不够灵活

    D. 线性表的链式存储结构优于顺序存储结构

（13）在单链表中，要将s所指结点插入p所指结点之后，其语句应为（　　）。

    A. s->next = p + 1; p->next = s;

    B. (*p).next = s; (*s).next = (*p).next;

    C. s->next = p->next; p->next = s->next;

    D. s->next = p->next; p->next = s;

（14）在双向链表存储结构中，删除p所指结点时修改指针的操作为（　　）。

    A. p->next->prior = p->prior; p->prior->next = p->next;

    B. p->next = p->next->next; p->next->prior = p;

    C. p->prior->next = p; p->prior = p->prior->prior;

    D. p->prior = p->next->next; p->next = p->prior->prior;

（15）在双向循环链表中，在p指针所指的结点后插入q所指向的新结点，其修改指针的操作是（　　）。

    A. p->next = q; q->prior = p; p->next->prior = q; q->next = q;

    B. p->next = q; p->next->prior = q; q->prior=p; q->next = p->next;

    C. q->prior = p; q->next = p->next; p->next->prior = q; p->next = q;

    D. q->prior = p; q->next = p->next; p->next = q; p->next->prior = q;

2. 算法设计题

（1）将两个递增的有序链表合并为一个递增的有序链表。要求结果链表仍使用原来两个链表的存储空间，不另外占用其他的存储空间。表中不允许有重复的数据。

（2）将两个非递减的有序链表合并为一个非递增的有序链表。要求结果链表仍使用原来两个链表的存储空间，不另外占用其他的存储空间。表中允许有重复的数据。

（3）已知两个链表A和B分别表示两个集合，其元素递增排列。请设计一个算法，用于求

出A与B的交集，并将结果存放在A链表中。

（4）已知两个链表A和B分别表示两个集合，其元素递增排列。请设计算法求出两个集合A和B 的差集（仅由在A中出现而不在B中出现的元素所构成的集合），并将结果以同样的形式存储，同时返回该集合的元素个数。

（5）设计算法将一个带头结点的单链表A分解为两个具有相同结构的链表B和C，其中B表的结点为A表中值小于0的结点，而C表的结点为A表中值大于0的结点（链表A中的元素为非零整数，要求B、C表利用A表的结点）。

（6）设计一个算法，通过一趟遍历确定长度为n的单链表中值最大的结点。

（7）设计一个算法，将链表中所有结点的链接方向"原地"逆转，即要求仅利用原表的存储空间，换句话说，要求算法的空间复杂度为$O(1)$。

（8）设计一个算法，删除递增有序链表中值大于mink且小于maxk的所有元素（mink和maxk是给定的两个参数，其值可以和表中的元素相同，也可以不同）。

（9）已知p指向双向循环链表中的一个结点，其结点结构为data、prior、next这3个域，设计算法change(p)，交换p所指向的结点及其前驱结点的顺序。

（10）已知长度为n的线性表A采用顺序存储结构，请设计一个时间复杂度为$O(n)$、空间复杂度为$O(1)$的算法，该算法可删除线性表中所有值为item的数据元素。

第3章
栈和队列

栈和队列是两种重要的线性结构。从数据结构角度看，栈和队列也是线性表，其特殊性在于栈和队列的基本操作是线性表操作的子集，它们是操作受限的线性表，因此，可称为具有限定性的数据结构。但从数据类型角度看，它们是和线性表不相同的两类重要的抽象数据类型。本章除了讨论栈和队列的定义、表示方法和实现外，还将给出一些应用的例子。

3.1　栈和队列的定义和特点

3.1.1　栈的定义和特点

栈（stack）是限定仅在表尾进行插入或删除操作的线性表。因此，对栈来说，表尾端有其特殊含义，称为**栈顶**（top），相应地，表头端称为**栈底**（bottom）。不含元素的空表称为**空栈**。

假设栈 $S = (a_1, a_2, \cdots, a_n)$，则称 a_1 为栈底元素，a_n 为栈顶元素。栈中元素按 $a_1, a_2, \cdots, a_n$ 的次序进栈，退栈的第一个元素应为栈顶元素。换句话说，栈的修改是按后进先出的原则进行的，如图3.1（a）所示。因此，栈又称为**后进先出**（Last In First Out，LIFO）的线性表，它的这个特点可用图3.1（b）所示的铁路调度站形象地表示。

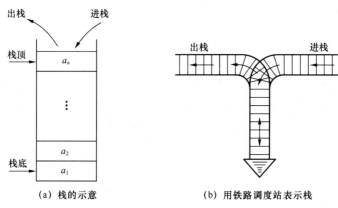

（a）栈的示意　　　　　　（b）用铁路调度站表示栈

图3.1　栈

在日常生活中，还有很多类似栈的例子。例如，洗干净的盘子总是逐个往上叠放在已经洗好的盘子上面，而用时从上往下逐个取用。栈的操作特点正是上述实际应用的抽象。在程序设计中，如果需要按照保存数据时相反的顺序来使用数据，则可以利用栈来实现。

3.1.2 队列的定义和特点

和栈相反，**队列**（queue）是一种**先进先出**（First In First Out，FIFO）的线性表。它只允许在表的一端进行插入，而在另一端删除元素。这和日常生活中的排队是一致的，最早进入队列的元素最早离开。在队列中，允许插入的一端称为**队尾**（rear），允许删除的一端则称为**队头**（front）。假设队列为 $q = (a_1, a_2, \cdots, a_n)$，那么，$a_1$就是队头元素，$a_n$则是队尾元素。队列中的元素是按照$a_1, a_2, \cdots, a_n$的顺序进入的，退出队列也只能按照这个次序依次退出，也就是说，只有在$a_1, a_2, \cdots, a_{n-1}$都离开队列之后，$a_n$才能退出队列。图3.2所示为队列的示意。

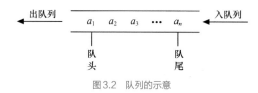

图3.2 队列的示意

队列在程序设计中也经常出现。一个典型的例子就是操作系统中的作业排队。在允许多道程序运行的计算机系统中，同时有几个作业运行。如果运行的结果都需要通过通道输出，那么就要按请求输入的先后次序排队。每当通道传输完毕可以接受新的输出任务时，队头的作业先从队列中退出做输出操作。凡是申请输出的作业都从队尾进入队列。

3.2 案例引入

案例3.1：数制的转换。

十进制数N和其他d进制数的转换是计算机实现计算的基本问题，其解决方法很多，其中一个简单算法基于下列原理：

$$N = (N \operatorname{div} d) \times d + N \bmod d \text{（其中，div为整除运算，mod为求余运算）}$$

例如$(1348)_{10} = (2504)_8$，其运算过程如下：

N	$N \operatorname{div} 8$	$N \bmod 8$
1348	168	4
168	21	0
21	2	5
2	0	2

假设现要编制一个满足下列要求的程序：对于输入的任意一个非负十进制整数，输出与其等值的八进制数。上述计算过程是从低位到高位顺序产生八进制数的各个数位；而输出过程应从高位到低位进行，恰好和计算过程相反，因而我们可以使用栈来解决这个问题。在计算过程中依次将得到的余数压入栈中，计算完毕后，再依次弹出栈中的余数就是数制转换的结果。

案例3.2：括号匹配的检验。

假设表达式中允许包含两种括号：圆括号和方括号，其嵌套的顺序随意，即（［］）或［（［］［］）］等为正确的格式，［（］或（［（）或（（）］）均为不正确的格式。检验括号是否匹配的方法可用"期待的急迫程度"这个概念来描述。例如，考虑下列括号序列：

$$[\ (\ [\ ]\ [\ ]\ )\ ]$$
$$1\ \ 2\ \ 3\ \ 4\ \ 5\ \ 6\ 7\ 8$$

当计算机接收了第一个括号后，它期待着与其匹配的第8个括号的出现，然而等来的却是第2个括号，显然第2个括号的期待急迫性高于第1个括号，此时第1个括号"["只能暂时靠边，而迫切等待与第2个括号相匹配的第7个括号"）"的出现。类似地，因等来的是第3个括号"["，其期待匹配的程度较第2个括号更急迫，则第2个括号也只能靠边，让位于第3个括号。在接收了第4个括号之后，第3个括号的期待得到满足，消解之后，第2个括号的期待匹配就成为当前最急迫的任务了，依次类推。可见，这个处理过程恰与栈的特点相吻合。每读入一个括号，若是右括号，则或者使置于栈顶的最急迫的期待得以消解，或者是不合法的情况；若是左括号，则作为一个新的更急迫的期待压入栈中，自然使原有的在栈中的所有未消解的期待的急迫性都降了一级。

案例3.3：表达式求值。

表达式求值是程序设计语言编译中的一个基本问题，其实现是栈应用的又一个典型例子。"算符优先法"是一种简单直观、广为使用的表达式求值算法。

要把表达式翻译成可正确求值的机器指令序列，或者直接对表达式求值，首先要能够正确解释表达式。算符优先法就是根据算术四则运算规则确定的运算优先关系，用来实现对表达式的编译或解释执行。

在表达式计算中先出现的运算符不一定先运算，具体运算顺序是需要通过运算符优先关系的比较，确定合适的运算时机，而运算时机的确定是可以借助栈来完成的。将不能进行运算的运算数和运算符先分别压入运算数栈和运算符栈中，在条件满足时再分别将之从栈中弹出进行运算。

上述3个应用实例都是借助栈的后进先出的特性来处理问题的，在日常生活中，符合先进先出特性的应用更为常见。

案例3.4：舞伴问题。

假设在周末舞会上，男士们和女士们进入舞厅时，各自排成一队。跳舞开始时，依次从男队和女队的队头各出一人配成舞伴。若两队初始人数不相同，则较长的那一队中未配对者等待下一轮舞曲。现要求设计一算法模拟上述舞伴配对问题。

先入队的男士或女士应先出队配成舞伴，因此该问题具有典型的先进先出特性，可将队列作为算法的数据结构。

从上面的应用案例可以看出，无论是借助栈还是队列来解决问题，最基本的操作都是"入"和"出"。对于栈，在栈顶插入元素的操作称作"入栈"，在栈顶删除元素的操作称作"出栈"；对于队列，在队尾插入元素的操作称作"入队"，在队头删除元素的操作称作"出队"。和线性表一样，栈和队列的存储结构也包括顺序和链式两种。

本章后续章节将依次给出不同存储结构表示的栈和队列的基本操作，并介绍栈的一个非常重要的应用——在程序设计语言中实现递归，借助栈的基本操作，读者可以深刻理解递归的处理机制。本章最后将利用栈和队列给出上述4个案例的具体实现。

3.3 栈的表示和操作的实现

3.3.1 栈的类型定义

栈的基本操作除了入栈和出栈外，还有栈的初始化、栈空的判定，以及取栈顶元素等。下面给出栈的抽象数据类型定义：

```
ADT Stack{
  数据对象 :D={a_i|a_i ∈ ElemSet,i=1,2,…,n,n≥0}
  数据关系 :R={ < a_{i-1},a_i > |a_{i-1},a_i ∈ D,i=2,…,n}
           约定a_n端为栈顶,a_1端为栈底。
  基本操作 :
    InitStack(&S)
      操作结果 :构造一个空栈S。
    DestroyStack(&S)
      初始条件 :栈S已存在。
      操作结果 :栈S被销毁。
    ClearStack(&S)
      初始条件 :栈S已存在。
      操作结果 :将S清为空栈。
    StackEmpty(S)
      初始条件 :栈S已存在。
      操作结果 :若栈S为空栈,则返回true,否则返回false。
    StackLength(S)
      初始条件 :栈S已存在。
      操作结果 :返回S的元素个数,即栈的长度。
    GetTop(S)
      初始条件 :栈S已存在且非空。
      操作结果 :返回S的栈顶元素,不修改栈顶指针。
    Push(&S,e)
      初始条件 :栈S已存在。
      操作结果 :插入元素e为新的栈顶元素。
    Pop(&S,&e)
      初始条件 :栈S已存在且非空。
      操作结果 :删除S的栈顶元素,并用e返回其值。
    StackTraverse(S)
      初始条件 :栈S已存在且非空。
      操作结果 :从栈底到栈顶依次对S的每个数据元素进行访问。
}ADT Stack
```

本书在后文中引用的栈大多为如上定义的数据类型，栈的数据元素类型在应用程序内定义。

和线性表类似，栈也有两种存储表示方法，分别称为顺序栈和链栈。

3.3.2　顺序栈的表示和实现

顺序栈是指利用顺序存储结构实现的栈，即利用一组地址连续的存储单元依次存放自栈底到栈顶的数据元素，同时附设指针top指示栈顶元素在顺序栈中的位置。通常习惯的做法是：以top = 0表示空栈，鉴于C语言中数组的下标约定从0开始，则当以C语言作描述语言时，如此设定会带来很大不便，因此另设指针base指示栈底元素在顺序栈中的位置。当top和base的值相等时，表示空栈。顺序栈的定义如下：

```
//- - - - - 顺序栈的存储结构- - - - -
#define MAXSIZE 100              //顺序栈存储空间的初始分配量
typedef struct
{
  SElemType *base;              //栈底指针
  SElemType *top;              //栈顶指针
```

```
    int stacksize;                          //栈可用的最大容量
}SqStack;
```

> **说明** 💡
>
> （1）base 为栈底指针，初始化完成后，栈底指针 base 始终指向栈底的位置，若 base 的值为 NULL，则表明栈结构不存在。top 为栈顶指针，其初值指向栈底。每当插入新的栈顶元素时，指针 top 增 1；删除栈顶元素时，指针 top 减 1。因此，栈空时，top 和 base 的值相等，都指向栈底；栈非空时，top 始终指向栈顶元素的上一个位置。
>
> （2）stacksize 指示栈可使用的最大容量，后面算法 3.1 的初始化操作为顺序栈动态分配 MAXSIZE 大小的数组空间，将 stacksize 置为 MAXSIZE。

图 3.3 所示为顺序栈中数据元素和栈指针之间的对应关系。

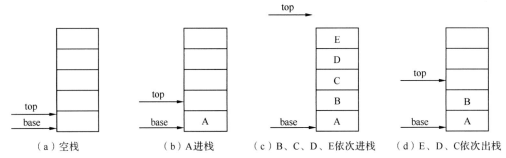

图3.3 顺序栈中数据元素和栈指针之间的对应关系

由于顺序栈的插入和删除只在栈顶进行，因此顺序栈的基本操作比顺序表要简单得多，以下给出顺序栈部分操作的实现。

1. 初始化

顺序栈的初始化操作就是为顺序栈动态分配一个预定义大小的数组空间。

算法3.1 顺序栈的初始化

【算法步骤】

① 为顺序栈动态分配一个最大容量为MAXSIZE的数组空间，使base指向这段空间的基地址，即栈底。

② 栈顶指针top初始为base，表示栈为空。

③ stacksize置为栈的最大容量MAXSIZE。

【算法描述】

```
Status InitStack(SqStack &S)
{//构造一个空栈 S
    S.base=new SElemType[MAXSIZE];          // 为顺序栈动态分配一个最大容量为MAXSIZE
的数组空间
    if(!S.base) exit(OVERFLOW);             // 存储分配失败
    S.top=S.base;                           //top初始为base,空栈
    S.stacksize=MAXSIZE;                    //stacksize置为栈的最大容量MAXSIZE
    return OK;
}
```

顺序栈的初始化

2. 入栈

入栈操作是指在栈顶插入新的元素。

算法3.2　顺序栈的入栈

【算法步骤】

① 判断栈是否满，若满则返回ERROR。

② 将新元素压入栈顶，栈顶指针加1。

【算法描述】

顺序栈的入栈

```
Status Push(SqStack &S,SElemType e)
{//插入元素e为新的栈顶元素
  if(S.top-S.base==S.stacksize) return ERROR;      //栈满
  *S.top++=e;                                       //将元素e压入栈顶，栈顶指针加1
  return OK;
}
```

3. 出栈

出栈操作是指将栈顶元素删除。

算法3.3　顺序栈的出栈

【算法步骤】

① 判断栈是否空，若空则返回ERROR。

② 栈顶指针减1，栈顶元素出栈。

【算法描述】

顺序栈的出栈

```
Status Pop(SqStack &S,SElemType &e)
{删除S的栈顶元素，用e返回其值
  if(S.top==S.base) return ERROR;          //栈空
  e=*--S.top;                              //栈顶指针减1，将栈顶元素赋给e
  return OK;
}
```

4. 取栈顶元素

当栈非空时，此操作返回当前栈顶元素的值，栈顶指针保持不变。

算法3.4　取顺序栈的栈顶元素

【算法描述】

取顺序栈的
栈顶元素

```
SElemType GetTop(SqStack S)
{//返回S的栈顶元素，不修改栈顶指针
  if(S.top!=S.base)            //栈非空
    return *(S.top-1);                    //返回栈顶元素的值，栈顶指针不变
}
```

由于顺序栈和顺序表一样，受到最大空间容量的限制，虽然可以在"满员"时重新分配空间扩大容量，但工作量较大，应该尽量避免。因此在应用程序无法预先估计栈可能达到的最大容量时，还是应该使用下面介绍的链栈。

3.3.3　链栈的表示和实现

链栈是指采用链式存储结构实现的栈。通常链栈用单链表来表示，如图3.4所示。链栈的结点结构与单链表的结构相同，在此用StackNode表示，定义如下：

```
//- - - - - 链栈的存储结构- - - - -
typedef struct StackNode
{
    ElemType data;
    struct StackNode *next;
}StackNode,*LinkStack;
```

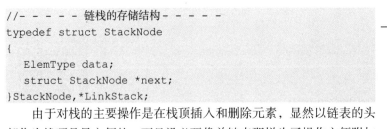

图3.4 链栈示意

由于对栈的主要操作是在栈顶插入和删除元素，显然以链表的头部作为栈顶是最方便的，而且没必要像单链表那样为了操作方便附加一个头结点。

下面给出链栈部分操作的实现。

1．初始化

链栈的初始化操作就是构造一个空栈，因为没必要设头结点，所以直接将栈顶指针置空即可。

算法3.5　链栈的初始化

【算法描述】

```
Status InitStack(LinkStack &S)
{//构造一个空栈S,栈顶指针置空
    S=NULL;
    return OK;
}
```

链栈的初始化

2．入栈

和顺序栈的入栈操作不同的是，链栈在入栈前不需要判断栈是否满，只需要为入栈元素动态分配一个结点空间，如图3.5所示。

算法3.6　链栈的入栈

【算法步骤】

① 为入栈元素e分配空间，用指针p指向。

② 将新结点数据域置为e。

③ 将新结点插入栈顶。

④ 修改栈顶指针为p。

【算法描述】

图3.5 链栈的入栈过程

```
Status Push(LinkStack &S, SElemType e)
{//在栈顶插入元素e
    p=new StackNode;          //生成新结点
    p->data=e;                //将新结点数据域置为e
    p->next=S;                //将新结点插入栈顶
    S=p;                      //修改栈顶指针为p
    return OK;
}
```

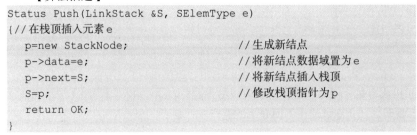

链栈的入栈

3．出栈

和顺序栈一样，链栈在出栈前也需要判断栈是否为空，不同的是，链栈在出栈后需要释放出栈元素的栈顶空间，如图3.6所示。

算法3.7 链栈的出栈

【算法步骤】

① 判断栈是否为空，若空则返回ERROR。

② 将栈顶元素赋给e。

③ 临时保存栈顶元素的空间，以备释放。

④ 修改栈顶指针，指向新的栈顶元素。

⑤ 释放原栈顶元素的空间。

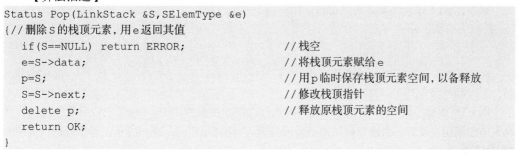

图3.6 链栈的出栈过程

链栈的出栈

【算法描述】

```
Status Pop(LinkStack &S,SElemType &e)
{//删除S的栈顶元素,用e返回其值
   if(S==NULL) return ERROR;          //栈空
   e=S->data;                         //将栈顶元素赋给e
   p=S;                               //用p临时保存栈顶元素空间,以备释放
   S=S->next;                         //修改栈顶指针
   delete p;                          //释放原栈顶元素的空间
   return OK;
}
```

4. 取栈顶元素

与顺序栈一样，当栈非空时，取栈顶元素操作返回当前栈顶元素的值，栈顶指针S保持不变。

算法3.8 取链栈的栈顶元素

【算法描述】

取栈顶元素

```
SElemType GetTop(LinkStack S)
{//返回S的栈顶元素,不修改栈顶指针
   if(S!=NULL)              //栈非空
     return S->data;              //返回栈顶元素的值,栈顶指针不变
}
```

3.4 栈与递归

栈有一个重要应用是在程序设计语言中实现递归。递归是算法设计中常用的手段，它通常可把一个大型复杂问题的描述和求解变得简洁和清晰。因此递归算法常常比非递归算法更易设计，尤其是当问题本身或所涉及的数据结构是递归定义的时候，使用递归方法更加合适。为使读者增强理解和设计递归算法的能力，本节将介绍栈在递归算法的内部实现中所起的作用。

3.4.1 采用递归算法解决的问题

所谓递归是指，若在一个函数、过程或者数据结构定义的内部又直接（或间接）出现定义本身的应用，则称其是递归的，或者是递归定义的。在以下3种情况下，常常使用递归的方法。

1. 定义是递归的

有很多数学函数是递归定义的，如大家熟悉的阶乘函数：

$$Fact(n) = \begin{cases} 1 & 若 n = 0 \\ n \cdot Fact(n-1) & 若 n > 0 \end{cases} \quad (3\text{-}1)$$

二阶斐波那契数列：

$$Fib(n) = \begin{cases} 1 & 若 n = 1 或 n = 2 \\ Fib(n-1) + Fib(n-2) & 其他情形 \end{cases} \quad (3\text{-}2)$$

对于（3-1）中的阶乘函数，可以使用递归过程来求解。

```
long Fact(long n)
{
  if (n==0) return 1;                  //递归终止的条件
  else return n*Fact(n-1);             //递归步骤
}
```

图3.7所示为主程序调用函数Fact (4)的执行过程。在函数体中，else语句以参数3、2、1、0执行递归调用。最后一次递归调用的函数因参数n为0执行if语句，递归终止，逐步返回，返回时依次计算1×1、2×1、3×2、4×6，最后将计算结果24返回给主程序。

类似地，可写出斐波那契数列的递归程序：

```
long Fib(long n)
{
  if(n==1||n==2) return 1;             //递归终止的条件
  else return Fib(n-1)+ Fib(n-2);      //递归步骤
}
```

对于类似的复杂问题，若将之分解成几个相对简单且解法相同或类似的子问题来求解，便称作递归求解。例如，在图3.7中，计算4!时先计算3!，再进一步分解进行求解，这种分解-求解的策略叫作"分治法"。

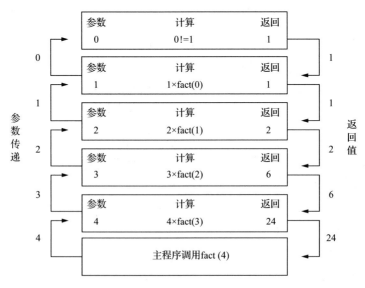

图3.7 主程序调用fact(4)的执行过程

采取"分治法"进行递归求解的问题需要满足以下3个条件。

（1）能将一个问题转变成一个新问题，而新问题与原问题的解法相同或类似，不同的仅是处理的对象，并且其处理对象更小且变化有规律。

（2）可以通过上述转化而使问题简化。

（3）必须有一个明确的递归出口，或称递归的边界。

"分治法"求解递归问题算法的一般形式为：

```
void p(参数表)
{
    if(递归结束条件成立)可直接求解；          //递归终止的条件
    else p(较小的参数)；                      //递归步骤
}
```

可见，上述阶乘函数和斐波那契数列的递归过程均与此一般形式相对应。

2. 数据结构是递归的

某些数据结构本身具有递归的特性，则它们的操作可递归地描述。

例如，对于链表，其结点LNode的定义由数据域data和指针域next组成，而指针域next是一种指向LNode类型的指针，即LNode的定义中又用到了其自身，所以链表是一种递归的数据结构。

对于递归的数据结构，相应算法采用递归的方法来实现特别方便。链表的创建和链表结点的遍历输出都可以采用递归的方法。算法3.9是从前向后遍历输出链表中各个结点的递归算法。调用此递归函数前，参数p指向单链表的首元结点，在递归过程中，p不断指向后继结点，直到p为NULL时递归结束。显然，这个问题满足上述给出的采用"分治法"进行递归求解的问题需要满足的3个条件。

算法3.9　遍历输出链表中各个结点的递归算法

【算法步骤】

① 如果p为NULL，递归终止。

② 否则输出p->data，p指向后继结点继续递归。

【算法描述】

```
void TraverseList(LinkList p)
{
    if(p==NULL) return;              //递归终止
    else
    {
        cout<<p->data<<endl;        //输出当前结点的数据域
        TraverseList(p->next);       //p指向后继结点继续递归
    }
}
```

在递归算法中，如果当递归结束条件成立，只执行return操作时，采用"分治法"求解递归问题算法的一般形式可以简化为：

```
void p(参数表)
{
    if(递归结束条件不成立)
        p(较小的参数)；
}
```

因此，算法3.9可以简化为：

```
void TraverseList(LinkList p)
{
    if(p)
    {
```

```
    cout<<p->data<<endl;
    TraverseList(p->next);
  }
}
```

后文要介绍的广义表、二叉树等也是典型的具有递归特性的数据结构，其相应算法也可采用递归的方法来实现。

3. 问题的解法是递归的

还有一类问题，虽然问题本身没有明显的递归结构，但用递归求解比迭代求解更简单，如Hanoi（汉诺）塔问题、八皇后问题、迷宫问题等。

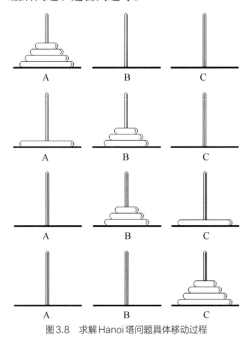

图3.8　求解Hanoi塔问题具体移动过程

【例3.1】　n阶Hanoi塔问题。

【问题描述】

假设有3个分别命名为A、B和C的塔座，在塔座A上插有n个直径大小各不相同、依小到大编号为$1,2,\cdots,n$的圆盘（见图3.8）。现要求将塔座A上的n个圆盘移至塔座C上，并仍按同样顺序叠排，圆盘移动时必须遵循下列规则：

（1）每次只能移动一个圆盘；

（2）圆盘可以插在A、B和C中的任一塔座上；

（3）任何时刻都不能将一个较大的圆盘压在较小的圆盘之上。

【问题分析】

如何实现移动圆盘的操作呢？可以用分治求解的递归方法来解决这个问题。设塔座A上最初的盘子总数为n，则当$n = 1$时，只要将编号为1的圆盘从塔座A直接移至塔座C上即可；否则，执行以下三步：

（1）用塔座C做过渡，将塔座A上的$(n-1)$个盘子移到塔座B上；

（2）将塔座A上最后一个盘子直接移到塔座C上；

（3）用塔座A做过渡，将塔座B上的$(n-1)$个盘子移到塔座C上。

具体移动过程如图3.8所示，图中*n*=4。

根据这种解法，如何将*n*-1个圆盘从一个塔座移至另一个塔座的问题，是一个和原问题具有相同特征属性的问题，只是问题的规模小1，因此可以用同样的方法求解。

为了便于描述算法，将搬动操作定义为move(A,n,C)，指将编号为*n*的圆盘从塔座A移到塔座C，同时设一个初值为0的全局变量m，对搬动进行计数：

```
int m=0;
void move(char A,int n,char C)
{   cout<<++m<<","<<n<<","<<A<<","<<C<<endl;}
```

算法3.10   Hanoi塔问题的递归算法

【算法步骤】

① 如果*n*=1，则直接将编号为1的圆盘从塔座A移到塔座C，递归结束。

② 否则：

● 递归，将塔座A上编号为1至*n*-1的圆盘移到塔座B，塔座C作为辅助塔座；

● 直接将编号为*n*的圆盘从塔座A移到塔座C；

● 递归，将塔座B上编号为1至*n*-1的圆盘移到塔座C，塔座A作为辅助塔座。

Hanoi塔问题的递归算法

【算法描述】

```
void Hanoi(int n,char A,char B,char C)
{//将塔座A上的n个圆盘按规则搬到塔座C上，塔座B作为辅助塔座
  if(n==1) move(A,1,C);        //将编号为1的圆盘从塔座A移到塔座C
  else
  {
    Hanoi(n-1,A,C,B);          //将A上编号为1至n-1的圆盘移到塔座B，塔座C作为辅助塔座
    move(A,n,C);               //将编号为n的圆盘从塔座A移到塔座C
    Hanoi(n-1,B,A,C);          //将B上编号为1至n-1的圆盘移到塔座C，塔座A作为辅助塔座
  }
}
```

3.4.2   递归过程与递归工作栈

递归函数在函数的执行过程中，需多次进行自我调用。那么，递归函数是如何执行的？先看任意两个函数之间进行调用的情形。

与汇编语言程序设计中主程序和子程序之间的链接及信息交换相类似，在高级语言编制的程序中，调用函数和被调用函数之间的链接及信息交换需通过栈来进行。

通常，一个函数在运行期间调用另一个函数时，在运行被调用函数之前，系统需先完成3件事：

（1）将所有的实参、返回地址等信息传递给被调用函数保存；

（2）为被调用函数的局部变量分配存储区；

（3）将控制转移到被调函数的入口。

而从被调用函数返回调用函数之前，系统也应完成3件事：

（1）保存被调用函数的计算结果；

（2）释放被调用函数的数据区；

（3）依照被调用函数保存的返回地址将控制转移到调用函数。

当有多个函数构成嵌套调用时，按照"后调用先返回"的原则，上述函数之间的信息传递和控制转移必须通过"栈"来实现。系统将整个程序运行时所需的数据空间安排在一个栈中，

每调用一个函数，就为它在栈顶分配一个存储区，每从一个函数退出，就释放它的存储区。如此，当前正运行的函数的数据区必在栈顶。

例如，在图3.9（c）所示的主函数main()中调用了函数first()，而在函数first()中又调用了函数second()，则图3.9（a）所示为当前正在执行函数second()中某个语句时栈的状态，而图3.9（b）展示从函数second()退出之后正执行函数first()中某个语句时栈的状态（图中以语句标号表示返回地址）。

递归函数的运行过程类似于多个函数的嵌套调用，只是调用函数和被调用函数是同一个函数，因此，和调用相关的一个重要概念是递归函数运行的"层次"。假设调用该递归函数的主函数为第0层，则从主函数调用递归函数为进入第1层；从第 i 层递归调用本函数为进入"下一层"，即第 $i + 1$ 层。反之，退出第 i 层递归应返回至"上一层"，即第 $i - 1$ 层。为了保证递归函数正确执行，系统需设立一个"递归工作栈"作为整个递归函数运行期间使用的数据存储区。每一层递归所需信息构成一个工作记录，其中包括所有的实参、所有的局部变量，以及上一层的返回地址。每进入一层递归，就产生一个新的工作记录并将其压入栈顶。每退出一层递归，就从栈顶弹出一个工作记录，则当前执行层的工作记录必是递归工作栈栈顶的工作记录，称这个记录为**"活动记录"**。

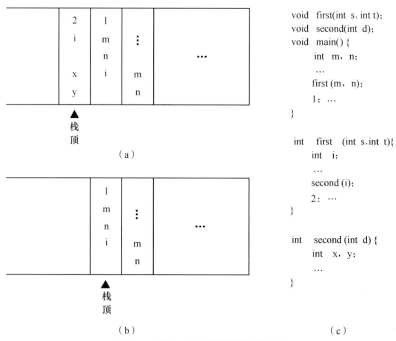

图3.9　主函数main执行期间运行栈的状态

下面以图3.10所示的阶乘函数Fact(4)为例，介绍递归过程中递归工作栈和活动记录的使用。主函数调用Fact(4)，当函数运行结束后，控制返回到RetLoc1，在此处 n 被赋为24（即4!）：

```
            void main( )
            {
            long n;                    //调用 Fact（4）时记录进栈
            n=Fact(4);                 //返回地址 RetLoc1 在赋值语句
 RetLoc1——▲
            }
```

为说明方便起见，将阶乘函数改写为：

```
            long Fact(long n )
            {
```

```
                    long temp;
                    if (n==0) return 1;          //活动记录退栈
                    else temp=n*Fact(n-1);       //活动记录进栈
                                                 //返回地址 RetLoc2 在计算语句
        RetLoc2
                    return temp;                 //活动记录退栈
                }
```

这里暂忽略局部变量temp的入栈和出栈情况。RetLoc2是递归调用Fact (n-1)的返回地址,当Fact(n-1)结束后,返回到RetLoc2,在此处计算n*(n-1)!,然后将结果赋给临时变量temp。

主函数执行后依次启动了5个函数调用。图3.10所示为每次函数调用时活动记录的进栈过程。主程序外部调用Fact(4)的活动记录在栈底,Fact (1)调用Fact (0)进栈的活动记录在栈顶。

递归结束条件出现于函数Fact(0)的内部,执行Fact(0)引起了返回语句的执行。退出栈顶的活动记录,返回地址返回到上一层Fact(1)的调用递归处RetLoc2,继续执行语句temp=1*1,接着执行return temp又引起新的退栈操作。此退栈过程直至Fact(4)执行完毕后,将控制权转移给主函数为止,其过程如图3.11所示。

图3.10 求解4!活动记录的进栈过程   图3.11 求解4!活动记录的退栈过程

3.4.3 递归算法的效率分析

1. 时间复杂度的分析

在算法分析中,当一个算法中包含递归调用时,其时间复杂度的分析可以转化为一个递归方程求解。实际上,这是数学上求解渐近阶的问题,而递归方程的形式多种多样,其求解方法也不一而足。迭代法是求解递归方程的一种常用方法,其基本步骤是迭代地展开递归方程的右端,使之成为一个非递归的和式,然后通过对和式的估计来达到对方程左端(方程的解)的估计。

下面以阶乘的递归函数Fact(n)为例,说明通过迭代法求解递归方程来计算时间复杂度的方法。

设Fact(n)的执行时间是$T(n)$。此递归函数中语句if(n==0) return 1;的执行时间是$O(1)$,递归调用Fact(n-1)的执行时间是$T(n-1)$,所以else return n*Fact(n-1);的执行时间是$O(1)+T(n-1)$。其中,

设两数相乘和赋值操作的执行时间为$O(1)$，则对某常数C、D有如下递归方程：

$$T(n) = \begin{cases} D & n = 0 \\ C + T(n-1) & n \geq 1 \end{cases}$$

设$n>2$，利用上式对$T(n-1)$展开，即在上式中用$n-1$代替n得到

$$T(n-1)=C+T(n-2)$$

再代入$T(n)=C+T(n-1)$中，有

$$T(n)=2C+T(n-2)$$

同理，当$n>3$时有

$$T(n)=3C+T(n-3)$$

依次类推，当$n>i$时有

$$T(n)=iC+T(n-i)$$

最后，当$i=n$时有

$$T(n)=nC+T(0)=nC+D$$

求得递归方程的解为：$T(n)=O(n)$

采用这种方法计算斐波那契数列和Hanoi塔问题递归算法的时间复杂度，可得结果均为$O(2^n)$。

2．空间复杂度的分析

递归函数在执行时，系统需设立一个"递归工作栈"存储每一层递归所需的信息，此工作栈是递归函数执行的辅助空间，因此，分析递归算法的空间复杂度需要分析工作栈的大小。

对于递归算法，空间复杂度

$$S(n) = O(f(n))$$

其中，$f(n)$为"递归工作栈"中工作记录的个数与问题规模n的函数关系。

根据这种分析方法不难得到，前面讨论的阶乘问题、斐波那契数列问题、Hanoi塔问题的递归算法的空间复杂度均为$O(n)$。

3.4.4　利用栈将递归转换为非递归的方法

通过上述讨论，可以看出递归程序在执行时需要系统提供隐式栈这种数据结构来实现，对于一般的递归过程，仿照递归算法执行过程中递归工作栈的状态变化可直接写出相应的非递归算法。这种利用栈消除递归过程的步骤如下。

（1）设置一个工作栈存放递归工作记录（包括实参、返回地址及局部变量等)。

（2）进入非递归调用入口（被调用程序开始处）将调用程序传来的实参和返回地址入栈（递归程序不可以作为主程序，因而可认为初始是被某个调用程序调用)。

（3）进入递归调用入口：当不满足递归结束条件时，逐层递归，将实参、返回地址及局部变量入栈，这一过程可用循环语句来实现——模拟递归分解的过程。

（4）递归结束条件满足，将到达递归出口的给定常数作为当前的函数值。

（5）返回处理：在栈不空的情况下，反复退出栈顶记录，根据记录中的返回地址进行题意规定的操作，即逐层计算当前函数值，直至栈空为止——模拟递归求值过程。

通过以上步骤，可将任何递归算法改写成非递归算法。但改写后的非递归算法和原来比较起来，结构不够清晰，可读性差，有的还需要经过一系列的优化，这里不再举例详述，具体示例参见5.5.1节中二叉树中序遍历的非递归算法。

由于递归函数结构清晰，程序易读，而且其正确性容易得到证明，因此，在利用允许递归调用的语言（如C语言）进行程序设计时，使用递归算法可给用户编写程序和调试程序带来很大方便。且对这样一类递归问题编程时，不需用户自己而由系统来管理递归工作栈。

3.5 队列的表示和操作的实现

3.5.1 队列的类型定义

队列的操作与栈的操作类似，不同的是，删除是在表的头部（队头）进行的。

下面给出队列的抽象数据类型定义：

```
ADT Queue {
  数据对象：D={aᵢ|aᵢ ∈ ElemSet,i=1,2,…,n,n≥0}
```
数据对象：$D=\{a_i | a_i \in \text{ElemSet}, i=1,2,\cdots,n, n \geqslant 0\}$
```
  数据关系：R={ < aᵢ₋₁,aᵢ > |aᵢ₋₁,aᵢ ∈ D,i=2,…,n}
```
数据关系：$R=\{ <a_{i-1}, a_i> | a_{i-1}, a_i \in D, i=2,\cdots,n \}$
```
            约定其中a₁端为队头，aₙ端为队尾。
```
约定其中 a_1 端为队头，a_n 端为队尾。
```
  基本操作：
    InitQueue(&Q)
      操作结果：构造一个空队列Q。
    DestroyQueue(&Q)
      初始条件：队列Q已存在。
      操作结果：队列Q被销毁，不再存在。
    ClearQueue(&Q)
      初始条件：队列Q已存在。
      操作结果：将Q清为空队列。
    QueueEmpty(Q)
      初始条件：队列Q已存在。
      操作结果：若Q为空队列，则返回true,否则返回false。
    QueueLength(Q)
      初始条件：队列Q已存在。
      操作结果：返回Q的元素个数，即队列的长度。
    GetHead(Q)
      初始条件：Q为非空队列。
      操作结果：返回Q的队头元素。
    EnQueue(&Q,e)
      初始条件：队列Q已存在。
      操作结果：插入元素e为Q的新的队尾元素。
    DeQueue(&Q,&e)
      初始条件：Q为非空队列。
      操作结果：删除Q的队头元素，并用e返回其值。
    QueueTraverse(Q)
      初始条件：Q已存在且非空。
      操作结果：从队头到队尾，依次对Q的每个数据元素进行访问。
}ADT Queue
```

和栈类似，本书后文引用的队列都是如上定义的队列类型，队列的数据元素类型在应用程序内定义。

3.5.2 循环队列——队列的顺序表示和实现

队列也有两种存储表示，顺序表示和链式表示。

和顺序栈相类似，在队列的顺序存储结构中，除了用一组地址连续的存储单元依次存放从队头到队尾的元素之外，尚需附设两个整型变量front和rear分别指示队头元素及队尾元素的位置（后面分别称为头指针和尾指针）。队列的顺序存储结构表示如下：

```
//- - - - - 队列的顺序存储结构- - - - -
#define MAXQSIZE 100            //队列可能达到的最大长度
typedef struct
{
    QElemType *base;           //存储空间的基地址
    int front;                 //头指针
    int rear;                  //尾指针
}SqQueue;
```

为在C语言中描述方便起见，在此约定：初始化创建空队列时，令front = rear = 0，每当插入新的队尾元素时，尾指针 rear增1；每当删除队头元素时，头指针front增1。因此，在非空队列中，头指针始终指向队头元素，而尾指针始终指向队尾元素的下一个位置，如图3.12所示。

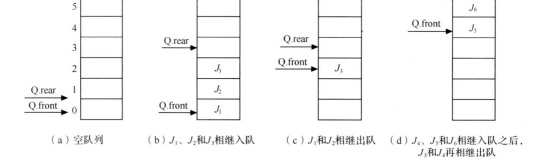

（a）空队列　　　（b）J_1、J_2和J_3相继入队　（c）J_1和J_2相继出队　（d）J_4、J_5和J_6相继入队之后，J_3和J_4再相继出队

图3.12　出入队操作时头、尾指针的移动方式

假设当前队列分配的最大空间为6，则当队列处于图3.12（d）所示的状态时不可再继续插入新的队尾元素，否则会出现溢出现象，即因数组越界而导致程序的非法操作错误。事实上，此时队列的实际可用空间并未占满，所以这种现象称为"假溢出"。这是由"队尾入队，队头出队"这种受限制的操作造成的。

怎样解决这种"假溢出"问题呢？一个较巧妙的办法是将顺序队列变为一个环状的空间，如图3.13所示，称这样的队列为**循环队列**。

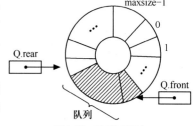

图3.13　循环队列示意

头、尾指针以及队列元素之间的关系不变，只是在循环队列中，头、尾指针"依环状增1"的操作可用"模"运算来实现。通过取模，头指针和尾指针就可以在顺序表空间内以头尾衔接的方式"循环"移动。

在图3.14（a）中，队头元素是J_5，在元素J_6入队之前，Q.rear的值为5，当元素J_6入队之后，通过"模"运算，Q.rear = (Q.rear +1)%6，得到Q.rear的值为0，而不会出现图3.12（d）中的"假溢出"状态。

在图3.14（b）中，J_7、J_8、J_9、J_{10}相继入队，则队列空间均被占满，此时头、尾指针相同。

在图3.14（c）中，若J_5和J_6相继从图3.14（a）所示的队列中出队，使队列此时呈"空"的状态，头、尾指针的值也是相同的。

数据结构（C语言版）（第2版）——双色版

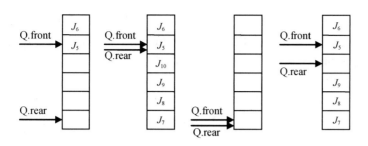

（a）一般情况　　（b）队列空间被占满　　（c）空队列　　（d）呈"满"状
态的循环队列

图3.14　循环队列中头、尾指针和元素之间的关系

由此可见，对于循环队列不能以头、尾指针的值是否相同来判别队列空间是"满"还是"空"。在这种情况下，如何区别队满还是队空呢?

通常有以下两种处理方法。

（1）少用一个元素空间，即当队列空间大小为m时，有m-1个元素就认为是队满。这样判断队空的条件不变，即当头、尾指针的值相同时，则认为队空;而当尾指针在循环意义上加1后等于头指针时，则认为队满。因此，在循环队列中队空和队满的条件如下。

队空的条件：Q.front == Q.rear

队满的条件：(Q.rear + 1)%MAXQSIZE == Q.front

如图3.14（d）所示，当J_7、J_8、J_9进入图3.14（a）所示的队列后，(Q.rear + 1)%MAXQSIZE的值等于Q.front，此时认为队满。

（2）另设一个标志位以区别队列是"空"还是"满"。具体描述参考本章习题中算法设计题（7），由读者自行设计完成。

下面给出用第一种方法实现循环队列的操作，循环队列的类型定义同前面给出的顺序队列的类型定义。

1. 初始化

循环队列的初始化操作就是动态分配一个预定义大小为MAXQSIZE的数组空间。

算法3.11　循环队列的初始化

【算法步骤】

① 为队列分配一个最大容量为MAXQSIZE的数组空间，base指向数组空间的首地址。

② 将头指针和尾指针置为0，表示队列为空。

【算法描述】

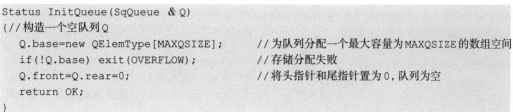

```
Status InitQueue(SqQueue & Q)
{//构造一个空队列Q
    Q.base=new QElemType[MAXQSIZE];        //为队列分配一个最大容量为MAXQSIZE的数组空间
    if(!Q.base) exit(OVERFLOW);            //存储分配失败
    Q.front=Q.rear=0;                      //将头指针和尾指针置为0，队列为空
    return OK;
}
```

2. 求队列长度

对于非循环队列，尾指针和头指针的差值便是队列长度；而对于循环队列，差值可能为负数，所以需要将差值加上MAXQSIZE，然后与MAXQSIZE求余。

算法3.12　求循环队列的长度

【算法描述】

```
int QueueLength(SqQueue Q)
{//返回Q的元素个数，即队列的长度
    return(Q.rear-Q.front+MAXQSIZE)%MAXQSIZE;
}
```

求循环队列的长度

3. 入队

入队操作是指在队尾插入一个新的元素。

算法3.13　循环队列的入队

【算法步骤】

① 判断队列是否满，若满则返回ERROR。

② 将新元素插入队尾。

③ 队尾指针加1。

循环队列的入队

【算法描述】

```
Status EnQueue(SqQueue & Q,QElemType e)
{//插入元素e为Q的新的队尾元素
    if((Q.rear+1)%MAXQSIZE==Q.front)      //若尾指针在循环意义上加1后等于
                                          //  头指针，表明队满

        return ERROR;
    Q.base[Q.rear]=e;                     //新元素插入队尾
    Q.rear=(Q.rear+1)%MAXQSIZE;           //队尾指针加1
    return OK;
}
```

4. 出队

出队操作是指将队头元素删除。

算法3.14　循环队列的出队

【算法步骤】

① 判断队列是否为空，若空则返回ERROR。

② 保存队头元素。

③ 队头指针加1。

循环队列的出队

【算法描述】

```
Status DeQueue(SqQueue & Q,QElemType & e)
{//删除Q的队头元素，用e返回其值
    if(Q.front==Q.rear) return ERROR;     //队空
    e=Q.base[Q.front];                    //保存队头元素
    Q.front=(Q.front+1)%MAXQSIZE;         //队头指针加1
    return OK;
}
```

5. 取队头元素

当队列非空时，此操作返回当前队头元素的值，队头指针保持不变。

算法3.15　取循环队列的队头元素

【算法描述】

```
QElemType GetHead(SqQueue Q)
{//返回Q的队头元素,不修改队头指针
  if(Q.front!=Q.rear)                  //队列非空
    return Q.base[Q.front];            //返回队头元素的值,队头指针不变
}
```

取循环队列的
队头元素

由上述分析可见，如果用户的应用程序中设有循环队列，则必须为它设定一个最大队列长度；若用户无法预估所用队列的最大长度，则宜采用链队列。

3.5.3　链队列——队列的链式表示和实现

链队列是指采用链式存储结构实现的队列。通常链队列用单链表来表示，如图3.15所示。一个链队列显然需要两个分别指示队头和队尾的指针（分别称为头指针和尾指针）才能唯一确定。这里和线性表的单链表一样，为了操作方便起见，给链队列添加一个头结点，并令头指针始终指向头结点。队列的链式存储结构表示如下：

图3.15　链队列示意

```
//- - - - - 队列的链式存储结构- - - - -
typedef struct QNode
{
  QElemType data;
  struct QNode *next;
}QNode, *QueuePtr;
typedef struct
{
  QueuePtr  front;                     //队头指针
  QueuePtr  rear;                      //队尾指针
}LinkQueue;
```

链队列的操作即为单链表插入和删除操作的特殊情况，只是需进一步修改尾指针或头指针。下面给出链队列初始化、入队、出队操作的实现。

1. 初始化

链队的初始化操作就是构造一个只有一个头结点的空队，如图3.16（a）所示。

算法3.16　链队的初始化

【算法步骤】

① 生成新结点作为头结点，队头和队尾指针指向此结点。

② 头结点的指针域置空。

【算法描述】

```
Status InitQueue(LinkQueue & Q)
{//构造一个空队列Q
  Q.front=Q.rear=new QNode;            //生成新结点作为头结点,队头和队尾指针指向此结点
  Q.front->next=NULL;                  //头结点的指针域置空
  return OK;
}
```

链队的初始化

2. 入队

和循环队列的入队操作不同的是，链队列在入队前不需要判断队是否满，只需要为入队元素动态分配一个结点空间，如图3.16（b）和图3.16（c）所示。

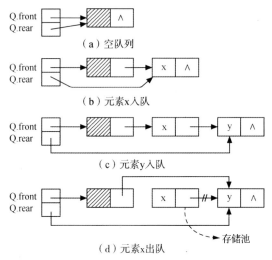

图3.16 队列运算指针变化状况

算法3.17 链队列的入队

【算法步骤】

① 为入队元素分配结点空间，用指针p指向。

② 将新结点数据域置为e。

③ 将新结点插入到队尾。

④ 修改队尾指针为p。

【算法描述】

链队的入队

```
Status EnQueue(LinkQueue & Q,QElemType e)
{//插入元素e为Q的新的队尾元素
    p=new QNode;                      //为入队元素分配结点空间，用指针p指向
    p->data=e;                        //将新结点数据域置为e
    p->next=NULL; Q.rear->next=p;     //将新结点插入队尾
    Q.rear=p;                         //修改队尾指针
    return OK;
}
```

3. 出队

和循环队列一样，链队在出队前也需要判断队列是否为空，不同的是，链队列在出队后需要释放队头元素所占的空间，如图3.16（d）所示。

算法3.18 链队列的出队

【算法步骤】

① 判断队列是否为空，若空则返回ERROR。

② 临时保存队头元素的值，以释放空间。

③ 修改头结点的指针域，指向下一个结点。

④ 判断出队元素是否为最后一个元素，若是，则将队尾指针重新赋值，指向头结点。

链队的出队

⑤ 释放原队头元素的空间。

【算法描述】

```
Status DeQueue(LinkQueue & Q,QElemType & e)
{//删除Q的队头元素,用e返回其值
  if(Q.front==Q.rear) return ERROR;          //若队列为空,则返回ERROR
  p=Q.front->next;                           //p指向队头元素
  e=p->data;                                 //e保存队头元素的值
  Q.front->next=p->next;                      //修改头结点的指针域
  if(Q.rear==p) Q.rear=Q.front;              //最后一个元素被删,队尾指针指向头结点
  delete p;                                  //释放原队头元素的空间
  return OK;
}
```

需要注意的是,在链队列的出队操作中还要考虑当队列中最后一个元素被删后,队尾指针也会丢失,因此需对队尾指针重新赋值(指向头结点)。

4. 取队头元素

与循环队列一样,当队列非空时,此操作返回当前队头元素的值,队头指针保持不变。

算法3.19 取链队的队头元素

【算法描述】

```
QElemType GetHead(LinkQueue Q)
{//返回Q的队头元素,不修改队头指针
  if(Q.front!=Q.rear)                        //队列非空
    return Q.front->next->data;              //返回队头元素的值,队头指针不变
}
```

取链队的队头
元素

3.6 案例分析与实现

在3.2节我们引入了3个有关栈应用的案例和一个有关队列应用的案例。本节对这4个案例进行进一步的分析,然后分别利用栈和队列的基本操作给出案例中相关算法的具体实现。

案例3.1:数制的转换。

【案例分析】

当将一个十进制整数N转换为八进制数时,在计算过程中,使N与8求余得到的八进制数的各位依次进栈,计算完毕后将栈中的八进制数依次输出,输出结果就是待求得的八进制数。

【案例实现】

在具体实现时,栈可以采用顺序存储表示,也可以采用链式存储表示。

算法3.20 数制的转换

【算法步骤】

① 初始化空栈S。

② 当十进制数N非零时,循环执行以下操作:

● 把N与8求余得到的八进制数压入栈S;

● N更新为N与8的商。

③ 当栈S非空时,循环执行以下操作:

● 弹出栈顶元素e;

数制的转换

● 输出e。

【算法描述】

```
void Conversion(int N)
{//对于任意一个非负十进制数,打印输出与其等值的八进制数
    InitStack(S);                        // 初始化空栈 S
    while(N)                             // 当N非零时,循环
    {
        Push(S,N%8);                     // 把N与8求余得到的八进制数压入栈 S
        N=N/8;                           //N更新为N与8的商
    }
    while(!StackEmpty(S))                // 当栈 S 非空时,循环
    {
        Pop(S,e);                        // 弹出栈顶元素 e
        cout<<e;                         // 输出 e
    }
}
```

【算法分析】

显然，该算法的时间和空间复杂度均为$O(\log_8 n)$。

这是利用栈的后进先出特性的最简单的例子。在这个例子中，栈的操作是单调的，即先一味地入栈，然后一味地出栈。也许，有的读者会提出疑问：用数组直接实现不是更简单吗？但仔细分析上述算法不难看出，栈的引入简化了程序设计的问题，划分了不同的关注层次，使思考范围缩小了。而用数组实现不仅掩盖了问题的本质，还要分散精力去考虑数组下标增减等细节问题。

在实际利用栈的问题中，入栈和出栈操作大都不是单调的，而是交错进行的。下面的案例3.2和3.3都属于这种情况。

案例3.2：括号匹配的检验。

【案例分析】

检验算法借助一个栈，每当读入一个左括号，则直接入栈，等待相匹配的同类右括号；每当读入一个右括号，若与当前栈顶的左括号类型相同，则二者匹配，将栈顶的左括号出栈，直到表达式读取完毕。

在处理过程中，还要考虑括号不匹配出错的情况。例如，出现"(( )[ ]))"这种情况时，由于前面入栈的左括号均已和后面出现的右括号相匹配，栈已空，因此最后读取的右括号不能得到匹配；出现"[([ ])"这种情况时，当表达式读取结束时，栈中还有一个左括号没有匹配；出现"(( )]"这种情况时，显然是栈顶的左括号和最后的右括号不匹配。

【案例实现】

算法3.21 括号的匹配

【算法步骤】

① 初始化空栈S。

② 设置一标记性变量flag，用来标记匹配结果以控制循环及返回结果，1表示正确匹配，0表示错误匹配，flag初值为1。

③ 读取表达式，依次读入字符ch，如果表达式没有读取完毕且flag非零，则循环执行以下操作：

● 若ch是左括号"["或"("，则将其压入栈；

● 若ch是右括号")"，则根据当前栈顶元素的值分情况考虑：若栈非空且栈顶元素是

"("，则正确匹配，否则错误匹配，flag置为0；

● 若ch是右括号"]"，则根据当前栈顶元素的值分情况考虑：若栈非空且栈顶元素是"["，则正确匹配，否则错误匹配，flag置为0。

④ 退出循环后，如果栈空且flag值为1，则匹配成功，返回true，否则返回false。

括号的匹配

【算法描述】

```
Status Matching()
{//检验表达式中所含括号是否正确匹配,如果正确匹配,则返回true,否则返回false
 //表达式以"#"结束
  InitStack(S);                           //初始化空栈
  flag=1;                                 //标记匹配结果以控制循环及返回结果
  cin>>ch;                                //读入第一个字符
  while(ch!='#'&&flag)                    //假设表达式以"#"结尾
  {
    switch(ch)
    {
      case '[':                          //若是左括号,则将其压入栈
      case '(':
        Push(S,ch);
        break;
      case ')':                          //若是")",则根据当前栈顶元素的值分情况考虑
        if(!StackEmpty(S)&&GetTop(S)=='(')
          Pop(S,x);                      //若栈非空且栈顶元素是"(",则正确匹配
        else flag=0;                     //若栈空或栈顶元素不是"(",则错误匹配
        break;
      case ']':                          //若是"]",则根据当前栈顶元素的值分情况考虑
        if(!StackEmpty(S)&&GetTop(S)=='[')
          Pop(S,x);                      //若栈非空且栈顶元素是"[",则正确匹配
        else flag=0;                     //若栈空或栈顶元素不是"[",则错误匹配
        break;
    }                                    //switch
    cin>>ch;                             //继续读入下一个字符
  }                                      //while
  if(StackEmpty(S)&&flag) return true;   //匹配成功
  else return false;                     //匹配失败
}
```

【算法分析】

此算法要从头到尾读取表达式中每个字符，若表达式的字符串长度为n，则此算法的时间复杂度为$O(n)$。算法在运行时所占用的辅助空间主要取决于栈的大小，显然，栈S的空间大小不会超过n，所以此算法的空间复杂度也同样为$O(n)$。

案例3.3：表达式求值。

【案例分析】

任何一个表达式都是由操作数（operand）、运算符（operator）和界限符（delimiter）组成的，统称它们为单词。一般地，操作数既可以是常数，也可以是被定义为变量或常量的标识符；运算符可以分为算术运算符、关系运算符和逻辑运算符3类；基本界限符有左右括号和表达式结束符等。为了叙述的简洁，在此仅讨论简单算术表达式的求值问题，这种表达式只含加、减、乘、除4种运算符。读者不难将它推广到更一般的表达式上。

下面把运算符和界限符统称为算符。

我们知道，算术四则运算遵循以下3条规则：

（1）先乘除，后加减；

（2）从左算到右；

（3）先括号内，后括号外。

根据上述3条运算规则，在运算的每一步中，任意两个相继出现的算符θ_1和θ_2之间的优先关系，至多是下面3种关系之一：

$$\theta_1 < \theta_2，即\theta_1的优先权低于\theta_2$$
$$\theta_1 = \theta_2，即\theta_1的优先权等于\theta_2$$
$$\theta_1 > \theta_2，即\theta_1的优先权高于\theta_2$$

表3.1定义了算符间的优先关系。

表 3.1 算符间的优先关系

θ_1	θ_2						
	+	−	*	/	(	)	#
+	>	>	<	<	<	>	>
−	>	>	<	<	<	>	>
*	>	>	>	>	<	>	>
/	>	>	>	>	<	>	>
(	<	<	<	<	<	=	
)	>	>	>	>		>	>
#	<	<	<	<	<		=

由规则（1），先进行乘除运算，后进行加减运算，所以有"+" < "*"、"+" < "/"、"*" > "+"、"/" > "+"等。

由规则（2），运算遵循左结合性，当两个运算符相同时，先出现的运算符优先级高，所以有"+" > "+"、"−" > "−"、"*" > "*"、"/" > "/"。

由规则（3），括号内的优先级高，θ_1为"+""−""*"和"/"时的优先级均低于θ_2为"("时的优先级，但高于θ_2为")"时的优先级。

表中的"(" = ")"表示当左右括号相遇时，括号内的运算已经完成。为了便于实现，假设每个表达式均以"#"开始，以"#"结束。所以"#" = "#"表示整个表达式求值完毕。")"与"("、"#"与")"以及"("与"#"之间无优先关系，这是因为表达式中不允许它们相继出现，一旦遇到这种情况，则可以认为出现了语法错误。在下面的讨论中，我们暂假定所输入的表达式不会出现语法错误。

【案例实现】

可以使用两个工作栈实现表达式求值算法，一个称作OPTR，用以寄存运算符；另一个称作OPND，用以寄存操作数或运算结果。

算法3.22 表达式求值

【算法步骤】

① 初始化OPTR栈和OPND栈，将表达式起始符"#"压入OPTR栈。

② 读取表达式，读入第一个字符ch，如果表达式没有读取完毕至"#"或OPTR的栈顶元素不为"#"时，则循环执行以下操作。

● 若ch不是运算符，则压入OPND栈，读入下一字符ch。

- 若ch是运算符，则根据OPTR的栈顶元素和ch的优先级比较结果，做不同的处理：

  ➢ 若小于，则将ch压入OPTR栈，读入下一字符ch；

  ➢ 若大于，则弹出OPTR栈顶的运算符，从OPND栈弹出两个数，进行相应运算，将结果压入OPND栈；

  ➢ 若等于，则OPTR的栈顶元素是"（"且ch是"）"，这时弹出OPTR栈顶的"（"，相当于括号匹配成功，然后读入下一字符ch。

③ OPND栈顶元素即表达式求值结果，返回此元素。

表达式求值

【算法描述】

```
char EvaluateExpression()
{//算术表达式求值的算符优先算法，设OPTR和OPND分别为运算符栈和操作数栈
    InitStack(OPND);                        //初始化OPND栈
    InitStack(OPTR);                        //初始化OPTR栈
    Push(OPTR,'#');                         //将表达式起始符"#"压入OPTR栈
    cin>>ch;
    while(ch!='#'||GetTop(OPTR)!='#')       //表达式未读完或OPTR的栈顶元素不为"#"
    {
        if(!In(ch)){Push(OPND,ch);cin>>ch;} //ch不是运算符则进OPND栈
        else
            switch(Precede(GetTop(OPTR),ch)) //比较OPTR的栈顶元素和ch的优先级
            {
                case '<':
                    Push(OPTR,ch);cin>>ch;   //当前字符ch压入OPTR栈，读入下一字符ch
                    break;
                case '>':
                    Pop(OPTR,theta);         //弹出OPTR栈顶的运算符
                    Pop(OPND,b);Pop(OPND,a); //弹出OPND栈顶的两个运算数
                    Push(OPND,Operate(a,theta,b)); //将运算结果压入OPND栈
                    break;
                case '=':                    //OPTR的栈顶元素是"（"且ch是"）"
                    Pop(OPTR,x);cin>>ch;     //弹出OPTR栈顶的"（"，读入下一字符ch
                    break;
            }                                //switch
    }                                        //while
    return GetTop(OPND);                     //OPND栈顶元素即表达式求值结果
}
```

算法调用的3个函数需要读者自行补充完成。其中In()是判定读入的字符ch是否为运算符的函数，Precede()是判定运算符栈的栈顶元素与读入的运算符之间优先关系的函数，Operate()是进行二元运算的函数。

另外需要特别说明的是，上述算法中的操作数只能是一位数，因为这里使用的OPND栈是字符栈，如果要进行多位数的运算，则需要将OPND栈改为数栈，即将读入的数字字符拼成数之后再入栈。读者可以改进此算法，使之能完成多位数的运算。

【算法分析】

同算法3.21一样，此算法从头到尾读取表达式中每个字符，若表达式的字符串长度为n，则此算法的时间复杂度为$O(n)$。算法在运行时所占用的辅助空间主要取决于OPTR栈和OPND栈的大小，显然，它们的空间大小之和不会超过n，所以此算法的空间复杂度也同样为$O(n)$。

【例3.2】 算法表达式的求值过程。

利用算法3.22对算术表达式3*(7−2)进行求值，给出其求值的具体过程。

在表达式两端先增加"#"，将其改写为

`#3*(7-2)#`

具体操作过程如表3.2所示。

表3.2 算术表达式 3*(7−2) 求值的具体操作过程

步骤	OPTR栈	OPND栈	读入字符	主要操作
1	#		3*(7−2)#	Push(OPND, '3')
2	#	3	*(7−2)#	Push(OPTR, '*')
3	#*	3	(7−2)#	Push(OPTR, '(')
4	#*(	3	7−2)#	Push(OPND, '7')
5	#*(	3 7	−2)#	Push(OPTR, '−')
6	#*(−	3 7	2)#	Push(OPND, '2')
7	#*(−	3 7 2	)#	Push(OPND, Operate('7', '−', '2'))
8	#*(	3 5	)#	Pop(OPTR){消去一对括号}
9	#*	3 5	#	Push(OPND, Operate('3', '*', '5'))
10	#	15	#	return(GetTop(OPND))

在高级语言的编译处理过程中，实际上不只是表达式求值可以借助栈来实现，高级语言中一般语法成分的分析都可以借助栈来实现，在编译原理课程中会涉及栈在语法、语义等分析算法中的应用。

案例3.4：舞伴问题。

【案例分析】

对于舞伴配对问题，先入队的男士或女士先出队配成舞伴，因此设置两个队列分别存放男士和女士入队者。假设男士和女士的记录存放在一个数组中作为输入，然后依次读取该数组的各元素，并根据性别来决定是进入男队还是女队。当这两个队列构造完成之后，依次使两队当前的队头元素出队来配成舞伴，直至某队列变空为止。此时，若某队仍有等待配对者，则输出此队列中排在队头的等待者的姓名，此人将是下一轮舞曲开始时第一个可获得舞伴的人。

【案例实现】

算法中有关数据结构的定义如下：

```
//- - - - - 跳舞者个人信息- - - - -
typedef struct
{
   char name[20];                          //姓名
   char sex;                               //性别，F表示女性，M表示男性
}Person;
//- - - - - 队列的顺序存储结构- - - - -
#define MAXQSIZE 100                        //队列可能达到的最大长度
typedef struct
{
   Person *base;                           //队列中数据元素类型为Person
   int front;                              //头指针
   int rear;                               //尾指针
}SqQueue;
SqQueue Mdancers,Fdancers;                  //分别存放男士和女士入队者队列
```

算法3.23 舞伴问题

【算法步骤】

① 初始化Mdancers队列和Fdancers队列。

② 反复循环，依次将跳舞者姓名根据性别插入Mdancers队列或Fdancers队列。

③ 当Mdancers队列和Fdancers队列均为非空时，反复循环，依次输出男女舞伴的姓名。

④ 如果Mdancers队列为空而Fdancers队列非空，则输出Fdancers队列的队头女士的姓名。

⑤ 如果Fdancers队列为空而Mdancers队列非空，则输出Mdancers队列的队头男士的姓名。

舞伴问题

【算法描述】

```
void DancePartner(Person dancer[],int num)
{//结构数组dancer中存放跳舞的男女姓名和性别,num是跳舞的人数。
  InitQueue(Mdancers);                        //男士队列初始化
  InitQueue(Fdancers);                        //女士队列初始化
  for(i=0;i<num;i++)                          //依次将跳舞者根据其性别入队
  {
    p=dancer[i];
    if(p.sex=='F') EnQueue(Fdancers,p);       //插入女队
    else EnQueue(Mdancers,p);                 //插入男队
  }
  cout<<"The dancing partners are:\n";
  while(!QueueEmpty(Fdancers)&&!QueueEmpty(Mdancers))
  {//依次输出男女舞伴的姓名
    DeQueue(Fdancers,p);                       //女士出队
    cout<<p.name<<" ";                         //输出出队女士姓名
    DeQueue(Mdancers,p);                       //男士出队
    cout<<p.name<<endl;                        //输出出队男士姓名
  }
  if(!QueueEmpty(Fdancers))                    //女士队列非空,输出队头女士的姓名
  {
    p=GetHead(Fdancers);                       //取女士队头
    cout<<"The first woman to get a partner is: "<< p.name<<endl;
  }
  else if(!QueueEmpty(Mdancers))              //男士队列非空,输出队头男士的姓名
  {
    p=GetHead(Mdancers)                        //取男士队头
    cout<<"The first man to get a partner is: "<< p.name<<endl;
  }
}
```

【算法分析】

若跳舞者人数总计为n，则此算法的时间复杂度为$O(n)$。空间复杂度取决于Mdancers队列和Fdancers队列的长度，二者长度之和不会超过n，因此空间复杂度也同样为$O(n)$。

队列在程序设计中也有很多应用，凡是符合先进先出原则的数学模型，都可以用队列。最典型的例子是队列在操作系统中用来解决主机与外设之间速度不匹配的问题，或多个用户引起的资源竞争问题。

例如，一个局域网上有一台共享的网络打印机，网上每个用户都可以将数据发送给网络打

印机进行打印。为了保证能够正常打印，操作系统为网络打印机生成一个"作业队列"，每个申请打印的"作业"应按先后的顺序排队，打印机从作业队列中逐个提取作业进行打印。

这方面的例子很多，在操作系统等课程中会涉及大量队列这种数据结构的应用。

在实际应用中，队列应用的例子更是常见，通常用以模拟排队情景。例如，以汽车加油站为例，通常的结构基本上是：入口和出口为单行道，加油车道可能有若干条。每辆车加油都要经过3段路程，第一段是在入口处排队等候进入加油车道；第二段是在加油车道排队等候加油；第三段是在出口处排队等候离开。实际上，这3段都是队列结构。若用算法模拟这个过程，总共需要设置的队列个数应该为加油车道数加上2。

3.7　小结

本章介绍了两种特殊的线性表：栈和队列，主要内容如下。

（1）栈是限定仅在表尾进行插入或删除的线性表，又称为后进先出的线性表。栈有两种存储表示，顺序表示（顺序栈）和链式表示（链栈）。栈的主要操作是进栈和出栈，对于顺序栈的进栈和出栈操作要注意判断栈满或栈空。

（2）队列是一种先进先出的线性表。它只允许在表的一端进行插入，而在另一端进行删除。队列也有两种存储表示，顺序表示（循环队列）和链式表示（链队）。队列的主要操作是进队和出队，对于顺序表示的循环队列的进队和出队操作要注意判断队满或队空。凡是涉及队头或队尾指针的修改都要将其对MAXQSIZE求模。

（3）栈和队列是在程序设计中被广泛使用的两种数据结构，其具体的应用场景都是与其表示方法和运算规则相互联系的。表3.3分别从逻辑结构、存储结构和运算规则3方面对二者进行了比较。

表 3.3　栈和队列的比较

比较项目	栈	队列
逻辑结构	和线性表一样，数据元素之间存在一对一的关系	和线性表一样，数据元素之间存在一对一的关系
存储结构	顺序存储： 存储空间预先分配，可能会出现空间闲置或栈满溢出现象；数据元素个数不能自由扩充	顺序存储（常设计成循环队列形式）： 存储空间预先分配，可能会出现空间闲置或队满溢出现象；数据元素个数不能自由扩充
	链式存储： 动态分配，不会出现闲置或栈满溢出现象；数据元素个数可以自由扩充	链式存储： 动态分配，不会出现闲置或队满溢出现象；数据元素个数可以自由扩充
运算规则	插入和删除在表的一端（栈顶）完成，后进先出	插入运算在表的一端（队尾）进行，删除运算在表的另一端（队头）进行，先进先出

（4）栈有一个重要应用是在程序设计语言中实现递归。递归是程序设计中最为重要的方法之一，递归程序结构清晰，形式简洁。但递归程序在执行时需要系统提供隐式的工作栈来保存调用过程中的参数、局部变量和返回地址，因此递归程序占用内存空间较多，运行效率较低。

学习完本章后，读者应掌握栈和队列的特点，熟练掌握顺序栈和链栈的进栈和出栈算法、循环队列和链队列的进队和出队算法。读者应能够灵活运用栈和队列解决实际应用问题，掌握表达式求值算法，深刻理解递归算法执行过程中栈的状态变化过程，以更好地使用递归算法。

习题

1. 选择题

（1）若让元素1,2,3,4,5依次进栈，则出栈次序不可能出现（　　）的情况。

  A. 5,4,3,2,1   B. 2,1,5,4,3   C. 4,3,1,2,5   D. 2,3,5,4,1

（2）若已知一个栈的入栈序列是$1,2,3,\cdots,n$，其输出序列为$p_1,p_2,p_3,\cdots,p_n$，若$p_1=n$，则p_i为（　　）。

  A. i B. $n-i$ C. $n-i+1$ D. 不确定

（3）一个循环队列，f为当前队列头元素的前一位置，r为队尾元素的位置，假定队列中元素的个数小于n，计算队列中元素个数的公式为（　　）。

  A. r-f   B. (n+f-r)%n C. n+r-f   D. (n+r-f)%n

（4）链式栈结点为(data,link)，top指向栈顶，若想删除栈顶结点，并将删除结点的值保存到x中，则应执行操作（　　）。

  A. x=top->data;top=top->link;   B. top=top->link;x=top->link;

  C. x=top;top=top->link;   D. x=top->link;

（5）设有一个递归算法如下：

```
int fact(int n)
{//n大于等于0
  if(n<=0) return 1;
  else return n*fact(n-1);
}
```

 则计算fact(n)需要调用该函数的次数为（　　）。

  A. $n+1$ B. $n-1$ C. n D. $n+2$

（6）栈在（　　）中有所应用。

  A. 递归调用   B. 函数调用 C. 表达式求值 D. 前三个选项都有

（7）为解决计算机主机与打印机间速度不匹配问题，通常设一个打印数据缓冲区。主机将要输出的数据依次写入该缓冲区，而打印机则依次从该缓冲区中取出数据。该缓冲区的逻辑结构应该是（　　）。

  A. 队列   B. 栈   C. 线性表   D. 有序表

（8）设栈S和队列Q的初始状态为空，元素e1,e2,e3,e4,e5,e6依次进入栈S，一个元素出栈后即进入Q，若6个元素出队的序列是e2,e4,e3,e6,e5,e1，则栈S的容量至少应该是（　　）。

  A. 2   B. 3   C. 4   D. 6

（9）若一个栈以向量V[1..n]存储，初始栈顶指针top设为n+1，则元素x进栈的正确操作是（　　）。

  A. top++; V[top]=x; B. V[top]=x; top++; C. top--; V[top]=x; D. V[top]=x; top--;

（10）设计一个判别表达式中左、右括号是否配对出现的算法，采用（　　）数据结构最佳。

  A. 线性表的顺序存储结构   B. 队列

  C. 线性表的链式存储结构   D. 栈

（11）用链接方式存储的队列，在进行删除运算时（　　）。

A. 仅修改头指针　　　　　　　　　　B. 仅修改尾指针

C. 头、尾指针都要修改　　　　　　　D. 头、尾指针可能都要修改

（12）循环队列存储在数组A[0..m]中，则入队时的操作为（　　）。

A. rear=rear+1　　　　　　　　　　B. rear=(rear+1)%(m-1)

C. rear=(rear+1)%m　　　　　　　　D. rear=(rear+1)%(m+1)

（13）最大容量为n的循环队列，队尾指针是rear，队头指针是front，则队空的条件是（　　）。

A. (rear+1)%n==front　　　　　　　B. rear==front

C. rear+1==front　　　　　　　　　D. (rear-l)%n==front

（14）栈和队列的共同点是（　　）。

A. 都是先进先出　　　　　　　　　　B. 都是先进后出

C. 只允许在端点处插入和删除元素　　D. 没有共同点

（15）一个递归算法必须包括（　　）。

A. 递归部分　　　　　　　　　　　　B. 终止条件和递归部分

C. 迭代部分　　　　　　　　　　　　D. 终止条件和迭代部分

2．算法设计题

（1）将编号为0和1的两个栈存放于一个数组空间V[m]中，栈底分别处于数组的两端。当第0号栈的栈顶指针top[0]等于-1时该栈为空；当第1号栈的栈顶指针top[1]等于m时，该栈为空。两个栈均从两端向中间填充（见图3.17）。试编写双栈初始化，判断栈空、栈满、进栈和出栈等算法的函数。双栈数据结构的定义如下：

```
typedef struct
{
    int top[2], bot[2];                    //栈顶和栈底指针
    SElemType *V;                          //栈数组
    int m;                                 //栈最大可容纳的元素个数
}DblStack;
```

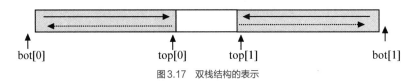

图3.17　双栈结构的表示

（2）回文是指正读、反读均相同的字符序列，如"abba"和"abdba"均是回文，但"good"不是回文。试设计算法判定给定的字符序列是否为回文。（提示：将一半字符入栈。）

（3）设从键盘输入一整数的序列$a_1, a_2, a_3, \cdots, a_n$，试设计算法实现：用栈结构存储输入的整数，当$a_i \neq -1$时，将$a_i$进栈；当$a_i = -1$时，输出栈顶整数并出栈。算法应对异常情况（栈满等）给出相应的信息。

（4）从键盘上输入一个后缀表达式，试设计算法计算表达式的值。规定：逆波兰表达式的长度不超过一行，输入以"$"作为结束，操作数之间用空格分隔，操作符只可能有"+""-""*""/"4种。例如：234 34＋2*$。

（5）假设以I和O分别表示入栈和出栈操作。栈的初态和终态均为空，入栈和出栈的操作序列可表示为仅由I和O组成的序列，称可以操作的序列为合法序列，否则称为非法序列。

① 下面所示的序列中哪些是合法的？

A. IOIIOIOO   B. IOOIOIIO   C. IIIOIOIO   D. IIIOOIOO

② 通过对①的分析，写出一个算法，判定所给的操作序列是否合法。若合法，返回true，否则返回false（假定被判定的操作序列已存入一维数组中）。

（6）假设以带头结点的循环链表表示队列，并且只设一个指针指向队尾元素结点（注意：不设头指针），试编写相应的置空队列、判断队列是否为空、入队和出队等算法。

（7）假设以数组Q[m]存放循环队列中的元素，同时设置一个标志tag，以tag == 0和tag == 1来区别在队头指针（front）和队尾指针（rear）相等时，队列状态是"空"还是"满"。试编写与此结构相应的插入（enqueue）和删除（dequeue）算法。

（8）如果允许在循环队列的两端进行插入和删除操作。要求：

① 写出循环队列的类型定义；

② 写出"从队尾删除"和"从队头插入"的算法。

（9）已知Ackermann函数定义如下：

$$Ack(m,n) = \begin{cases} n+1 & m=0 \\ Ack(m-1,1) & m \neq 0, n=0 \\ Ack(m-1, Ack(m,n-1)) & m \neq 0, n \neq 0 \end{cases}$$

① 写出计算$Ack(m, n)$的递归算法，并根据此算法给出$Ack(2, 1)$的计算过程；

② 写出计算$Ack(m, n)$的非递归算法。

（10）已知f为单链表的表头指针，链表中存储的都是整型数据，试写出实现下列运算的递归算法：

① 求链表中的最大整数；

② 求链表的结点个数；

③ 求所有整数的平均值。

第4章
串、数组和广义表

计算机上的非数值处理的对象大部分是字符串数据，字符串一般简称为串。串是一种特殊的线性表，其特殊性体现在数据元素是一个字符，也就是说，串是一种内容受限的线性表。由于现今使用的计算机硬件结构是面向数值计算的需要而设计的，在处理字符串数据时比处理整数和浮点数要复杂得多。而且，在不同类型的应用中，所处理的字符串具有不同的特点，要有效地实现字符串的处理，就必须根据具体情况使用合适的存储结构。本章的第一部分主要讨论串的定义、存储结构和基本操作，重点讨论串的模式匹配算法。

本章后两部分讨论的数组和广义表，可以被看成线性表的一种扩充，即线性表的数据元素自身又是一个数据结构。高级语言都支持数组，但高级语言的教材通常重点介绍数组的使用方法，而本章重点介绍数组的内部实现，并介绍如何实现一些特殊二维数组的压缩存储。最后介绍广义表的基本概念和存储结构。

4.1 串的定义

串或字符串（string）是由零个或多个字符组成的有限序列，一般记为

$$s="a_1 a_2 \cdots a_n" \quad (n \geqslant 0)$$

其中，s是串的名，用双引号标识的字符序列是串的值；$a_i(1 \leqslant i \leqslant n)$可以是字母、数字或其他字符；串中字符的数目$n$称为串的长度。零个字符的串称为空串（null string），其长度为0。

串中任意个连续的字符组成的子序列称为该串的子串，包含子串的串相应地称为主串。通常称字符在序列中的序号为该字符在串中的位置。子串在主串中的位置则以子串的第一个字符在主串中的位置来表示。

例如，假设a、b、c、d为如下的4个串：

$$a="BEI", \quad b="JING"$$
$$c="BEIJING", \quad d="BEI JING"$$

则它们的长度分别为3、4、7和8；并且a和b都是c和d的子串，a在c和d中的位置都是1，而b在c中的位置是4，在d中的位置则是5。

当且仅当两个串的值相等，称这两个串是相等的。也就是说，只有当两个串的长度相等，并

且各个对应位置的字符都相等时两个串才相等。例如，上例中的串*a*、*b*、*c*和*d*彼此都不相等。

在各种应用中，空格常常是串的字符集合中的一个元素，因而可以出现在其他字符中间。由一个或多个空格组成的串" "称为**空格串**（blank string，请注意：此处不是空串），其长度为串中空格字符的个数。为清楚起见，以后我们用符号"Ø"来表示"空串"。

4.2 案例引入

字符串在实际中有极为广泛的应用，在文字编辑、信息检索、语言编译等软件系统中，字符串均是重要的操作对象；在网络入侵检测、计算机病毒特征码匹配以及DNA序列匹配等应用中，都需要进行串匹配（也称模式匹配）。

案例4.1：病毒感染检测。

医学研究者最近发现了某些新病毒，通过对这些病毒的分析，得知它们的DNA序列都是环状的。现在研究者已收集了大量的病毒DNA数据和人的DNA数据，想快速检测出人是否感染了相应的病毒。为了方便研究，研究者将人的DNA和病毒DNA均表示成由一些字母组成的字符串序列，然后检测某种病毒DNA序列是否在被检测人的DNA序列中出现过，如果出现过，则此人感染了该病毒，否则没有感染。例如，假设病毒的DNA序列为baa，被检测人1的DNA序列为aaabbba，则感染，被检测人2的DNA序列为babbba，则未感染（注意，人的DNA序列是线性的，而病毒的DNA序列是环状的）。

研究者将待检测的数据保存在一个文本文件中，文件格式和内容规定如下（图4.1截取了部分数据）。

文件有num+1行，第一行有一个整数num，表示有num个待检测的任务（num<=300）。

接下来每行i（2≤i≤num+1）对应一个任务，每行有两个数据，用空格分隔，第一个数据表示病毒的DNA序列（length<=6000），第二个数据表示人的DNA序列（length<=10000）。

要求将检测结果输出到文件中，文件中包括num行，每行有3个数据，用空格分隔，前两个数据分别表示输入文件中对应病毒的DNA序列、人的DNA序列，如果该人感染了对应的病毒，该行第三个数据则为"YES"，否则为"NO"。图4.1数据对应的输出结果如图4.2所示。

图4.1 病毒感染检测输入数据（部分）

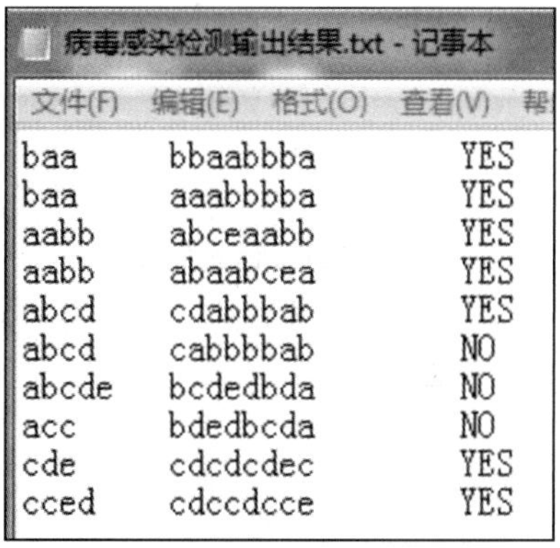

图4.2 病毒感染检测输出结果（部分）

这个案例中要处理的操作对象便是字符串，将病毒的DNA序列看作子串，将被检测人的DNA序列看作主串，检测任务的实质就是看子串是否在主串中出现过，即4.3.3小节讨论的字符串的模式匹配算法。但因为此案例中病毒的DNA序列是环状的，这样需要对传统模式匹配算法进行改进。案例的具体分析与实现将在4.6节给出。

4.3 串的类型定义、存储结构及其运算

4.3.1 串的抽象类型定义

串的逻辑结构和线性表极为相似，区别仅在于串的数据对象约束为字符集。然而，串的基本操作和线性表有很大差别。在线性表的基本操作中，大多以"单个元素"作为操作对象，例如，在线性表中查找某个元素，求取某个元素，在某个位置上插入一个元素或删除一个元素等；而在串的基本操作中，通常以"串整体"作为操作对象，例如，在串中查找某个子串，求取一个子串，在串的某个位置上插入一个子串，以及删除一个子串等。

串的抽象数据类型的定义如下：

```
ADT String{
    数据对象：D={ai|ai ∈ CharacterSet,i=1,2,…,n,n≥0}
    数据关系：R1={ < ai-1,ai > |ai-1,ai ∈ D,i=2,…,n}
    基本操作：
      StrAssign(&T,chars)
        初始条件：chars是字符串常量。
        操作结果：生成一个其值等于chars的串T。
      StrCopy(&T,S)
        初始条件：串S存在。
        操作结果：由串S复制得串T。
      StrEmpty(S)
        初始条件：串S存在。
        操作结果：若S为空串，则返回true，否则返回false。
      StrCompare(S,T)
        初始条件：串S和T存在。
        操作结果：若S>T，则返回值>0；若S=T，则返回值 = 0；若S<T，则返回值<0。
      StrLength(S)
        初始条件：串S存在。
        操作结果：返回S的元素个数，称为串的长度。
      ClearString(&S)
        初始条件：串S存在。
        操作结果：将S清为空串。
      Concat(&T,S1,S2)
        初始条件：串S1和S2存在。
        操作结果：用T返回由S1和S2连接而成的新串。
      SubString(&Sub,S,pos,len)
        初始条件：串S存在，1≤pos≤StrLength(S)且0≤len≤StrLength(S)-pos+1。
        操作结果：用Sub返回串S的第pos个字符起长度为len的子串。
      Index(S,T,pos)
        初始条件：串S和T存在，T是非空串，1≤pos≤StrLength(S)。
        操作结果：若主串S中存在和串T值相同的子串，则返回它在主串S中第pos个字符之后第一次出现
的位置；否则函数值为0。
      Replace(&S,T,V)
        初始条件：串S，T和V存在，T是非空串。
        操作结果：用V替换主串S中出现的所有与T相等的不重叠的子串。
      StrInsert(&S,pos,T)
        初始条件：串S和T存在，1≤pos≤StrLength(S)+1。
        操作结果：在串S的第pos个字符之前插入串T。
      StrDelete(&S,pos,len)
```

初始条件：串S存在，$1 \leqslant pos \leqslant StrLength(S) - len + 1$。

操作结果：从串S中删除第pos个字符起长度为len的子串。

DestroyString(&S)

初始条件：串S存在。

操作结果：串S被销毁。

```
}ADT String
```

对于串的基本操作集可以有不同的定义方法，读者在使用高级程序设计语言中的串类型时，应以相应语言的参考手册为准。

4.3.2 串的存储结构

与线性表类似，串也有两种基本存储结构：顺序存储和链式存储。但考虑到存储效率和算法的方便性，串多采用顺序存储结构。

1. 串的顺序存储

类似于线性表的顺序存储结构，用一组地址连续的存储单元存储串值的字符序列。按照预定义的大小，为每个定义的串变量分配一个固定长度的存储区，则可用定长数组描述如下：

```
//- - - - - 串的定长顺序存储结构- - - - -
#define MAXLEN 255              //串的最大长度
typedef struct{
  char ch[MAXLEN+1];           //存储串的一维数组
  int length;                  //串的当前长度
}SString;
```

其中，MAXLEN表示串的最大长度，ch是存储字符串的一维数组，每个分量存储一个字符，length表示字符串的当前长度。为了便于说明问题，本章后面算法描述当中所用到的顺序存储的字符串都是从下标为1的数组分量开始存储的，下标为0的分量闲置不用。

这种定义方式是静态的，在编译时刻就确定了串空间的大小。而多数情况下，串的操作是以串的整体形式参与的，串变量之间的长度相差较大，在操作中串值长度的变化也较大，这样为串变量设定固定大小的空间不尽合理。因此最好是根据实际需要，在程序执行过程中动态地分配和释放字符数组空间。在C语言中，存在一个称之为"堆"（Heap）的自由存储区，可以为每个新产生的串动态分配一块实际串长所需的存储空间，若分配成功，则返回一个指向起始地址的指针，作为串的基址，同时为了以后处理方便，约定串长也作为存储结构的一部分。这种字符串的存储方式也称为串的堆式顺序存储结构，定义如下：

```
//- - - - - 串的堆式顺序存储结构- - - - -
typedef struct{
  char *ch;                    //若是非空串，则按串长分配存储区，否则ch为NULL
  int length;                  //串的当前长度
}HString;
```

2. 串的链式存储

顺序串的插入和删除操作不方便，需要移动大量的字符。因此，可采用单链表方式存储串。由于串结构的特殊性——结构中的每个数据元素是一个字符，则在用链表存储串值时，存在一个"结点大小"的问题，即每个结点可以存放一个字符，也可以存放多个字符。例如，图4.3（a）所示为结点大小为4（每个结点存放4个字符）的链表，图4.3（b）所示为结点大小为1的链表。当结点大小大于1时，由于串长不一定是结点大小的整倍数，则链表中的最后一个结点不一定全被串值占满，此时通常补上"#"或其他的非串值字符（通常"#"不属于串的字符集，是一个特殊的符号）。

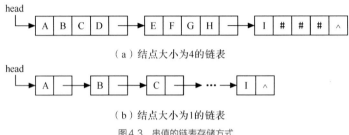

（a）结点大小为4的链表

（b）结点大小为1的链表

图4.3　串值的链表存储方式

为了便于进行串的操作，当以链表存储串值时，除头指针外，还可附设一个尾指针指示链表中的最后一个结点，并给出当前串的长度。称如此定义的串存储结构为块链结构，说明如下：

```
//- - - - - 串的链式存储结构- - - - -
#define CHUNKSIZE 80                    //可由用户定义的块大小
typedef struct Chunk{
  char ch[CHUNKSIZE];
  struct Chunk *next;
}Chunk;
typedef struct{
  Chunk *head,*tail;                   //串的头和尾指针
  int length;                          //串的当前长度
}LString;
```

在链式存储方式中，结点大小的选择直接影响着串处理的效率。在各种串的处理系统中，所处理的串往往很长或很多，如一本书的几百万个字符、情报资料的成千上万个条目，这就要求考虑串值的存储密度。

显然，存储密度小（如结点大小为1时），运算处理方便，然而，存储占用量大。如果在串处理过程中需进行内、外存交换的话，则会因为内、外存交换操作过多而影响处理的总效率。应该看到，串的字符集的大小也是一个重要因素。一般来说，字符集小，则字符的机内编码就短，这也影响串值存储方式的选取。

串值的链式存储结构对某些串操作，如连接操作等，有一定方便之处，但总的来说，不如顺序存储结构灵活，它占用存储量大且操作复杂。此外，在串值的链式存储结构中，串操作的实现和线性表在链表存储结构中的操作类似，故在此不进行详细讨论。4.3.3小节的模式匹配算法是采用串的定长顺序存储结构实现的。

4.3.3　串的模式匹配算法

子串的定位运算通常称为串的**模式匹配**或**串匹配**。此运算的应用非常广泛，比如在搜索引擎、拼写检查、语言翻译、数据压缩等应用中，都需要进行串匹配。

设有两个字符串S和T，设S为主串，也称正文串；设T为子串，也称为模式。在主串S中查找与模式T相匹配的子串，如果匹配成功，确定相匹配的子串中的第一个字符在主串S中出现的位置。

著名的模式匹配算法有BF算法和KMP算法，下面详细介绍这两种算法。

1. BF 算法

最简单直观的模式匹配算法是BF（Brute-Force）算法。

算法4.1　BF算法

模式匹配不一定是从主串的第一个位置开始，可以指定主串中查找的起始位置pos。如果采用字符串顺序存储结构，可以写出不依赖于其他串操作的匹配算法。

【算法步骤】

① 分别利用计数指针i和j指示主串S和模式T中当前正待比较的字符位置，i初值为pos，j初值为1。

② 如果两个串均未比较到串尾，即i和j均分别小于等于S和T的长度时，则循环执行以下操作：

● S.ch[i]和T.ch[j]比较，若相等，则i和j分别指示串中下个位置，继续比较后续字符；

● 若不相等，指针后退重新开始匹配，从主串的下一个字符（$i=i-j+2$）起再重新和模式的第一个字符（$j=1$）比较。

③ 如果$j >$ T.length，说明模式T中的每个字符依次和主串S中的一个连续的字符序列相等，则匹配成功，返回和模式T中第一个字符相等的字符在主串S中的序号（i-T.length）；否则称匹配不成功，返回0。

BF 算法

【算法描述】

```
int Index_BF(SString S,SString T,int pos)
{//返回模式T在主串S中第pos个字符开始第一次出现的位置。若不存在，则返回0
 //其中，T非空，1≤pos≤S.length
  i=pos; j=1;                        //初始化
  while(i≤S.length && j≤T.length)    //两个串均未比较到串尾
  {
    if(S.ch[i]==T.ch[j]){++i;++j;}   //继续比较后继字符
    else{i=i-j+2;j=1;}               //指针后退，重新开始匹配
  }
  if(j > T.length) return i-T.length; //匹配成功
  else return 0;                      //匹配失败
}
```

图4.4展示了模式T = "abcac"和主串S的匹配过程（pos = 1）。

第一趟匹配　a b a b c a b c a c b a b （$i=3$）

a b c （$j=3$）

第二趟匹配　a b a b c a b c a c b a b （$i=2$）

a （$j=1$）

第三趟匹配　a b a b c a b c a c b a b （$i=7$）

a b c a c （$j=5$）

第四趟匹配　a b a b c a b c a c b a b （$i=4$）

a （$j=1$）

第五趟匹配　a b a b c a b c a c b a b （$i=5$）

a （$j=1$）

第六趟匹配　a b a b c a b c a c b a b （$i=11$）

a b c a c （$j=6$）

图4.4　BF算法的匹配过程

【算法分析】

BF算法的匹配过程易于理解，且在某些应用场合效率也较高。在匹配成功的情况下，考虑以

下两种极端情况。

（1）最好情况下，每趟不成功的匹配都发生在模式串的第一个字符与主串中相应字符的比较。

例如：

S="aaaaaba"

T="ba"

设主串的长度为n，子串的长度为m，假设从主串的第i个位置开始与模式串匹配成功，则在前$i-1$趟匹配中字符总共比较了$i-1$次；若第i趟匹配成功的字符比较次数为m，则总比较次数为$i-1+m$。对于成功匹配的主串，其起始位置由1到$n-m+1$，假定在这$n-m+1$个起始位置上匹配成功的概率相等，则最好情况下，匹配成功的平均比较次数为：

$$\sum_{i=1}^{n-m+1} p_i(i-1+m) = \frac{1}{n-m+1}\sum_{i=1}^{n-m+1} i-1+m = \frac{1}{2}(n+m)$$

即最好情况下的平均时间复杂度是$O(n+m)$。

（2）最坏情况下，每趟不成功的匹配都发生在模式串的最后一个字符与主串中相应字符的比较。

例如：

S="aaaaaab"

T="aab"

假设从主串的第i个位置开始与模式串匹配成功，则在前$i-1$趟匹配中字符总共比较了$(i-1) \times m$次；若第i趟匹配成功的字符比较次数为m，则总比较次数为$i \times m$。因此最坏情况下匹配成功的平均比较次数为：

$$\sum_{i=1}^{n-m+1} p_i(i \times m) = \frac{1}{n-m+1}\sum_{i=1}^{n-m+1} i \times m = \frac{1}{2}m \times (n-m+2)$$

即最坏情况下的平均时间复杂度是$O(n \times m)$。

BF算法思路直观简明。但当匹配失败时，主串的指针i总是回溯到$i-j+2$位置，模式串的指针总是回溯到首字符位置$j=1$，因此，算法时间复杂度高。下面将介绍另一种改进的模式匹配算法。

2. KMP 算法

这种改进算法是由克努特（Knuth）、莫里斯（Morris）和普拉特（Pratt）共同设计实现的，因此简称KMP算法。此算法可以在$O(n+m)$的时间数量级上完成串的模式匹配操作。其改进在于：每当一趟匹配过程中出现字符不等时，无须回溯主串的指针，而是利用已经得到的"部分匹配"的结果将模式向右"滑动"尽可能远的一段距离后，继续进行比较。下面先从具体例子看起。

回顾图4.4中的匹配过程，在第三趟匹配中，当$i=7$、$j=5$指向的字符不等时，又从$i=4$、$j=1$重新开始比较。然后，经仔细观察可发现，$i=4$和$j=1$，$i=5$和$j=1$，以及$i=6$和$j=1$这3次比较都是不必进行的。因为从第三趟部分匹配的结果就可得出，主串中第4个、第5个和第6个字符必然是"b""c"和"a"（即模式串中第2个、第3个和第4个字符）。因为模式中的第一个字符是"a"，因此它无须再和这3个字符进行比较，而仅需将模式向右滑动3个字符的位置继续进行$i=7$、$j=2$时的字符比较即可。同理，在第一趟匹配中出现字符不等时，仅需将模式向右移动两个字符的位置继续进行$i=3$、$j=1$时的字符比较。由此，在整个匹配的过程中，主串的指针没有回溯，如图4.5所示。

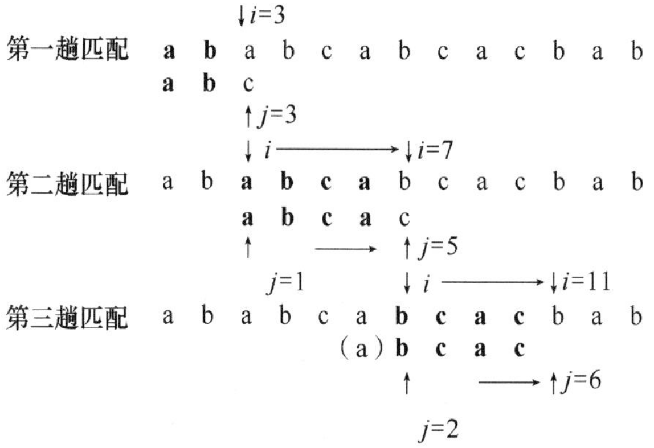

图 4.5 KMP 算法的匹配过程

现在讨论一般情况。假设主串为"$s_1s_2\cdots s_n$"，模式串为"$t_1t_2\cdots t_m$"，从上例的分析可知，为了实现改进算法，需要解决下述问题：当匹配过程中产生"失配"（$s_i \neq t_j$）时，模式串可"向右滑动"的距离有多远，换句话说，当主串中第 i 个字符与模式中第 j 个字符"失配"（不等）时，主串中第 i 个字符（i 指针不回溯）应与模式中哪个字符再比较？

假设此时应与模式中第 k（$k < j$）个字符继续比较，则模式中前 $k-1$ 个字符的子串必须满足下列关系式（4-1），且不可能存在 $k' > k$ 满足下列关系式：

$$"t_1t_2\cdots t_{k-1}"="s_{i-k+1}s_{i-k+2}\cdots s_{i-1}" \tag{4-1}$$

而已经得到的"部分匹配"的结果是：

$$"t_{j-k+1}t_{j-k+2}\cdots t_{j-1}"="s_{i-k+1}s_{i-k+2}\cdots s_{i-1}" \tag{4-2}$$

由式（4-1）和式（4-2）推得下列等式：

$$"t_1t_2\cdots t_{k-1}"="t_{j-k+1}t_{j-k+2}\cdots t_{j-1}" \tag{4-3}$$

反之，若模式串中存在满足式（4-3）的两个子串，则当匹配过程中，主串中第 i 个字符与模式中第 j 个字符不等时，仅需将模式向右滑动至模式中第 k 个字符和主串中第 i 个字符对齐。此时，模式中头 $k-1$ 个字符的子串"$t_1t_2\cdots t_{k-1}$"必定与主串中第 i 个字符之前长度为 $k-1$ 的子串"$s_{i-k+1}s_{i-k+2}\cdots s_{i-1}$"相等。由此，匹配仅需从模式中第 k 个字符与主串中第 i 个字符开始，依次向后进行比较。

若令 next[j] = k，则 next[j] 表明当模式中第 j 个字符与主串中相应字符"失配"时，在模式中需重新和主串中该字符进行比较的字符的位置。由此可引出模式串的 next 函数的定义为：

$$\text{next}[j]=\begin{cases} 0 & j=1 \ (t_1 \text{与} s_i \text{不等时，下一步进行} t_1 \text{与} s_{i+1} \text{的比较}) \\ \text{Max}\left\{k \,|\, 1<k<j \text{且有 } "t_1t_2\cdots t_{k-1}"="t_{j-k+1}t_{j-k+2}\cdots t_{j-1}"\right\} & \\ 1 & k=1 \ (\text{不存在相同子串，下一步进行} t_1 \text{与} s_i \text{的比较}) \end{cases} \tag{4-4}$$

由此定义可推出模式串的 next 函数值，如图 4.6 所示。

在求得模式的 next 函数之后，匹配可按如下步骤进行。假设以指针 i 和 j 分别指示主串和模式中正待比较的字符，令 i 的初值为 pos，j 的初值为 1。若在匹配过程中 $s_i = t_j$，则 i 和 j 分别增 1，否则，i 不变；而 j 退到 next[j] 的位置再比较，若相等，则指针各自增 1，否则 j 再退到下一个 next 值的位置，依次类推。直至下列两种可能：一种是 j 退到某个 next 值（next[next[$\cdots$next[j]$\cdots$]]）时字符相等，则指针各自增 1，继续进行匹配；另一种是 j 退到值为 0（模式的第一个字符"失配"），则此时需将模式继续向右滑动一个位置，即从主串的下一个字符 s_{i+1} 起和模式重新开始匹配。图 4.7 所示正是上述匹配过程的一个示例。

j	1	2	3	4	5	6	7	8
模式串	a	b	a	a	b	c	a	c
next[j]	0	1	1	2	2	3	1	2

图 4.6 模式串的 next 函数值

$\downarrow i=2$

第一趟　主串　a c a b a a b a a b c a c a a b c
　　　　模式　a b
　　　　　　　$\uparrow j=2$　　next[2]=1

$\downarrow i=2$

第二趟　主串　a c a b a a b a a b c a c a a b c
　　　　模式　a
　　　　　　　$\uparrow j=1$　　next[1]=0

$\downarrow i=3 \rightarrow \downarrow i=8$

第三趟　主串　a c **a b a a b** a a b c a c a a b c
　　　　模式　**a b a a b** c
　　　　　　　$\uparrow j=1 \longrightarrow j=6$　　next[6]=3

$\downarrow i=8 \longrightarrow \downarrow i=14$

第四趟　主串　a c a b a **a b a a b c** a c a a b c
　　　　模式　**(a b) a a b c a c**
　　　　　　　$\uparrow j=3 \longrightarrow \uparrow j=9$

图4.7　利用模式的next函数进行匹配的过程示例

KMP算法如算法4.2所示，它在形式上和算法4.1极为相似，不同之处仅在于：当匹配过程中产生"失配"时，指针i不变，指针j退回到next$[j]$所指示的位置上重新进行比较，并且当指针j退至0时，指针i和指针j需同时增1。即若主串的第i个字符和模式的第1个字符不等，应从主串的第$i+1$个字符起重新进行匹配。

KMP 算法

算法4.2　KMP算法

【算法描述】

```
int Index_KMP(SString S,SString T,int pos)
{//利用模式串T的next函数求T在主串S中第pos个字符之后的位置
 //其中，T非空，1≤pos≤S.length
  i=pos;j=1;
  while(i<=S.length && j<=T.length)          //两个串均未比较到串尾
  {
    if(j==0 || S.ch[i]==T.ch[j]){++i;++j;}   //继续比较后继字符
    else j=next[j];                          //模式串向右移动
  }
  if(j > T.length) return i-T.length;        //匹配成功
  else return 0;                             //匹配失败
}
```

KMP算法是在已知模式串的next函数值的基础上执行的，那么，如何求得模式串的next函数值呢？

从上述讨论可见，此函数值仅取决于模式串本身，而和相匹配的主串无关，可从分析其定义出发用递推的方法求得next函数值。

由定义得知：

$$\text{next}[1] = 0 \tag{4-5}$$

设 $\text{next}[j]=k$，这表明在模式串中存在下列关系：

$$"t_1 t_2 \cdots t_{k-1}" = "t_{j-k+1} t_{j-k+2} \cdots t_{j-1}" \tag{4-6}$$

其中k为满足$1<k<j$的某个值，并且不可能存在$k' > k$满足式（4-7）。此时$next[j+1]$的值可能有以下两种情况。

（1）若$t_k = t_j$，则表明在模式串中：

$$"t_1t_2\cdots t_k" \ = \ "t_{j-k+1}t_{j-k+2}\cdots t_j" \qquad (4\text{-}7)$$

并且不可能存在$k' > k$满足式（4-7），这就是说$next[j+1] = k+1$，即：

$$next[j+1] = next[j]+1 \qquad (4\text{-}8)$$

（2）若$t_k \neq t_j$，则表明在模式串中：

$$"t_1t_2\cdots t_k" \ \neq \ "t_{j-k+1}t_{j-k+2}\cdots t_j"$$

此时可把求next函数值的问题看成一个模式匹配的问题，整个模式串既是主串又是模式串，而当前在匹配的过程中，已有$t_{j-k+1} = t_1$，$t_{j-k+2} = t_2$，$\cdots$，$t_{j-1} = t_{k-1}$，则当$t_j \neq t_k$时应将模式向右滑动至以模式中的第$next[k]$个字符和主串中的第j个字符相比较。若$next[k] = k'$，且$t_j = t_{k'}$，则说明在主串中第$j+1$个字符之前存在一个长度为k'（$next[k]$）的最长子串，和模式串中从首字符起长度为k'的子串相等，即：

$$"t_1t_2\cdots t_{k'}" \ = \ "t_{j-k'+1}t_{j-k'+2}\cdots t_j" \qquad (1<k'<k<j) \qquad (4\text{-}9)$$

这就是说$next[j+1] = k'+1$，即：

$$next[j+1] = next[k]+1 \qquad (4\text{-}10)$$

同理，若$t_j = t_{k'}$，则将模式继续向右滑动直至将模式中第$next[k']$个字符和t_j对齐……依次类推，直至t_j和模式中某个字符匹配成功或者不存在任何k'（$1<k'<j$）满足式（4-9），则：

$$next[j+1] = 1 \qquad (4\text{-}11)$$

例如，图4.8中的模式串，已求得前6个字符的next函数值，现求next [7]，因为next[6] = 3，又$t_6 \neq t_3$，则需比较t_6和t_1（因为next [3] = 1），这相当于将子串模式向右滑动。由于$t_6 \neq t_1$，而且next [1] = 0，所以next [7] = 1，而因为$t_7 = t_1$，则next [8] = 2。

根据上述分析所得结果即式（4-5）、式（4-8）、式（4-10）和式（4-11），仿照KMP算法，可得到求next函数值的算法，如算法4.3所示。

j 模式	1 2 3 4 5 6	7 8
	a b a a b c	a c
$next[j]$	0 1 1 2 2 3	1 2

(a b a)

图4.8 模式串的next函数值

算法4.3 计算next函数值

【算法描述】

```
void get_next(SString T,int next[])
{//求模式串T的next函数值并将其存入数组next
  i=1;next[1]=0;j=0 ;
  while(i < T.length)
  {
    if(j==0 || T.ch[i]==T.ch[j]){++i;++j;next[i]=j;}
    else j=next[j];
  }
}
```

计算next
函数值

算法4.3的时间复杂度为$O(m)$。通常，模式串的长度m比主串的长度n要小得多，因此，对整个匹配算法来说，所增加的这点儿运算时间是值得的。

最后，要说明以下两点。

（1）虽然BF算法的时间复杂度是$O(n \times m)$，但在一般情况下，其实际的执行时间近似于$O(n + m)$，因此至今仍被采用。KMP算法仅当模式与主串之间存在许多"部分匹配"的情况下，才显得比BF算法快得多。但是KMP算法的最大特点是指示主串的指针不需回溯，整个匹配过程中，对主串仅需从头至尾查找一遍，这对处理从外设输入的庞大文件很有效，可以边读入边匹配，而无须回头重读。

（2）前面定义的next函数在某些情况下尚有缺陷。例如模式"aaaab"在和主串"aaabaaaab"匹配时，当$i = 4$、$j = 4$时$s.ch[4] \neq t.ch[4]$，由$next[j]$的指示还需进行$i = 4$和$j = 3$、$i = 4$和$j = 2$、$i = 4$和$j = 1$这3次比较。实际上，因为模式中第1～3个字符和第4个字符都相等，因此不需要再和主串中第4个字符相比较，而可以将模式连续向右滑动4个字符的位置直接进行$i = 5$、$j = 1$时的字符比较。这就是说，若按上述定义得到$next[j] = k$，而模式中$t_j = t_k$，则当主串中字符s_i和t_j不等时，不需要再和t_k进行比较，而直接和$T_{next[k]}$进行比较，换句话说，此时的$next[j]$应和$next[k]$相同。由此可得，计算next函数修正值的算法如算法4.4所示，next函数修正值的计算结果如图4.9所示。此时匹配算法不变。

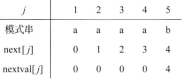

j	1	2	3	4	5
模式串	a	a	a	a	b
$next[j]$	0	1	2	3	4
$nextval[j]$	0	0	0	0	4

图4.9　next函数修正值

计算next函数修正值

算法4.4　计算next函数修正值

【算法描述】

```
void get_nextval(SString T, int nextval[])
{//求模式串T的next函数修正值并将之存入数组nextval
  i=1;nextval[1]=0;j=0;
  while(i < T.length)
  {
    if(j==0 || T.ch[i]==T.ch[j])
    {
      ++i;++j;
      if(T.ch[i]!=T.ch[j])  nextval[i]=j;
      else  nextval[i]=nextval[j];
    }
    else j=nextval[j];
  }
}
```

4.4　数组

4.4.1　数组的类型定义

数组是由类型相同的数据元素构成的有序集合，每个元素称为数组元素，每个元素受n（$n \geq 1$）个线性关系的约束，每个元素在n个线性关系中的序号$i_1, i_2, \cdots, i_n$称为该元素的下标，可以通过下标访问该数据元素。因为数组中每个元素处于n（$n \geq 1$）个关系中，故称该数组为n维数组。数组可以看成线性表的推广，其特点是结构中的元素本身可以是具有某种结构的数据，但属于同一数据类型。

例如，一维数组可以看成一个线性表，二维数组可以看成数据元素是线性表的线性表。图4.10（a）所示的二维数组可以看成一个线性表：

$$A_{m \times n} = \begin{bmatrix} a_{00} & a_{01} & a_{02} & \cdots & a_{0,\,n-1} \\ a_{10} & a_{11} & a_{12} & \cdots & a_{1,\,n-1} \\ \vdots & \vdots & \vdots & & \vdots \\ a_{m-1,\,0} & a_{m-1,\,1} & a_{m-1,\,2} & \cdots & a_{m-1,\,n-1} \end{bmatrix}, \quad A_{m \times n} = \begin{bmatrix} a_{00} \\ a_{10} \\ \vdots \\ a_{m-1,\,0} \end{bmatrix} \begin{bmatrix} a_{01} \\ a_{11} \\ \vdots \\ a_{m-1,\,1} \end{bmatrix} \cdots \begin{bmatrix} a_{0,\,n-1} \\ a_{1,\,n-1} \\ \vdots \\ a_{m-1,\,n-1} \end{bmatrix}$$

（a）矩阵形式表示 　　　　　　　　　　　（b）列向量的一维数组

$$A_{m \times n} = ((a_{00} a_{01} \cdots a_{0,\,n-1}),\ (a_{10} a_{11} \cdots a_{1,\,n-1}),\ \cdots,\ (a_{m-1,\,0} a_{m-1,\,1} \cdots a_{m-1,\,n-1}))$$

（c）行向量的一维数组

图4.10　二维数组图例

$$A = \left(a_0, a_1, \cdots, a_p \right) \qquad \left(p = m-1 \text{或} n-1 \right)$$

其中每个数据元素a_j是一个列向量形式的线性表（见图4.10（b））：

$$a_j = \left(a_{0j}, a_{1j}, \cdots, a_{m-1,j} \right) \qquad 0 \le j \le n-1$$

或者a_i是一个行向量形式的线性表（见图4.10（c））：

$$a_i = \left(a_{i0}, a_{i1}, \cdots, a_{i,n-1} \right) \qquad 0 \le i \le m-1$$

在C语言中，一个二维数组类型可以定义为其分量类型为一维数组类型的一维数组类型，也就是说，

```
typedef        ElemType        Array2[m][n];
```

等价于

```
typedef        ElemType        Array1[n];
typedef        Array1          Array2[m];
```

同理，一个n维数组类型可以定义为其数据元素为$n-1$维数组类型的一维数组类型。

数组一旦被定义，它的维数和维界就不再改变。因此，除了结构的初始化和销毁之外，数组只有存取元素和修改元素值的操作。

抽象数据类型数组可定义为：

```
ADT Array{
  数据对象:jᵢ=0,…,bᵢ-1,i=1,2,…,n,
           D={a_{j₁j₂…jₙ}|n(>0)称为数组的维数,bᵢ是数组第i维的长度,
           jᵢ是数组元素的第i维下标,a_{j₁j₂…jₙ}∈ElemSet}
  数据关系:R={R1,R2…,Rn}
           Ri={<a_{j₁…jᵢ…jₙ},a_{j₁…jᵢ+1…jₙ}>|
           0≤jₖ≤bₖ-1,1≤k≤n 且k≠i,
           0≤jᵢ≤bᵢ-2,
           a_{j₁…jᵢ…jₙ},a_{j₁…jᵢ+1…jₙ}∈D i=2 L n}
  基本操作:
    InitArray(&A,n,boundi,…,boundn)
     操作结果:若维数n和各维长度合法,则构造相应的数组A,并返回OK。
    DestroyArray(&A)
     操作结果:销毁数组A。
    Value(A,&e,indexl,…,indexn)
     初始条件:A是n维数组,e为元素变量,随后是n个下标值。
     操作结果:若各下标不越界,则e赋值为所指定的A的元素值,并返回OK。
    Assign(&A,e,indexl,…,indexn)
     初始条件:A是n维数组,e为元素变量,随后是n个下标值。
     操作结果:若下标不越界,则将e的值赋给所指定的A的元素,并返回OK。
} ADT Array
```

4.4.2　数组的顺序存储

由于对数组一般不进行插入或删除操作，也就是说，一旦建立了数组，则结构中的数据元素个数和元素之间的关系一般就不再发生变动，因此，采用顺序存储结构表示数组比较合适。

由于存储单元是一维的结构，而数组可能是多维的结构，则用一组连续存储单元存放数组的数据元素就有次序约定问题。例如图4.10（a）所示的二维数组可以看成如图4.10（b）所示的一维数组，也可看成如图4.10（c）所示的一维数组。对应地，对二维数组可有两种存储方式：一种是以列序为主序的存储方式，如图4.11（a）所示；一种是以行序为主序的存储方式，如图4.11（b）所示。在扩展Basic、Pascal、Java和C语言中，用的都是以行序为主序的存储结构；而在FORTRAN语言中，用的是以列序为主序的存储结构。

由此，对于数组，一旦规定了其维数和各维的长度，便可为它分配存储空间。反之，只要给出一组下标便可求得相应数组元素的存储位置。下面仅用以行序为主序的存储结构为例予以说明。

假设每个数据元素占L个存储单元，则二维数组$A[0..\,m-1, 0..\,n-1]$（下标从0开始，共有m行n列）中任一元素a_{ij}的存储位置可由下式确定：

$$\mathrm{LOC}(i, j) = \mathrm{LOC}(0, 0) + (n \times i + j)L \tag{4-12}$$

其中，$\mathrm{LOC}(i, j)$是a_{ij}的存储位置；$\mathrm{LOC}(0, 0)$是a_{00}的存储位置，即二维数组A的起始存储位置，也称为基地址或基址。

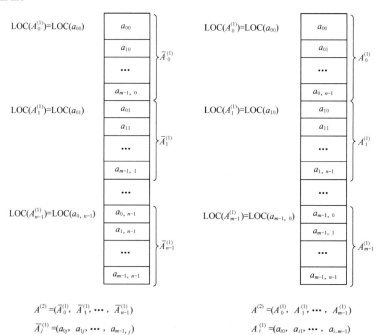

$$A^{(2)} = (\overline{A}_0^{(1)},\ \overline{A}_1^{(1)},\ \cdots,\ \overline{A}_{n-1}^{(1)})$$
$$\overline{A}_j^{(1)} = (a_{0j},\ a_{1j},\ \cdots,\ a_{m-1, j})$$

（a）以列序为主序

$$A^{(2)} = (A_0^{(1)},\ A_1^{(1)},\ \cdots,\ A_{m-1}^{(1)})$$
$$A_i^{(1)} = (a_{i0},\ a_{i1},\ \cdots,\ a_{i, m-1})$$

（b）以行序为主序

图4.11　二维数组的两种存储方式

将式（4-12）推广到一般情况，可得到n维数组$A[0..\,b_1-1, 0..\,b_2-1, \cdots, 0..\,b_n-1]$的数据元素存储位置的计算公式：

$$
\begin{aligned}
\mathrm{LOC}(j_1, j_2, \cdots, j_n) &= \mathrm{LOC}(0, 0, \cdots, 0) + (b_2 \times \cdots \times b_n \times j_1 + b_3 \times \cdots \times b_n \times j_2 + \cdots + b_n \times j_{n-1} + j_n)L \\
&= \mathrm{LOC}(0, 0, \cdots, 0) + \left(\sum_{i=1}^{n-1} j_i \prod_{k=i+1}^{n} b_k + j_n \right)L
\end{aligned}
$$

可缩写成：

$$\text{LOC}(j_1, j_2, \cdots, j_n) = \text{LOC}(0, 0, \cdots, 0) + \sum_{i=1}^{n} c_i j_i \qquad （4-13）$$

其中，$c_n = L, c_{i-1} = b_i \times c_i, 1 < i \leqslant n$。

式（4-13）称为n维数组的映像函数。容易看出，数组元素的存储位置是其下标的线性函数，一旦确定了数组各维的长度，c_i就是常数。由于计算各个元素存储位置的时间相等，所以存取数组中任一元素的时间也相等，即数组是一种随机存取结构。

4.4.3 特殊矩阵的压缩存储

矩阵是很多科学与工程计算问题中研究的数学对象，矩阵用二维数组来表示是最自然的方法。但是，在数值分析中经常出现一些阶数很高的矩阵，同时在矩阵中有很多值相同的元素或者是零元素。有时为了节省存储空间，可以对这类矩阵进行压缩存储。所谓压缩存储，是指为多个值相同的元只分配一个存储空间，对零元不分配空间。

假若值相同的元素或者零元素在矩阵中的分布有一定规律，则称此类矩阵为**特殊矩阵**。特殊矩阵主要包括对称矩阵、三角矩阵和对角矩阵等，下面我们重点讨论这3种特殊矩阵的压缩存储。

1. 对称矩阵

若n阶矩阵A中的元满足下述性质：

$$a_{ij} = a_{ji} \qquad 1 \leqslant i, j \leqslant n$$

则称为n阶对称矩阵。

对于对称矩阵，可以为每一对对称元分配一个存储空间，则可将n^2个元压缩存储到$n(n+1)/2$个元的空间中，不失一般性，可以行序为主序存储其下三角（包括对角线）中的元。

假设以一维数组$sa[n(n+1)/2]$作为n阶对称矩阵A的存储结构，则$sa[k]$和矩阵元a_{ij}之间存在着一一对应的关系：

$$k = \begin{cases} \dfrac{i(i-1)}{2} + j - 1 & i \geqslant j \\[2mm] \dfrac{j(j-1)}{2} + i - 1 & i < j \end{cases} \qquad （4-14）$$

对于任意给定的一组下标(i,j)，均可在sa中找到矩阵元a_{ij}；反之，对所有的$k = 0,1,2,\cdots,$ $\dfrac{n(n+1)}{2} - 1$，都能确定$sa[k]$中的元在矩阵中的位置(i,j)。由此，称$sa[n(n+1)/2]$为n阶对称矩阵A的压缩存储（见图4.12）。

图4.12 对称矩阵的压缩存储

2. 三角矩阵

以对角线划分，三角矩阵有上三角矩阵和下三角矩阵两种。上三角矩阵是指矩阵下三角（不包括对角线）中的均为常数c或0的n阶矩阵，下三角矩阵与之相反。对三角矩阵进行压缩存储时，除了和对称矩阵一样，只存储其上（下）三角中的元素之外，再加一个存储常数c的存储空间即可。

（1）上三角矩阵

$sa[k]$和矩阵元a_{ij}之间的对应关系为：

$$k = \begin{cases} \dfrac{(i-1)(2n-i+2)}{2} + (j-i) & i \leqslant j \\[2mm] \dfrac{n(n+1)}{2} & i > j \end{cases} \tag{4-15}$$

（2）下三角矩阵

$sa[k]$和矩阵元a_{ij}之间的对应关系为：

$$k = \begin{cases} \dfrac{i(i-1)}{2} + j - 1 & i \geqslant j \\[2mm] \dfrac{n(n+1)}{2} & i < j \end{cases} \tag{4-16}$$

3．多对角线矩阵

多对角线矩阵所有的非零元都集中在以对角线为中心的带状区域中，即除了对角线上和直接在对角线上、下方若干条与对角线平行的线上的元之外，所有其他的元皆为零，如图4.13所示。对这种矩阵，也可按某个原则（或以行为主，或以对角线的顺序）将其压缩存储到一维数组上。

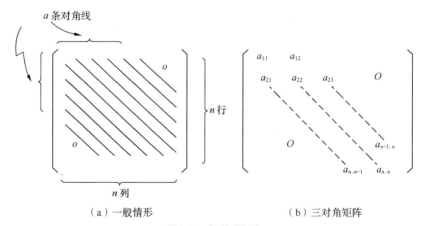

（a）一般情形　　　　　　　　　（b）三对角矩阵

图4.13　多对角线矩阵

在上述这些特殊矩阵中，非零元的分布都有明显的规律，从而可将其压缩存储到一维数组中，并找到每个非零元在一维数组中的对应关系。

然而，在实际应用中还经常会遇到另一类矩阵，其非零元较零元少，且分布没有一定规律，称之为**稀疏矩阵**。这类矩阵的压缩存储就要比特殊矩阵复杂，在此不进行讨论。

4.5　广义表

4.5.1　广义表的定义

顾名思义，广义表是线性表的推广，也称为列表。广泛地用于人工智能等领域的表处理语言LISP语言，把广义表作为基本的数据结构，就连程序也表示为一系列的广义表。

广义表一般记作：

$$LS = (a_1, a_2, \cdots, a_n)$$

其中，LS是广义表（$a_1, a_2, \cdots, a_n$）的名称，n是其长度。在线性表的定义中，a_i（$1 \leqslant i \leqslant n$）只限于是单个元素。而在广义表的定义中，$a_i$可以是单个元素，也可以是广义表，分别称为广义表$LS$的原子和子表。习惯上，用大写字母表示广义表的名称，用小写字母表示原子。

显然，广义表的定义是一个递归的定义，因为在描述广义表时又用到了广义表的概念。下面列举一些广义表的例子。

（1）$A = (\ )$——A是一个空表，其长度为0。

（2）$B = (e)$——B只有一个原子e，其长度为1。

（3）$C = (a, (b, c, d))$——C的长度为2，两个元素分别为原子a和子表(b, c, d)。

（4）$D = (A, B, C)$——D的长度为3，3个元素都是广义表。显然，将子表的值代入后，则有$D = ((\ ), (e),\ (a, (b, c, d)))$。

（5）$E = (a, E)$——这是一个递归的表，其长度为2。E相当于一个无限的广义表$E = (a, (a, (a, \cdots)))$。

从上述定义和例子可推出广义表的如下3个重要结论。

（1）广义表的元素可以是子表，而子表的元素还可以是子表……由此，广义表是一个多层次的结构，可以用图形象地表示。例如，图4.14表示的是广义表D，图中以圆表示广义表，以矩形表示原子。

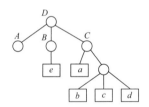

图4.14　广义表

（2）广义表可为其他广义表所共享。例如在上述例子中，广义表A、B和C为D的子表，则在D中可以不必列出子表的值，而是通过子表的名称来引用。

（3）广义表可以是一个递归的表，即广义表也可以是其本身的一个子表。例如，表E就是一个递归的表。

由于广义表的结构比较复杂，其各种运算的实现也不如线性表简单，其中，最重要的两个运算如下。

（1）取表头GetHead(LS)：取出的表头为非空广义表的第一个元素，它可以是一个单原子，也可以是一个子表。

（2）取表尾GetTail(LS)：取出的表尾为除去表头之外由其余元素构成的表，即表尾一定是一个广义表。

例如：

GetHead(B) = e，　　　GetTail(B) = (\ )，

GetHead(D) = A，　　GetTail(D) = (B,C)，

由于(B,C)为非空广义表，则可继续分解得到：

GetHead(B,C) = B，GetTail(B,C) = (C)，

值得提醒的是，广义表(\ )和((\ ))不同。前者为空表，长度$n = 0$；后者长度$n = 1$，可分解得到其

表头、表尾均为空表。

4.5.2 广义表的存储结构

由于广义表中的数据元素可以有不同的结构（或是原子，或是列表），因此难以用顺序存储结构表示，通常采用链式存储结构。常用的链式存储结构有两种，头尾链表的存储结构和扩展线性链表的存储结构。

1. 头尾链表的存储结构

由于广义表中的数据元素可能为原子或广义表，因此需要两种结构的结点：一种是表结点，用以表示广义表；一种是原子结点，用以表示原子。从4.5.1节得知，若广义表不为空，则可分解成表头和表尾，因此，一对确定的表头和表尾可唯一确定广义表。一个表结点可由3个域组成：标志域、指示表头的指针域和指示表尾的指针域。而原子结点只需两个域：标志域和值域。如图4.15所示，其中tag是标志域，值为1时表明结点是子表，值为0时表明结点是原子。

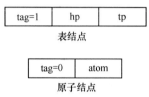

图4.15 头尾链表表示的结点结构

其形式定义说明如下：

```
//- - - - -广义表的头尾链表存储表示- - - - -
typedef enum{ATOM,LIST} ElemTag;      //ATOM==0：原子；LIST==1：子表
typedef struct GLNode
{
  ElemTag tag;                        //公共部分，用于区分原子结点和表结点
  union                               //原子结点和表结点的联合部分
  {
    AtomType atom;                    //atom是原子结点的值域，AtomType由用户定义
    struct{struct GLNode*hp, *tp;}ptr;
    //ptr是表结点的指针域，ptr.hp和ptr.tp分别指向表头和表尾
  };
}*GList;                              //广义表类型
```

4.5.1节中曾列举了广义表的例子，它们的存储结构如图4.16所示，在这种存储结构中有以下几种情况。

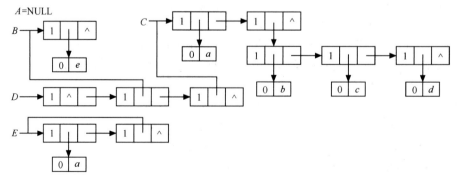

图4.16 头尾链表表示的存储结构示例

（1）除空表的表头指针为空外，对任何非空广义表，其表头指针均指向一个表结点，且该结点中的hp域指向广义表表头（或为原子结点，或为表结点），tp域指向广义表表尾（除非表尾为空，则指针为空，否则必为表结点）。

（2）容易分清列表中原子和子表所在层次。如在广义表D中，原子a和e在同一层次上，而b、c和d在同一层次且比a和e低一层，B和C是同一层的子表。

（3）最高层的表结点个数即广义表的长度。

以上3个特点在某种程度上可给广义表的操作带来方便。

2. 扩展线性链表的存储结构

在这种结构中，无论是表结点还是原子结点均由3个域组成，其结点结构如图4.17所示。

图4.17 扩展线性链表表示的结点结构

4.5.1小节中广义表例子所对应的这种表示法的存储结构，如图4.18所示。

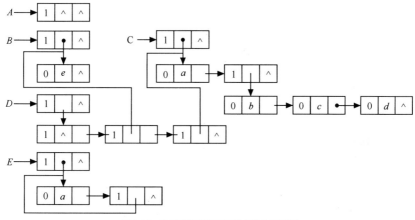

图4.18 扩展线性链表表示的存储结构示例

4.6 案例分析与实现

案例4.1：病毒感染检测。

【案例分析】

因为被检测人的DNA和病毒DNA均是由一些字母组成的字符串序列，要检测某种病毒DNA序列是否在被检测人的DNA序列中出现过，实际上就是字符串的模式匹配问题。可以利用BF算法，也可以利用更高效的KMP算法。但与一般的模式匹配问题不同的是，此案例中病毒的DNA序列是环状的，这样需要对传统的BF算法或KMP算法进行改进。

下面给出利用BF算法实现检测的方案。

【案例实现】

对于每一个待检测的任务，假设病毒DNA序列的长度是m，因为病毒DNA序列是环状的，为了线性取到每个可行的长度为m的模式串，可将存储病毒DNA序列的字符串长度扩大为$2m$，将病毒DNA序列连续存储两次。然后循环m次，依次取得每个长度为m的环状字符串，将此字符串作为模式串，将人的DNA序列作为主串，调用BF算法进行模式匹配。只要匹配成功，即可中止循环，表明该人感染了对应的病毒；否则，循环*m*次后结束，可通过BF算法的返回值判断该人是否感染了对应的病毒。

算法4.5 病毒感染检测

【算法步骤】

① 从文件中读取待检测的任务数*num*。

② 根据*num*个数依次检测每对病毒DNA和人的DNA是否匹配，循环*num*次，执行以下操作。

- 从文件中分别读取一对病毒DNA序列和人的DNA序列。
- 设置一个标志性变量flag，用来标识是否匹配成功，初始为0，表示未匹配。
- 病毒DNA序列的长度是*m*，将存储病毒DNA序列的字符串长度扩大为2*m*，将病毒DNA序列连续存储两次。
- 循环*m*次，重复执行以下操作：
- ➢ 依次取得每个长度为*m*的病毒DNA环状字符串；
- ➢ 将此字符串作为模式串，将人的DNA序列作为主串，调用BF算法进行模式匹配，将匹配结果返回赋值给flag；
- ➢ 若flag非0，表示匹配成功，中止循环，表明该人感染了对应的病毒。
- 退出循环时，判断flag的值，若flag非0，输出"YES"；否则，输出"NO"。

病毒感染检测

【算法描述】

```
void Virus_detection()
{//利用BF算法实现病毒检测
   ifstream inFile("病毒感染检测输入数据.txt");
   ofstream outFile("病毒感染检测输出结果.txt");
   inFile>>num;                           //读取待检测的任务数
   while(num--)                           //依次检测每对病毒DNA和人的DNA是否匹配
   {
     inFile>>Virus.ch+1;                  //读取病毒DNA序列，字符串从下标1开始存放
     inFile>>Person.ch+1;                 //读取人的DNA序列
     Vir=Virus.ch;                        //将病毒DNA临时暂存在Vir中，以备输出
     flag=0;                              //用来标识是否匹配，初始为0，匹配后为非0
     m=Virus.length;                      //病毒DNA序列的长度是m
     for(i=m+1,j=1;j<=m;j++)
        Virus.ch[i++]=Virus.ch[j];        //将病毒字符串的长度扩大2倍
     Virus.ch[2*m+1]='\0';                //添加结束符号
     for(i=0;i<m;i++)                     //取得每个长度为m的病毒DNA环状串temp
     {
       for(j=1;j<=m;j++) temp.ch[j]=Virus.ch[i+j];
       temp.ch[m+1]='\0';                 //添加结束符号
       flag=Index_BF(Person,temp,1);      //模式匹配
       if(flag) break;                    //匹配即可退出循环
     }                                    //for
     if(flag) outFile<<Vir+1<<"     "<<Person.ch+1<<"     "<<"YES"<<endl;
     else     outFile<<Vir+1<<"     "<<Person.ch+1<<"     "<<"NO"<<endl;
   }                                      //while
}
```

【算法分析】

对于每一个待检测的任务而言，该算法都需要执行*m*次模式匹配。假设人的DNA序列长度

为n，由于BF算法的时间复杂度为$O(m \times n)$，因此，对于每一个待检测的任务，时间复杂度都为$O(m \times m \times n)$。如果待检测的任务个数为num，则上述算法的时间复杂度为$O(num \times m \times m \times n)$，时间复杂度较高。利用KMP算法完成模式匹配将有效地提高匹配效率，读者可以模仿该算法，实现利用KMP算法完成检测的方案。

4.7 小结

本章介绍了3种数据结构：串、数组和广义表，主要内容如下。

（1）串是内容受限的线性表，它限定了表中的元素为字符。串有两种基本存储结构，即顺序存储和链式存储，但多采用顺序存储结构。串的常用算法是模式匹配算法，主要有BF算法和KMP算法。BF算法实现简单，但存在回溯，效率低，时间复杂度为$O(m \times n)$；KMP算法对BF算法进行了改进，消除了回溯，提高了效率，时间复杂度为$O(m + n)$。

（2）多维数组可以看成线性表的推广，其特点是结构中的元素本身可以是具有某种结构的数据，但属于同一数据类型。一个n维数组实质上是n个线性表的组合，其每一维都是一个线性表。数组一般采用顺序存储结构，故存储多维数组时，应先将其确定转换为一维结构，转换方式有按"行"转换和按"列"转换两种。科学与工程计算中的矩阵通常用二维数组来表示，为了节省存储空间，对于几种常见形式的特殊矩阵等，比如对称矩阵、三角矩阵和对角矩阵，在存储时可进行压缩存储，即为多个值相同的元只分配一个存储空间，对零元不分配空间。

（3）广义表是另外一种线性表的推广形式，表中的元素可以是称为原子的单个元素，也可以是子表，所以线性表可以看成广义表的特例。广义表的结构相当灵活，在某种前提下，它可以兼容线性表、数组、树和有向图等各种常用的数据结构。广义表的常用操作有取表头和取表尾。广义表通常采用链式存储结构，包括头尾链表的存储结构和扩展线性链表的存储结构。

学习完本章后，读者应掌握串的存储方法，理解串的两种模式匹配算法——BF算法和KMP算法，明确数组和广义表这两种数据结构的特点，掌握数组存储时地址的计算方法，掌握几种特殊矩阵的压缩存储方法，了解广义表的两种链式存储结构。

习题

1. 选择题

（1）串是一种特殊的线性表，其特殊性体现在（　　　）。

  A. 可以采用顺序存储   B. 数据元素是单个字符

  C. 可以采用链式存储   D. 数据元素可以是多个字符

（2）下列关于串的叙述中，不正确的是（　　　）。

  A. 串是字符的有限序列

  B. 空串是由空格构成的串

  C. 模式匹配是串的一种重要运算

  D. 串既可以采用顺序存储，也可以采用链式存储

（3）串"ababaaababaa"的next数组为（　　　）。

  A. 012345678999 B. 012121111212 C. 011234223456 D. 0123012322345

（4）串"ababaabab"的nextval为（　　　）。

  A. 010104101   B. 010102101   C. 010100011   D. 010101011

（5）串的长度是指（　　　）。

    A. 串中所含不同字母的个数　　　　　　B. 串中所含字符的个数

    C. 串中所含不同字符的个数　　　　　　D. 串中所含非空格字符的个数

（6）假设以行序为主序存储二维数组$A[1..100,1..100]$，设每个数据元素占2个存储单元，基地址为10，则LOC[5,5] =（　　　）。

    A. 808　　　　　　　B. 818　　　　　　　C. 1010　　　　　　　D. 1020

（7）设有数组$A[i,j]$，数组的每个元素长度为3字节，i的值为1～8，j的值为1～10，数组从内存首地址BA开始顺序存储，当以列序为主序存储时，元素$A[5,8]$的存储首地址为（　　　）。

    A. BA + 141　　　　B. BA + 180　　　　C. BA + 222　　　　D. BA + 225

（8）设有一个10阶的对称矩阵A，采用压缩存储方式，以行序为主序存储，a_{11}为第一元素，其存储地址为1，每个元素占一个地址空间，则a_{85}的地址为（　　　）。

    A. 13　　　　　　　B. 32　　　　　　　C. 33　　　　　　　D. 40

（9）若对n阶对称矩阵A以行序为主序方式将其下三角形的元素（包括主对角线上所有元素）依次存放于一维数组$B[1...(n(n+1))/2]$中，则在B中确定a_{ij}（$i{<}j$）的位置k的关系为（　　　）。

    A. $i \times (i-1)/2 + j$　　　　　　　　B. $j \times (j-1)/2 + i$

    C. $i \times (i+1)/2 + j$　　　　　　　　D. $j \times (j+1)/2 + i$

（10）二维数组A的每个元素是由10个字符组成的串，其行下标$i =0,1,\cdots,8$，列下标$j =1,2,\cdots,10$。若A以行序为主序存储，元素$A[8, 5]$的起始地址与当A以列序为主序存储时的元素（　　　）的起始地址相同。设每个字符占一个字节。

    A. $A[8, 5]$　　　　B. $A[3, 10]$　　　　C. $A[5, 8]$　　　　D. $A[0, 9]$

（11）设二维数组$A[1.. m,1.. n]$（m行n列）以行序为主序存储在数组$B[1... m \times n]$中，则二维数组元素$A[i,j]$在一维数组B中的下标为（　　　）。

    A. $(i-1) \times n+j$　　　　　　　　B. $(i-1) \times n+j-1$

    C. $i \times (j-1)$　　　　　　　　　　D. $j \times m+i-1$

（12）数组$A[0..4,-1..-3,5..7]$中含有元素的个数为（　　　）。

    A. 55　　　　　　　B. 45　　　　　　　C. 36　　　　　　　D. 16

（13）广义表$A = (a,b,(c,d),(e,(f,g)))$，则Head(Tail(Head(Tail(Tail(A)))))的值为（　　　）。

    A. (g)　　　　　　B. (d)　　　　　　C. c　　　　　　　D. d

（14）广义表$((a,b,c,d))$的表头是（　　　），表尾是（　　　）。

    A. a　　　　　　　B. $()$　　　　　　C. (a, b, c, d)　　　　D. (b, c, d)

（15）设广义表$L = ((a,b,c))$，则L的长度和深度分别为（　　　）。

    A. 1和1　　　　　　B. 1和3　　　　　　C. 1和2　　　　　　D. 2和3

2. 应用题

（1）已知模式串t ="abcaabbabcab"，写出用KMP法求得的每个字符对应的next和nextval函数值。

（2）设目标为t="abcaabbabcabaacbacba"，模式为p ="abcabaa"。

① 计算模式p的nextval函数值；

② 画出利用KMP算法进行模式匹配时每一趟的匹配过程。

（3）数组A中，每个元素$A[i, j]$的长度均为32个二进制位，行下标从-1～9，列下标从1～11，从首地址S开始连续存放在主存储器中，主存储器字长为16位。求：

① 存放该数组所需多少单元？

② 存放数组第4列所有元素至少需多少单元?

③ 数组以行序为主序存储时，元素$A[7, 4]$的起始地址是多少?

④ 数组以列序为主序存储时，元素$A[4, 7]$的起始地址是多少?

（4）请将香蕉（banana）用工具H( )—Head( )、T( )—Tail( )从L中取出。

$$L = (apple, (orange, (strawberry, (banana)), peach), pear)$$

3. 算法设计题

（1）设计一个算法统计在输入字符串中各个不同字符出现的频度并将结果存入文件（字符串中的合法字符为A~Z这26个字母和0~9这10个数字）。

（2）设计一个递归算法来实现字符串逆序存储，要求不另设串存储空间。

（3）设计算法，实现下面函数的功能。函数void insert(char*s, char*t, int pos)将字符串t插入到字符串s中，插入位置为pos。假设分配给字符串s的空间足够让字符串t插入。（说明：不得使用任何库函数）

（4）已知字符串s1中存放一段英文，设计算法format(s1, s2, s3, n)，要求将s1按给定的长度n格式化成两端对齐的字符串存储在s2中（即确保s2长度为n且首尾字符不得为空格），s1多余的字符存储在字符串s3中。

（5）设二维数组$a[1...m，1...n]$含有$m \times n$个整数。

① 设计一个算法判断a中所有元素是否互不相同，输出相关信息（yes/no）。

② 试分析算法的时间复杂度。

（6）设任意n个整数存放于数组$A[1...n]$中，试设计算法，将所有正数排在所有负数前面（要求：算法时间复杂度为$O(n)$）。

第5章
树和二叉树

树结构是一类重要的非线性数据结构。直观来看，树是以分支关系定义的层次结构。树结构在客观世界中广泛存在，如人类社会的族谱和各种社会组织机构都可用树来形象表示。树在计算机领域中也得到广泛应用，尤以二叉树最为常用。如在操作系统中，用树来表示文件目录的组织结构；在编译系统中，用树来表示源程序的语法结构；在数据库系统中，树结构也是信息的重要组织形式之一。本章重点讨论二叉树的存储结构及其各种操作，并研究树和森林与二叉树的转换关系，最后介绍树的应用。

5.1 树和二叉树的定义

5.1.1 树的定义

树（Tree）是n（$n \geq 0$）个结点的有限集，它或为空树（$n = 0$），或为非空树。对于非空树T：

（1）有且仅有一个称之为根的结点；

（2）除根结点以外的其余结点可分为m（$m > 0$）个互不相交的有限集$T_1, T_2, \cdots, T_m$，其中每一个集合本身又是一棵树，并且称为根的子树（SubTree）。

例如，图5.1（a）所示的是只有一个根结点的树；图5.1（b）所示的是有13个结点的树，其中A是根，其余结点分成3个互不相交的子集：$T_1 = \{B, E, F, K, L\}$，$T_2 = \{C, G\}$，$T_3 = \{D, H, I, J, M\}$。T_1、T_2和T_3都是根A的子树，且是本身也是一棵树。例如T_1，其根为B，其余结点分为两个互不相交的子集：$T_{11} = \{E, K, L\}$，$T_{12} = \{F\}$。T_{11}和T_{12}都是B的子树。而T_{11}中E是根，$\{K\}$和$\{L\}$是E的两棵互不相交的子树，其本身又是只有一个根结点的树。

树的结构定义是一个递归的定义，即在树的定义中又用到树的定义，它道出了树的固有特性。树还可有其他表示形式，图5.2所示为图5.1（b）中树的各种表示。其中图5.2（a）是以嵌套集合（即一些集合的集体，对于其中任何两个集合，或者不相交，或者一个包含另一个）的形式表示的；图5.2（b）是以广义表的形式表示的，根作为由子树森林组成的表的名字写在表的左边；图5.2（c）用的是凹入表示法（类似书的编目）。表示方法的多样化，正说明了树结构在日常生活中及计算机程序设计中的重要性。一般来说，分等级的分类方案都可用层次结构来表示，也就是说，都可由树结构来表示。

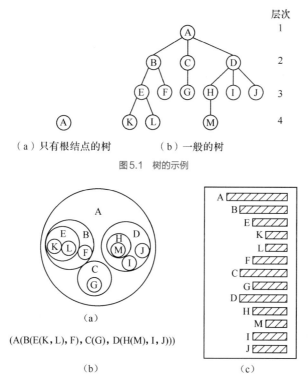

图5.1 树的示例

(A(B(E(K, L), F), C(G), D(H(M), I, J)))

图5.2 树的其他3种表示法

下面介绍树结构中的一些基本术语。

5.1.2 树的基本术语

（1）**结点**：树中的一个独立单元。包含一个数据元素及若干指向其子树的分支，如图5.1（b）中的A、B、C、D等。（下面术语均以图5.1（b）为例来说明。）

（2）**结点的度**：结点拥有的子树数称为结点的度。例如，A的度为3，C的度为1，F的度为0。

（3）**树的度**：树的度是树内各结点度的最大值。图5.1（b）所示的树的度为3。

（4）**叶子**：度为0的结点称为叶子或终端结点。结点K、L、F、G、M、I、J都是树的叶子。

（5）**非终端结点**：度不为0的结点称为非终端结点或分支结点。除根结点之外，非终端结点也称为内部结点。

（6）**双亲和孩子**：结点的子树的根称为该结点的孩子，相应地，该结点称为孩子的双亲。例如，B的双亲为A，B的孩子有E和F。

（7）**兄弟**：同一个双亲的孩子之间互称兄弟。例如，H、I和J互为兄弟。

（8）**祖先**：从根到该结点所经分支上的所有结点。例如，M的祖先为A、D和H。

（9）**子孙**：以某结点为根的子树中的任一结点都称为该结点的子孙。如B的子孙为E、K、L和F。

（10）**层次**：结点的层次从根开始定义，根为第一层，根的孩子为第二层。树中任一结点的层次等于其双亲结点的层次加1。

（11）**堂兄弟**：双亲在同一层的结点互为堂兄弟。例如，结点G与E、F、H、I、J互为堂兄弟。

（12）**树的深度**：树中结点的最大层次称为树的深度或高度。图5.1（b）所示的树的深度为4。

（13）**有序树和无序树**：如果将树中结点的各子树看成从左至右是有次序的（不能互换），则称该树为有序树，否则称为无序树。在有序树中最左边的子树的根称为第一个孩子，最右边的称为最后一个孩子。

（14）**森林**：m（$m \geq 0$）棵互不相交的树的集合。对树中每个结点而言，其子树的集合即为森林。由此，也可以用森林和树相互递归的定义来描述树。

就逻辑结构而言，任何一棵树都是一个二元组$Tree = (root , F)$，其中$root$是数据元素，称作树的根结点；F是包含m（$m \geq 0$）棵树的森林，$F = (T_1, T_2, \cdots, T_m)$，其中$T_i = (r_i, F_i)$称作根$root$的第$i$棵子树；当$m \neq 0$时，在树根和其子树森林之间存在下列关系：

$$RF = \left\{ <root, r_i> \mid i = 1, 2, \cdots; m, m > 0 \right\}$$

这个定义将有助于得到森林和树与二叉树之间转换的递归定义。

5.1.3 二叉树的定义

二叉树（Binary Tree）是n（$n \geq 0$）个结点所构成的集合，它或为空树（$n = 0$），或为非空树。对于非空树T：

（1）有且仅有一个称之为根的结点；

（2）除根结点以外的其余结点分为两个互不相交的子集T_1和T_2，分别称为T的左子树和右子树，且T_1和T_2本身又都是二叉树。

二叉树与树一样具有递归性质，二叉树与树的区别主要有以下两点：

（1）二叉树每个结点至多只有两棵子树（二叉树中不存在度大于2的结点）；

（2）二叉树的子树有左右之分，其次序不能任意颠倒。

二叉树的递归定义表明二叉树或为空，或由一个根结点加上两棵分别称为左子树和右子树的、互不相交的二叉树组成。由于这两棵子树也是二叉树，则由二叉树的定义，它们也可以是空树。由此，二叉树可以有5种基本形态，如图5.3所示。

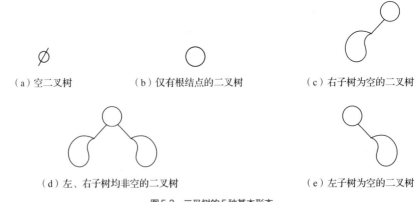

（a）空二叉树　　　（b）仅有根结点的二叉树　　　（c）右子树为空的二叉树

（d）左、右子树均非空的二叉树　　　（e）左子树为空的二叉树

图5.3　二叉树的5种基本形态

5.1.2小节中引入的有关树的术语都适用于二叉树。

5.2 案例引入

随着大数据时代的到来，如何采用有效的数据压缩技术来节省数据文件的存储空间和网络传输时间，越来越引起人们的重视。

案例5.1：数据压缩问题。

在数据通信、数据压缩问题中，需要将数据文件转换成由二进制字符0、1组成的二进制串，称之为编码。

假设待压缩的数据为"abcdabcdaaaabbbdd"，文件中只包含a、b、c、d这4种字符，如果采用等长编码，每个字符编码取两位即可，表5.1（a）所示为一种等长编码方案。上述数据为18个字符，其编码总长度为36位。但这并非最优的编码方案，因为每个字符出现的频率不同，如果在编码时考虑字符出现的频率，使频率高的字符采用尽可能短的编码，频率低的字符采用稍长的编码，来构造一种不等长编码，则会获得更高的空间利用率，这也是文件压缩技术的核心思想。表5.1（b）所示为一种不等长编码方案，采用这种编码方案时，其编码总长度为35位。但对于不等长编码，如果设计得不合理，便会给解码带来困难。例如，对于表5.1（c）所示的另一种不等长编码方案，上述数据编码后为"0010101110010101110000010101111111"。但是，这样的编码数据无法翻译，例如，传送过去的字符串中前4个字符的子串"0010"就可有不同的译法，或是"aba"，或是"ac"。因此，若要设计长短不等的编码，必须满足一个条件：任何一个字符的编码都不是另一个字符的编码的前缀。表5.1（b）所示的编码方案便满足这个条件。

那么如何设计有效的用于数据压缩的二进制编码呢？我们可以利用一种特殊的树结构——哈夫曼树来设计。表5.1（b）所示的编码是以字符a、b、c、d在数据串"abcdabcdaaaabbbdd"中出现的次数7、5、2、4为权值，构造如图5.4所示的哈夫曼树，其4个叶子结点分别表示a、b、c、d这4个字符，且约定左分支标记为0，右分支标记为1，则根结点到每个叶子结点路径上的0、1序列即相应字符的编码。由图5.4所得a、b、c、d的二进制编码分别为0、10、110和111。

有关哈夫曼树的构造及其编码设计的具体内容，将在5.7节详细介绍。

表 5.1   3 种不同的编码方案

（a）等长编码方案

字符	编码
a	00
b	01
c	10
d	11

（b）不等长编码方案1

字符	编码
a	0
b	10
c	110
d	111

（c）不等长编码方案2

字符	编码
a	0
b	01
c	010
d	111

案例5.2：利用二叉树求解表达式的值。

一般情况下，一个表达式由一个运算符和两个操作数构成，两个操作数之间有次序之分，并且操作数本身也可以是表达式。这个结构类似于二叉树，因此可以利用二叉树来表示表达式。

以二叉树表示表达式的递归定义如下：

（1）若表达式为数或简单变量，则相应二叉树中仅有一个根结点，其数据域存放该表达式信息；

（2）若表达式为"第一操作数 运算符 第二操作数"的形式，则相应的二叉树中以左子树表示第一操作数，以右子树表示第二操作数，根结点的数据域存放运算符（若为一元运算符，则左子树为空），其中，操作数本身又为表达式。

图5.5所示的二叉树表示表达式$a + b *(c - d)- e / f$，在二叉树中表达式中并无括号，但其结构却有效地表达了其运算符间的运算次序。利用二叉树的遍历等操作，可实现表达式的求值运算，有关内容将在5.8节详细介绍。

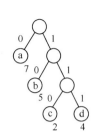

图5.4　哈夫曼树及编码示例

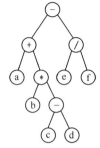

图5.5　表示表达式a + b *(c-d)-e/f的二叉树

5.3　树和二叉树的抽象数据类型定义

根据树的结构定义，加上树的一组基本操作，就构成了如下树的抽象数据类型定义。

ADT Tree{

　数据对象D：D是具有相同特性的数据元素的集合。

　数据关系R：若D为空集，则称为空树。

　　若D仅含一个数据元素，则R为空集，否则R={H}，H是如下二元关系：

　　（1）在D中存在唯一的称为根的数据元素root，它在关系H下无前驱；

　　（2）若D-{root}≠∅，则存在D-{root}的一个划分D_1，D_2，…，D_m（m > 0），对任意j≠k（1≤j，k≤m）有$D_j \cap D_k = \varnothing$，且对任意i（1≤i≤m），唯一存在数据元素$x_i \in D_i$，有< root,$x_i$ >∈H；

　　（3）对应于D-{root}的划分，H-{ < root,x_1 >，…，< root,x_m > }有唯一的一个划分H_1，H_2，…，H_m（m > 0），对任意j≠k（1≤j，k≤m）有$H_j \cap H_k = \varnothing$，且对任意i（1≤i≤m），$H_i$是$D_i$上的二元关系，（$D_i$，{$H_i$}）是一棵符合本定义的树，称为根root的子树。

　基本操作P：

　　InitTree(&T)

　　　操作结果：构造空树T。

　　DestroyTree(&T)

　　　初始条件：树T存在。

　　　操作结果：销毁树T。

　　CreateTree(&T,definition)

　　　初始条件：definition给出树T的定义。

　　　操作结果：按definition构造树T。

　　ClearTree(&T)

　　　初始条件：树T存在。

　　　操作结果：将树T清为空树。

　　TreeEmpty(T)

　　　初始条件：树T存在。

　　　操作结果：若T为空树，则返回true，否则false。

　　TreeDepth(T)

　　　初始条件：树T存在。

　　　操作结果：返回T的深度。

　　Root(T)

　　　初始条件：树T存在。

　　　操作结果：返回T的根。

　　Value(T,cur_e)

　　　初始条件：树T存在，cur_e是T中某个结点。

　　　操作结果：返回cur_e的值。

　　Assign(T,cur_e,value)

初始条件：树 T 存在，cur_e 是 T 中某个结点。

　　操作结果：结点 cur_e 赋值为 value。

　　Parent(T,cur_e)

初始条件：树 T 存在，cur_e 是 T 中某个结点。

　　操作结果：若 cur_e 是 T 的非根结点，则返回它的双亲，否则函数值为"空"。

　　LeftChild(T,cur_e)

初始条件：树 T 存在，cur_e 是 T 中某个结点。

　　操作结果：若 cur_e 是 T 的非叶子结点，则返回它的最左孩子，否则返回"空"。

　　RightSibling(T,cur_e)

初始条件：树 T 存在，cur_e 是 T 中某个结点。

　　操作结果：若 cur_e 有右兄弟，则返回它的右兄弟，否则函数值为"空"。

　　InsertChild(&T,p,i,c)

初始条件：树 T 存在，p 指向 T 中某个结点，$i+1 (1 \leq i \leq p)$ 为所指结点的度，非空树 c 与 T 不相交。

　　操作结果：插入 c 为 T 中 p 指结点的第 i 棵子树。

　　DeleteChild(&T,p,i)

初始条件：树 T 存在，p 指向 T 中某个结点，$i+1 (1 \leq i \leq p)$ 为所指结点的度。

　　操作结果：删除 T 中 p 所指结点的第 i 棵子树。

　　TraverseTree(T)

初始条件：树 T 存在。

　　操作结果：按某种次序对 T 的每个结点访问一次。

} ADT Tree

二叉树的抽象数据类型定义如下：

ADT BinaryTree{

　　数据对象 D：D 是具有相同特性的数据元素的集合。

　　数据关系 R：

　　　若 D=∅，则 R=∅，称 BinaryTree 为空二叉树；

　　　若 D≠∅，则 R={H}，H 是如下二元关系：

　　　（1）在 D 中存在唯一的称为根的数据元素 root，它在关系 H 下无前驱；

　　　（2）若 D-{root}≠∅，则存在 D-{root}={D_l, D_r}，且 $D_l \cap D_r = \varnothing$；

　　　（3）若 $D_l \neq \varnothing$，则 D_l 中存在唯一的元素 x_l，< root，x_l > ∈ H，且存在 D_l 上的关系 $H_l \subset H$；若 $D_r \neq \varnothing$，

　　　　则 D_r 中存在唯一的元素 x_r，< root，x_r > ∈ H，且存在 D_r 上的关系 $H_r \subset H$；H={ < root，x_l >，< root，x_r >，H_l，H_r }；

　　　（4）（D_l，{H_l}）是一棵符合本定义的二叉树，称为根的左子树；（D_r，{H_r}）是一棵符合本定义的二叉树，称为根的右子树。

　　基本操作 P：

　　InitBiTree(&T)

　　操作结果：构造空二叉树 T。

　　DestroyBiTree(&T)

初始条件：二叉树 T 存在。

　　操作结果：销毁二叉树 T。

　　CreateBiTree(&T,definition)

初始条件：definition 给出二叉树 T 的定义。

　　操作结果：按 definition 构造二叉树 T。

　　ClearBiTree(&T)

初始条件：二叉树 T 存在。

　　操作结果：将二叉树 T 清为空树。

　　BiTreeEmpty(T)

初始条件：二叉树 T 存在。

操作结果：若T为空二叉树，则返回true，否则返回false。

BiTreeDepth(T)

初始条件：二叉树T存在。

操作结果：返回T的深度。

Root(T)

初始条件：二叉树T存在。

操作结果：返回T的根。

Value(T,e)

初始条件：二叉树T存在，e是T中某个结点。

操作结果：返回e的值。

Assign(T,&e,value)

初始条件：二叉树T存在，e是T中某个结点。

操作结果：结点e赋值为value。

Parent(T,e)

初始条件：二叉树T存在，e是T中某个结点。

操作结果：若e是T的非根结点，则返回它的双亲，否则返回"空"。

LeftChild(T,e)

初始条件：二叉树T存在，e是T中某个结点。

操作结果：返回e的左孩子。若e无左孩子，则返回"空"。

RightChild(T,e)

初始条件：二叉树T存在，e是T中某个结点。

操作结果：返回e的右孩子。若e无右孩子，则返回"空"。

LeftSibling(T,e)

初始条件：二叉树T存在，e是T中某个结点。

操作结果：返回e的左兄弟。若e是T的左孩子或无左兄弟，则返回"空"。

RightSibling(T,e)

初始条件：二叉树T存在，e是T中某个结点。

操作结果：返回e的右兄弟。若e是T的右孩子或无右兄弟，则返回"空"。

InsertChild(&T,p,LR,c)

初始条件：二叉树T存在，p指向T中某个结点，LR为0或1，非空二叉树c与T不相交且右子树为空。

操作结果：根据LR为0或1，插入c为T中p所指结点的左或右子树。p所指结点的原有左或右子树则成为c的右子树。

DeleteChild(&T,p,LR)

初始条件：二叉树T存在，p指向T中某个结点，LR为0或1。

操作结果：根据LR为0或1，删除T中p所指结点的左或右子树。

PreOrderTraverse(T)

初始条件：二叉树T存在。

操作结果：先序遍历T，对每个结点访问一次。

InOrderTraverse(T)

初始条件：二叉树T存在。

操作结果：中序遍历T，对每个结点访问一次。

PostOrderTraverse(T)

初始条件：二叉树T存在。

操作结果：后序遍历T，对每个结点访问一次。

LevelOrderTraverse(T)

初始条件：二叉树T存在。

操作结果：层序遍历T，对每个结点访问一次。

} **ADT BinaryTree**

5.4 二叉树的性质和存储结构

5.4.1 二叉树的性质

二叉树具有下列重要特性。

性质1 在二叉树的第i层上至多有2^{i-1}（$i \geq 1$）个结点。

证明：利用归纳法容易证得此性质。

$i = 1$时，只有一个根结点。显然，$2^{i-1} = 2^0 = 1$是对的。

现在假定对所有的j（$1 \leq j < i$），命题成立，即第j层上至多有2^{j-1}个结点。那么，可以证明$j = i$时命题也成立。

由归纳假设：第$i-1$层上至多有2^{i-2}个结点。由于二叉树每个结点的度至多为2，故在第i层上的最大结点数为在第$i-1$层上的最大结点数的2倍，即$2 \times 2^{i-2} = 2^{i-1}$。

性质2 深度为k的二叉树至多有2^k-1（$k \geq 1$）个结点。

证明：由性质1可见，深度为k的二叉树的最大结点数为：

$$\sum_{i=1}^{k} (第\ i\ 层上的最大结点数) = \sum_{i=1}^{k} 2^{i-1} = 2^k - 1$$

性质3 对任何一棵非空二叉树T，如果其终端结点数为n_0，度为2的结点数为n_2，则$n_0 = n_2 + 1$。

证明：设n_1为二叉树T中度为1的结点数。因为二叉树中所有结点的度均小于或等于2，所以其结点总数为：

$$n = n_0 + n_1 + n_2 \tag{5-1}$$

再看二叉树中的分支数。除了根结点外，其余结点都有一个分支进入，设B为分支总数，则$n = B + 1$。由于这些分支是由度为1或2的结点射出的，因此又有$B = n_1 + 2n_2$。

于是得：

$$n = n_1 + 2n_2 + 1 \tag{5-2}$$

由式（5-1）和式（5-2）得：

$$n_0 = n_2 + 1$$

现在介绍两种特殊形态的二叉树，它们是满二叉树和完全二叉树。

满二叉树：深度为k且含有2^k-1个结点的二叉树。图5.6（a）所示是一棵深度为4的满二叉树。

满二叉树的特点是：每一层上的结点数都是最大结点数，即每一层i的结点数都具有最大值2^{i-1}。

可以对满二叉树的结点进行连续编号，约定编号从根结点起，自上而下，自左至右。由此可引出完全二叉树的定义。

完全二叉树：深度为k的、有n个结点的二叉树，当且仅当其每一个结点都与深度为k的满二叉树中编号从1至n的结点一一对应时，称之为完全二叉树。图5.6（b）所示为一棵深度为4的完全二叉树。

完全二叉树的特点是：

（1）叶子结点只可能在层次最大的两层上出现；

（2）对任一结点，若其右分支下的子孙的最大层次为l，则其左分支下的子孙的最大层次必为l或$l+1$。图5.6（c）和图5.6（d）所示的不是完全二叉树。

完全二叉树在很多场合下出现，下面的性质4和性质5是完全二叉树的两个重要特性。

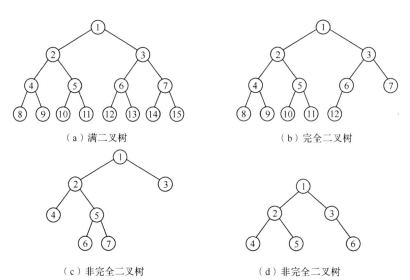

（a）满二叉树　　　　　　　　　　（b）完全二叉树

（c）非完全二叉树　　　　　　　　　（d）非完全二叉树

图5.6　特殊形态的二叉树

性质4　具有n个结点的完全二叉树的深度为$\lfloor \log_2 n \rfloor + 1$[①]。

证明：假设深度为k，则根据性质2和完全二叉树的定义有

$$2^{k-1}-1 < n \leq 2^k-1 \quad 或 \quad 2^{k-1} \leq n < 2^k$$

于是$k-1 \leq \log_2 n < k$，因为k是整数，所以$k = \lfloor \log_2 n \rfloor + 1$。

性质5　如果对一棵有n个结点的完全二叉树（其深度为$\lfloor \log_2 n \rfloor + 1$）的结点按层序编号（从第1层到第$\lfloor \log_2 n \rfloor + 1$层，每层从左到右），则对任一结点$i$（$1 \leq i \leq n$），以下结论成立。

（1）如果$i=1$，则结点i是二叉树的根，无双亲；如果$i>1$，则其双亲PARENT(i)是结点$\lfloor i/2 \rfloor$。

（2）如果$2i>n$，则结点i无左孩子（结点i为叶子结点）；否则其左孩子LCHILD(i)是结点$2i$。

（3）如果$2i+1>n$，则结点i无右孩子；否则其右孩子RCHILD(i)是结点$2i+1$。

在此省略证明过程，读者可由图5.7直观地看出性质5所描述的结点与编号的对应关系。

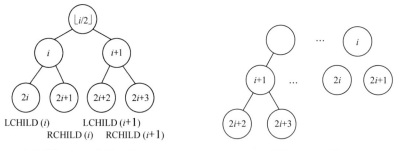

（a）结点i和$i+1$在同一层上　　　　　　（b）结点i和$i+1$不在同一层上

图5.7　完全二叉树中结点i和$i+1$的左、右孩子

5.4.2　二叉树的存储结构

类似线性表，二叉树的存储结构也可采用顺序存储和链式存储两种方式。

1．顺序存储结构

```
//----- 二叉树的顺序存储表示 -----
#define  MAXTSIZE 100                               //二叉树的最大结点数
```

① 符号$\lfloor x \rfloor$表示不大于x的最大整数，反之，$\lceil x \rceil$表示不小于x的最小整数。

```
typedef  TElemType SqBiTree[MAXTSIZE];        //0号单元存储根结点
SqBiTree  bt;
```

　　顺序存储结构使用一组地址连续的存储单元来存储数据元素。为了能够在存储结构中反映出结点之间的逻辑关系，必须将二叉树中的结点依照一定的规律安排在这组单元中。

　　对于完全二叉树，只要从根起按层序存储即可，依次自上而下、自左至右存储结点元素，即将完全二叉树上编号为i的结点元素存储在如上定义的一维数组中下标为$i-1$的分量中。例如，图5.8（a）所示为图5.6（b）所示完全二叉树的顺序存储结构。

　　对于一般二叉树，则应将其每个结点与完全二叉树上的结点相对照，存储在一维数组的相应分量中。图5.6（c）所示二叉树的顺序存储结构如图5.8（b）所示，图中以"0"表示不存在此结点。

1	2	3	4	5	6	7	8	9	10	11	12

1	2	3	4	5	0	0	0	0	6	7

（a）完全二叉树　　　　　　　　　　　　　　　（b）一般二叉树

图5.8　二叉树的顺序存储结构

　　由此可见，这种顺序存储结构仅适用于完全二叉树。因为，在最坏的情况下，一个深度为k且只有k个结点的单支树（树中不存在度为2的结点）却需要长度为2^k-1的一维数组。这造成了存储空间的极大浪费，所以对于一般二叉树，更适合采取下面的链式存储结构。

2. 链式存储结构

　　设计不同的结点结构可构成不同形式的链式存储结构。由二叉树的定义得知，二叉树的结点[见图5.9（a）]由一个数据元素和分别指向其左、右子树的两个分支构成，则表示二叉树的链表中的结点至少包含3个域：数据域和左、右指针域，如图5.9（b）所示。有时，为了便于找到结点的双亲，还可在结点结构中增加一个指向其双亲结点的指针域，如图5.9（c）所示。利用这两种结点结构所得二叉树的存储结构分别称为二叉链表和三叉链表，图5.10（a）为单支树的二叉链表，图5.10（b）和图5.10（c）分别为非单支树的二叉链表和三叉链表。链表的头指针指向二叉树的根结点。容易证得，在含有n个结点的二叉链表中有$n+1$个空链域。在5.5节中将会看到可以利用这些空链域存储其他有用信息，从而得到另一种链式存储结构——线索链表。

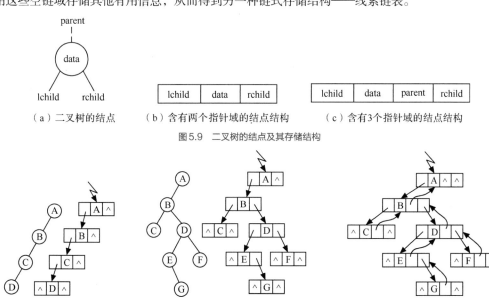

lchild	data	rchild

lchild	data	parent	rchild

（a）二叉树的结点　　（b）含有两个指针域的结点结构　　（c）含有3个指针域的结点结构

图5.9　二叉树的结点及其存储结构

（a）单支树的二叉链表　　　　　　（b）二叉链表　　　　　　　（c）三叉链表

图5.10　链表存储结构

在不同的存储结构中，实现二叉树的操作方法也不同，如找结点x的双亲PARENT(T, e)，在三叉链表中很容易实现，而在二叉链表中则需从根指针出发巡查。由此，在具体应用中采用什么存储结构，除考虑二叉树的形态之外还应考虑需进行何种操作。读者可尝试以5.4.1节中定义的各种操作对以上定义的各种存储结构进行比较。5.5节的二叉树遍历及其应用的算法均采用以下定义的二叉链表实现。

```
//- - - - -二叉树的二叉链表存储表示- - - - -
typedef struct BiTNode{
    TElemType data;                          //结点数据域
    struct BiTNode *lchild,*rchild;          // 左右孩子指针
}BiTNode,*BiTree;
```

5.5 遍历二叉树和线索二叉树

在二叉树的一些应用中，常常要求在树中查找具有某种特征的结点，或者是对树中的全部结点逐一进行处理，这就提出了一个遍历二叉树的问题。线索二叉树是在第一次遍历时将结点的前驱、后继信息存储下来，便于再次遍历二叉树。

5.5.1 遍历二叉树

1. 遍历二叉树算法描述

遍历二叉树（traversing binary tree）是指按某条搜索路径巡访树中每个结点，使得每个结点均被访问一次，而且仅被访问一次。访问的含义很广，可以是对结点进行各种处理，包括输出结点的信息，对结点进行运算和修改等。遍历二叉树是二叉树最基本的操作，也是二叉树其他各种操作的基础。遍历的实质是对二叉树进行线性化，即遍历的结果是将非线性结构树中的结点排成一个线性序列。由于二叉树的每个结点都可能有两棵子树，因而需要寻找一种规律，以便使二叉树上的结点能排列在一个线性队列上，从而便于遍历。

回顾二叉树的递归定义可知，二叉树由3个基本单元组成：根结点、左子树和右子树。因此，若能依次遍历这3个部分，便是遍历了整个二叉树。假如用L、D、R分别表示遍历左子树、访问根结点和遍历右子树，则可有DLR、LDR、LRD、DRL、RDL、RLD这6种遍历二叉树的方案。若限定先左后右，则只有前3种情况，分别称之为先（根）序遍历、中（根）序遍历和后（根）序遍历。基于二叉树的递归定义，可得下述遍历二叉树的递归算法定义。

先序遍历二叉树的操作定义如下：

若二叉树为空，则操作为空；否则

（1）访问根结点；

（2）先序遍历左子树；

（3）先序遍历右子树。

中序遍历二叉树的操作定义如下：

若二叉树为空，则操作为空；否则

（1）中序遍历左子树；

（2）访问根结点；

（3）中序遍历右子树。

后序遍历二叉树的操作定义如下：

若二叉树为空，则操作为空；否则

（1）后序遍历左子树；

（2）后序遍历右子树；

（3）访问根结点。

例如，图5.5所示的二叉树表示下述表达式：

$$a + b*(c - d) - e/f$$

若先序遍历此二叉树，按访问结点的先后次序将结点排列起来，可得到二叉树的先序序列为：

$$-+a*b-cd/ef \tag{5-3}$$

类似地，中序遍历此二叉树，可得此二叉树的中序序列为：

$$a+b*c-d-e/f \tag{5-4}$$

后序遍历此二叉树，可得此二叉树的后序序列为：

$$abcd-*+ef/- \tag{5-5}$$

从表达式来看，以上3个序列（5-3）～（5-5）恰好为表达式的前缀表示（波兰式）、中缀表示和后缀表示（逆波兰式）。

算法5.1给出了中序遍历二叉树基本操作的递归算法在二叉链表上的实现，算法将结点的访问简化成数据的输出。

中序遍历的
递归算法

算法5.1　中序遍历的递归算法

【算法描述】

```
void InOrderTraverse(BiTree T)
{//中序遍历二叉树T的递归算法
   if(T)                                   //若二叉树非空
   {
      InOrderTraverse(T-> lchild);         //中序遍历左子树
      cout<<T-> data;                      //访问根结点
      InOrderTraverse(T-> rchild);         //中序遍历右子树
   }
}
```

只要改变输出语句的顺序，读者便可类似地实现先序遍历和后序遍历的递归算法，此处不再一一列举。

从上述二叉树遍历的定义可知，3种遍历算法不同之处仅在于访问根结点和遍历左、右子树的先后关系。如果在算法中暂且抹去和递归无关的cout语句，则3个遍历算法完全相同。由此，从递归执行过程的角度来看，先序、中序和后序遍历也是完全相同的。图5.11（b）中用带箭头的虚线表示了这3种遍历算法的递归执行过程。其中，向下的箭头表示更深一层的递归调用，向上的箭头表示从递归调用退出返回；虚线旁三角形、圆形和方形内的字符分别表示在先序、中序和后序遍历二叉树过程中访问结点时输出的信息。例如，由于中序遍历中访问结点是在遍历左子树之后、遍历右子树之前进行的，则带圆形的字符标在向左递归返回和向右递归调用之间。由此，只要沿虚线从1出发到2结束，将沿途所见的三角形（或圆形，或方形）内的字符记下，便得到遍历二叉树的先序（或中序，或后序）序列。例如，从图5.11（b）分别可得图5.11（a）所示表达式的前缀表示（-*abc）、中缀表示（a*b-c）和后缀表示（ab*c-）。

根据3.4.4小节的内容，可利用栈将递归算法改写成非递归算法，如算法5.2所示。例如，从中序遍历递归算法执行过程中递归工作栈的状态可见：

（1）工作记录中包含两项，其一是递归调用的语句编号，其二是指向根结点的指针，则当栈顶记录中的指针非空时，应遍历左子树，即指向左子树根的指针进栈；

（2）若栈顶记录中的指针值为空，则应退至上一层，若是从左子树返回，则应访问当前层（栈顶记录）中指针所指的根结点；

（3）若是从右子树返回，则表明当前层的遍历结束，应继续退栈。从另一个角度看，这意味着遍历右子树时不再需要保存当前层的根指针，直接修改栈顶记录中的指针即可。

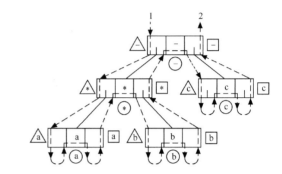

（a）表达式a＊b-c的二叉树　　　　　　　　　　　　　　　　　（b）遍历的递归执行过程

图5.11　3种遍历过程示意

算法5.2　中序遍历的非递归算法

【算法步骤】

① 初始化一个空栈S，指针p指向根结点。

② 申请一个结点空间q，用来存放栈顶弹出的元素。

③ 当p非空或者栈S非空时，循环执行以下操作：

● 如果p非空，则使p进栈，p指向该结点的左孩子；

● 如果p为空，则弹出栈顶元素并访问根结点，将p指向该结点的右孩子。

中序遍历的非递归算法

【算法描述】

```
void InOrderTraverse(BiTree T)
{//中序遍历二叉树T的非递归算法
    InitStack(S);p=T;
    q=new BiTNode;
    while(p||!StackEmpty(S))
    {
        if(p)                      //p非空
        {
            Push(S,p);             //根指针进栈
            p=p->lchild;           //根指针进栈，遍历左子树
        }
        else                       //p为空
        {
            Pop(S,q);              //退栈
            cout<<q->data;         //访问根结点
            p=q->rchild;           //遍历右子树
        }
    }                              // while
}
```

按上述算法，图5.11（a）所示的二叉树的中序非递归遍历的栈S的变化过程如图5.12所示。

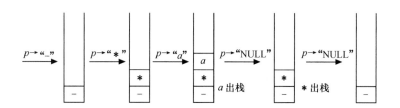

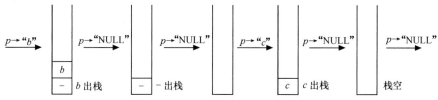

图5.12　非递归中序遍历时栈S的变化情况

【算法分析】

无论是递归还是非递归遍历二叉树，因为每个结点被访问一次，则不论按哪一种次序进行遍历，对含n个结点的二叉树，其时间复杂度均为$O(n)$。所需辅助空间为遍历过程中栈的最大容量，即树的深度，最坏情况下为n，则空间复杂度也为$O(n)$。

二叉树的先序、中序和后序遍历是最常用的3种遍历方式。此外，还有一种按层次遍历二叉树的方式，这种方式按照"从上到下，从左到右"的顺序遍历二叉树，即先遍历二叉树第一层的结点，然后是第二层的结点，直到最底层的结点，对每一层的遍历按照从左到右的次序进行。例如，图5.11（a）所示的二叉树的层次遍历序列是-*cab。层次遍历不是一个递归过程，层次遍历算法的实现可以借助队列这种数据结构，这里不进行详细讨论，算法留给读者自行完成。

2. 根据遍历序列确定二叉树

从前面讨论的二叉树的遍历知道，若二叉树中各结点的值均不相同，任意一棵二叉树结点的先序序列、中序序列和后序序列都是唯一的。反过来，若已知二叉树遍历的任意两种序列，能否确定这棵二叉树呢？这样确定的二叉树是否是唯一的呢？

由二叉树的先序序列和中序序列，或由其后序序列和中序序列均能唯一地确定一棵二叉树。

根据定义，二叉树的先序遍历是先访问根结点，其次按先序遍历方式遍历根结点的左子树，最后按先序遍历方式遍历根结点的右子树。这就是说，在先序序列中，第一个结点一定是二叉树的根结点。另一方面，中序遍历是先遍历左子树，然后访问根结点，最后遍历右子树。这样，根结点在中序序列中必然将中序序列分割成两个子序列，前一个子序列是根结点的左子树的中序序列，而后一个子序列是根结点的右子树的中序序列。根据这两个子序列，在先序序列中找到对应的左子序列和右子序列。在先序序列中，左子序列的第一个结点是左子树的根结点，右子序列的第一个结点是右子树的根结点。这样，就确定了二叉树的3个结点。同时，左子树和右子树的根结点又可以分别把左子序列和右子序列划分成两个子序列，如此递归下去，当取尽先序序列中的结点时，便可以得到一棵二叉树。

同理，由二叉树的后序序列和中序序列也可唯一地确定一棵二叉树。因为，依据后序遍历和中序遍历的定义，后序序列的最后一个结点，就如同先序序列的第一个结点一样，可将中序序列分成两个子序列，分别为这个结点左子树的中序序列和右子树的中序序列，再拿出后序序列的倒数第二个结点，并继续分割中序序列，如此递归下去，当倒着取尽后序序列中的结点时，便可以得到一棵二叉树。

【例5.1】 已知一棵二叉树的中序序列和后序序列分别是BDCEAFHG和DECBHGFA，请画出这棵二叉树。

（1）由后序遍历特征，根结点必在后序序列尾部，即根结点是A；

（2）由中序遍历特征，根结点必在其中间，而且其左部必全部是左子树子孙（BDCE），其右部必全部是右子树子孙（FHG）；

（3）继而，根据后序中的DECB子树可确定B为A的左孩子，根据HGF子树可确定F为A的右孩子；依次类推，可以唯一地确定一棵二叉树，如图5.13所示。

但是，由一棵二叉树的先序序列和后序序列不能唯一确定一棵二叉树，因为无法确定左右子树两部分。例如，如果有先序序列AB、后序序列BA，因为无法确定B为左子树还是右子树，所以可得到如图5.14所示的两棵不同的二叉树。

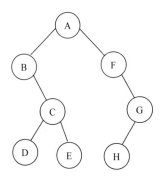

图5.13　由中序序列和后序序列确定的二叉树

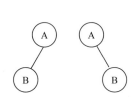

图5.14　两棵不同的二叉树

3. 二叉树遍历算法的应用

"遍历"是二叉树各种操作的基础，假设访问结点的具体操作不仅仅局限于输出结点数据域的值，而把"访问"延伸到对结点的判别、计数等其他操作，可以解决一些关于二叉树的其他实际问题。如果在遍历过程中生成结点，这样便可建立二叉树的存储结构。

（1）创建二叉树的存储结构——二叉链表

为简化问题，设二叉树中结点的元素均为单字符。假设按先序遍历的顺序建立二叉链表，T为指向根结点的指针，对于给定的一个字符序列，依次读入字符，从根结点开始，递归创建二叉树。

算法5.3　按照先序遍历的顺序建立二叉链表

【算法步骤】

① 读取字符序列，读入字符ch。

② 如果ch是一个"#"字符，则表明该二叉树为空树，即T为NULL；否则执行以下操作：

- 申请一个结点空间T；
- 将ch赋给T->data；
- 递归创建T的左子树；
- 递归创建T的右子树。

先序遍历的顺序建立二叉链表

【算法描述】

```
void CreateBiTree(BiTree &T)
```

```
{//按先序次序输入二叉树中结点的值(单字符),创建二叉链表表示的二叉树T
  cin>>ch;
  if(ch=='#') T=NULL;                        //递归结束,建空树
  else                                        //递归创建二叉树
  {
    T=new BiTNode;                            //生成根结点
    T->data=ch;                               //根结点数据域置为ch
    CreateBiTree(T->lchild);                  //递归创建左子树
    CreateBiTree(T->rchild);                  //递归创建右子树
  }                                           //else
}
```

例如,对图5.10(b)所示的二叉树,读入字符的顺序为ABC##DE#G##F###(其中#表示空树),可建立相应的二叉链表。

（2）复制二叉树

复制二叉树就是利用已有的一棵二叉树复制得到另外一棵与其完全相同的二叉树。根据二叉树的特点,复制步骤如下:若二叉树不空,则首先复制根结点,这相当于二叉树先序遍历算法中访问根结点的语句;然后分别复制二叉树根结点的左子树和右子树,这相当于先序遍历中递归遍历左子树和右子树的语句。因此,复制函数的实现与二叉树先序遍历的实现非常类似。

算法5.4 复制二叉树

【算法步骤】

如果是空树,递归结束,否则执行以下操作:

● 申请一个新结点空间,复制根结点;

● 递归复制左子树;

● 递归复制右子树。

复制二叉树

【算法描述】

```
void Copy(BiTree T,BiTree &NewT)
{//复制一棵和T完全相同的二叉树
  if(T==NULL)                                 //如果是空树,递归结束
  {
    NewT=NULL;
    return;
  }
  else
  {
    NewT=new BiTNode;
    NewT->data=T->data;                       //复制根结点
    Copy(T->lchild,NewT->lchild);             //递归复制左子树
    Copy(T->rchild,NewT->rchild);             //递归复制右子树
  }                                           //else
}
```

（3）计算二叉树的深度

二叉树的深度为树中结点的最大层次,二叉树的深度为左右子树深度的较大者加1。

算法5.5 计算二叉树的深度

【算法步骤】

如果是空树,递归结束,深度为0,否则执行以下操作:

计算二叉树的深度

- 递归计算左子树的深度记为m；
- 递归计算右子树的深度记为n；
- 如果m大于n，二叉树的深度为$m+1$，否则为$n+1$。

【算法描述】

```
int Depth(BiTree T)
{//计算二叉树T的深度
  if(T==NULL) return 0;                // 如果是空树，深度为0，递归结束
  else
  {
    m=Depth(T->lchild);              // 递归计算左子树的深度记为m
    n=Depth(T->rchild);              // 递归计算右子树的深度记为n
    if(m>n) return(m+1);             // 二叉树的深度为m与n的较大者加1
    else return(n+1);
  }
}
```

显然，计算二叉树的深度是在后序遍历二叉树的基础上进行的运算。

（4）统计二叉树中结点的个数

如果是空树，则结点个数为0，递归结束；否则，结点个数为左子树的结点个数加上右子树的结点个数再加上1。

算法5.6　统计二叉树中结点的个数

【算法描述】

```
int NodeCount(BiTree T)
{//统计二叉树T中结点的个数
  if(T==NULL) return 0;             // 如果是空树，则结点个数为0，递归结束
  else return NodeCount(T->lchild)+NodeCount(T->rchild)+1;
  // 否则结点个数为左子树的结点个数 + 右子树的结点个数 +1
}
```

统计二叉树的
结点个数

读者可以模仿此算法，写出以下算法：统计二叉树中叶结点（度为0）的个数、度为1的结点个数和度为2的结点个数。算法实现的关键是如何表示度为0、度为1或度为2的结点。

5.5.2　线索二叉树

1. 线索二叉树的基本概念

遍历二叉树是以一定规则将二叉树中的结点排列成一个线性序列，得到二叉树中结点的先序序列、中序序列或后序序列。这实质上是对一个非线性结构进行线性化操作，使每个结点（除第一个和最后一个外）在这些线性序列中有且仅有一个直接前驱和直接后继（在不至于混淆的情况，后续描述中省去"直接"二字）。例如在图5.5所示的二叉树结点的中序序列a+b*c-d-e/f中，"c"的前驱是"*"，后继是"-"。

但是，当以二叉链表作为存储结构时，只能找到结点的左、右孩子信息，而不能直接得到结点在任一序列中的前驱和后继信息，这种信息只有在遍历的动态过程中才能得到，为此引入线索二叉树来保存这些在动态过程中得到的有关前驱和后继的信息。

虽然可以在每个结点中增加两个指针域来存放遍历时得到的有关前驱和后继信息，但这样做使得结构的存储密度大大降低。由于有n个结点的二叉链表中必定存在$n+1$个空链域，因此可以充分利用这些空链域来存放结点的前驱和后继信息。

试进行如下规定：若结点有左子树，则其lchild域指示其左孩子，否则令lchild域指示其前驱；若结点有右子树，则其rchild域指示其右孩子，否则令rchild域指示其后继。为了避免混淆，尚需改变结点结构，增加两个标志域，其结点形式如图5.15所示。

lchild	LTag	data	RTag	rchild

图5.15　线索二叉树的结点形式

其中：

$$LTag = \begin{cases} 0 & \text{lchild域指示结点的左孩子} \\ 1 & \text{lchild域指示结点的前驱} \end{cases}$$

$$RTag = \begin{cases} 0 & \text{rchild域指示结点的右孩子} \\ 1 & \text{rchild域指示结点的后继} \end{cases}$$

二叉树的二叉线索类型定义如下：

```
//- - - - -二叉树的二叉线索存储表示- - - - -
typedef struct BiThrNode
{
  TElemType data;
  struct BiThrNode *lchild,*rchild;          //左右孩子指针
  int LTag,RTag;                             //左右标志
}BiThrNode,*BiThrTree;
```

以这种结点结构构成的二叉链表作为二叉树的存储结构，叫作**线索链表**，其中指向结点前驱和后继的指针，叫作**线索**。加上线索的二叉树称之为**线索二叉树**（Threaded Binary Tree）。对二叉树以某种次序遍历使其变为线索二叉树的过程叫作**线索化**。

例如图5.16（a）所示为中序线索二叉树，与其对应的中序线索链表如图5.16（b）所示。其中实线为指针（指向左、右子树），虚线为线索（指向前驱和后继）。为了方便起见，仿照线性表的存储结构，在二叉树的线索链表上也添加一个头结点，并令其lchild域的指针指向二叉树的根结点，令其rchild域的指针指向中序遍历时访问的最后一个结点；同时，令二叉树中序序列中第一个结点的lchild域指针和最后一个结点的rchild域指针均指向头结点。这好比为二叉树建立了一个双向线索链表，既可从第一个结点起顺后继进行遍历，也可从最后一个结点起顺前驱进行遍历。

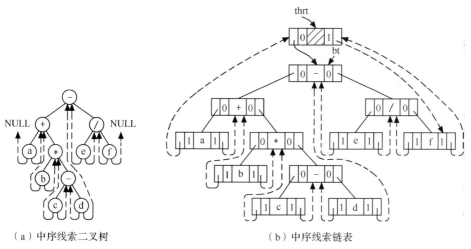

（a）中序线索二叉树　　　　　　　　　　（b）中序线索链表

图5.16　线索二叉树及其存储结构

2. 构造线索二叉树

由于线索二叉树构造的实质是将二叉链表中的空指针改为指向前驱或后继的线索，而前驱或后继的信息只有在遍历时才能得到，因此线索化的过程即在遍历的过程中修改空指针的过程，可用递归算法。对二叉树按照不同的遍历次序进行线索化，可以得到不同的线索二叉树，包括先序线索二叉树、中序线索二叉树和后序线索二叉树。下面重点介绍中序线索化的算法。

为了记下遍历过程中访问结点的先后关系，附设一个指针pre始终指向刚刚访问过的结点，而指针p指向当前访问的结点，由此记录下遍历过程中访问结点的先后关系。算法5.7是对树中任意一个以结点p为根的子树进行中序线索化的过程，算法5.8通过调用算法5.7来完成对整个二叉树的中序线索化。

算法5.7　以结点p为根的子树中序线索化

【算法步骤】

① 如果p非空，左子树递归线索化。

② 如果p的左孩子为空，则给p加上左线索，将其LTag置为1，让p的左孩子指针指向pre（前驱）；否则将p的LTag置为0。

③ 如果pre的右孩子为空，则给pre加上右线索，将其RTag置为1，让pre的右孩子指针指向p（后继）；否则将pre的RTag置为0。

④ 将pre指向刚访问过的结点p，即pre = p。

⑤ 右子树递归线索化。

【算法描述】

```
void InThreading(BiThrTree p)
{//pre是全局变量,初始化时其右孩子指针为空,便于在树的最左点开始建线索
    if(p)
    {
        InThreading(p->lchild);                //左子树递归线索化
        if(!p->lchild)                         //p的左孩子为空
        {
            p->LTag=1;                         //给p加上左线索
            p->lchild=pre;                     //p的左孩子指针指向pre(前驱)
        }                                      //if
        else p->LTag=0;
        if(!pre->rchild)                       //pre的右孩子为空
        {
            pre->RTag=1;                       //给pre加上右线索
            pre->rchild=p;                     //pre的右孩子指针指向p(后继)
        }                                      //if
        else pre->RTag=0;
        pre=p;                                 //pre指向前驱结点
        InThreading(p->rchild);                //右子树递归线索化
    }
}
```

算法5.8　带头结点的二叉树中序线索化

【算法描述】

```
void InOrderThreading(BiThrTree &Thrt,BiThrTree T)
{//中序遍历二叉树T,并将其中序线索化,Thrt指向头结点
    Thrt=new BiThrNode;              //建头结点
    Thrt->LTag=0;                    //头结点有左孩子,若树非空
                                     //则其左孩子为树根
```

带头结点的二叉树中序线索化

```
Thrt->RTag=1;                    // 头结点的右孩子指针为右线索
Thrt->rchild=Thrt;               // 初始化时右指针指向自己
if(!T)  Thrt->lchild=Thrt;       // 若树为空, 则左指针也指向自己
else
{
  Thrt->lchild=T;  pre=Thrt;     // 头结点的左孩子指向根, pre初值指向头结点
  InThreading(T);                // 调用算法5.7, 对以T为根的二叉树进行中序线索化
  pre->rchild=Thrt;              // 算法5.7结束后, pre为最右结点, pre的
                                 //   右线索指向头结点
  pre->RTag=1;
  Thrt->rchild=pre;              // 头结点的右线索指向pre
}
}
```

3. 遍历线索二叉树

由于有了结点的前驱和后继信息, 线索二叉树的遍历和在指定次序下查找结点的前驱和后继算法都变得简单了。因此, 若需经常查找结点在所遍历线性序列中的前驱和后继, 则采用线索链表作为存储结构。

下面分3种情况讨论在线索二叉树中如何查找结点的前驱和后继。

（1）在中序线索二叉树中查找

① 查找p指针所指结点的前驱:

● 若p->LTag为1, 则p的左链指示其前驱;

● 若p->LTag为0, 则说明p有左子树, 结点的前驱是遍历左子树时最后访问的一个结点（左子树中最右下的结点）。

② 查找p指针所指结点的后继:

● 若p->RTag为1, 则p的右链指示其后继, 以图5.16所示的中序线索树为例, 结点b的后继为结点*;

● 若p->RTag为0, 则说明p有右子树。根据中序遍历的规律可知, 结点的后继应是遍历其右子树时访问的第一个结点, 即右子树中最左下的结点。例如在找结点*的后继时, 首先沿右指针找到其右子树的根结点-, 然后顺其左指针往下直至其左标志为1的结点, 该结点即为结点*的后继, 在图5.16中是结点c。

（2）在先序线索二叉树中查找

① 查找p指针所指结点的前驱:

● 若p->LTag为1, 则p的左链指示其前驱;

● 若p->LTag为0, 则说明p有左子树。此时p的前驱有两种情况: 若*p是其双亲的左孩子, 则其前驱为其双亲结点; 否则应是其双亲的左子树上先序遍历最后访问到的结点。

② 查找p指针所指结点的后继:

● 若p->RTag为1, 则p的右链指示其后继;

● 若p->RTag为0, 则说明p有右子树。按先序遍历的规则可知, *p的后继必为其左子树根（若存在）或右子树根。

（3）在后序线索二叉树中查找

① 查找p指针所指结点的前驱:

● 若p->LTag为1, 则p的左链指示其前驱;

● 若p->LTag为0，当p->RTag也为0时，则p的右链指示其前驱；若p->LTag为0，而p->RTag为1时，则p的左链指示其前驱。

② 查找p指针所指结点的后继情况比较复杂，分以下情况讨论：

● 若*p是二叉树的根，则其后继为空；

● 若*p是其双亲的右孩子，则其后继为双亲结点；

● 若*p是其双亲的左孩子，且*p没有右兄弟，则其后继为双亲结点；

● 若*p是其双亲的左孩子，且*p有右兄弟，则其后继为双亲的右子树上按后序遍历列出的第一个结点（右子树中最左下的叶结点）。

例如，图5.17所示为后序线索二叉树，结点B的后继为结点C，结点C的后继为结点D，结点F的后继为结点G，而结点D的后继为结点E。

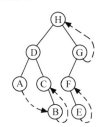

图5.17 后序线索二叉树

可见，在先序线索化树上找前驱或在后序线索化树上找后继都比较复杂，此时若需要，可直接建立含4个指针的线索链表。

由于有了结点的前驱和后继的信息，线索二叉树的遍历操作无须设栈，避免了频繁的进栈、出栈，因此在时间和空间上都较遍历二叉树节省。如果遍历某种次序的线索二叉树，则只需从该次序下的根结点出发，反复查其在该次序下的后继，直到叶子结点。下面以遍历中序线索二叉树为例介绍该算法。

算法5.9 遍历中序线索二叉树

【算法步骤】

① 指针p指向根结点。

② p为非空树或遍历未结束时，循环执行以下操作：

● 沿左孩子向下，到达最左下结点*p，它是中序的第一个结点；

● 访问*p；

● 沿右线索反复查找当前结点*p的后继结点并访问后继结点，直至右线索为0或者遍历结束；

● 转向p的右子树。

【算法描述】

```
void InOrderTraverse_Thr(BiThrTree T)
{//T指向头结点,头结点的左链lchild指向根结点,可参见线索化算法5.8。
 //中序遍历二叉线索树T的非递归算法,对每个数据元素直接输出
  p=T->lchild;                              //p指向根结点
  while(p!=T)                               //空树或遍历结束时,p==T
  {
    while(p->LTag==0) p=p->lchild;          //沿左孩子向下
    cout<<p->data;                          //访问其左子树为空的结点
```

遍历中序线索二叉索

```
  while(p->RTag==1&&p->rchild!=T)
  {
    p=p->rchild;cout<<p->data;           //沿右线索访问后继结点
  }
  p=p->rchild;                            //转向 p 的右子树
}
}
```

【算法分析】

遍历线索二叉树的时间复杂度为 $O(n)$，空间复杂度为 $O(1)$，这是因为线索二叉树的遍历不需要使用栈来实现递归操作。

5.6 树和森林

本节将讨论树的表示及其遍历操作，并建立森林与二叉树的对应关系。

5.6.1 树的存储结构

在大量的应用中，人们曾使用多种形式的存储结构来表示树。这里介绍 3 种常用的表示方法。

1. 双亲表示法

这种表示方法中，以一组连续的存储单元存储树的结点，每个结点除了数据域 data 外，还附设一个 parent 域用以指示其双亲结点的位置，其结点形式如图 5.18 所示。

图 5.19 所示为一棵树及其双亲表示的存储结构。

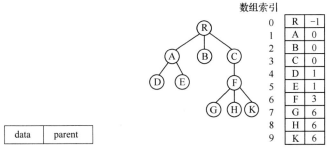

data	parent

图 5.18 双亲表示法的结点形式　　　　图 5.19 一棵树及其双亲表示的存储结构

这种存储结构利用了每个结点（除根以外）只有唯一的双亲的性质。在这种存储结构下，求结点的双亲十分方便，求树的根也很容易，但求结点的孩子时需要遍历整个结构。

2. 孩子表示法

由于树中每个结点可能有多棵子树，则可用多重链表，即每个结点有多个指针域，其中每个指针指向一棵子树的根结点，此时链表中的结点可以有如图 5.20 所示的两种结点形式。

data	child1	child2	...	childd

data	degree	child1	child2	...	childd

图 5.20 孩子表示法的两种结点

若采用第一种结点形式，则多重链表中的结点是同构的，其中d为树的度。由于树中很多结点的度小于d，因此链表中有很多空链域，空间较浪费，不难推出，在一棵有n个度为k的结点的树中必有$n(k-1)+1$个空链域。

若采用第二种结点形式，则多重链表中的结点是不同构的，其中d为结点的度，degree域的值同d。此时，虽能节约存储空间，但操作不方便。

另一种办法是，把每个结点的孩子结点排列起来，看成一个线性表，且以单链表作为存储结构，则n个结点有n个孩子链表（叶子的孩子链表为空表）。而n个头指针又组成一个线性表，为了便于查找，可采用顺序存储结构。

图5.21（a）所示为图5.19中的树的孩子表示法。与双亲表示法相反，孩子表示法便于那些涉及孩子的操作的实现。可以把双亲表示法和孩子表示法结合起来，即将双亲表示和孩子链表合在一起。图5.21（b）所示的就是这种存储结构的一个示例，它和图5.21（a）表示的是同一棵树。

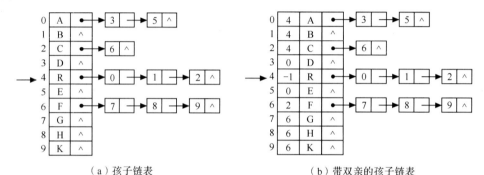

（a）孩子链表　　　　　　　　　　　（b）带双亲的孩子链表

图5.21　图5.19的树的另外两种表示法

3. 孩子兄弟表示法

孩子兄弟表示法又称二叉树表示法，或二叉链表表示法，即以二叉链表作为树的存储结构。链表中结点的两个链域分别指向该结点的第一个孩子结点和下一个兄弟结点，分别命名为firstchild域和nextsibling域，其结点形式如图5.22所示。

| firstchild | data | nextsibling |

图5.22　孩子兄弟表示法的结点

```
//- - - - - -树的二叉链表(孩子-兄弟)存储表示- - - - -
typedef struct CSNode{
    ElemType data;
    struct CSNode *firstchild,*nextsibling;
}CSNode,*CSTree;
```

图5.23所示为图5.19中树的二叉链表。利用这种存储结构便于实现各种树的操作。首先易于实现找结点孩子等操作。例如，若要访问结点x的第i个孩子，则只要先从firstchild域找到第1个孩子结点，然后沿着孩子结点的nextsibling域连续走$i-1$步，便可找到x的第i个孩子。当然，如果为每个结点增设一个parent域，则同样能方便地实现查找双亲的操作。

这种存储结构的优点是它和二叉树的二叉链表表示完全一样，便于将一般的树结构转换为二叉树进行处理，利用二叉树的算法来实现对树的操作。因此孩子兄弟表示法是应用较为普遍的一种树的存储表示方法。

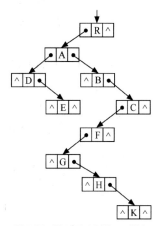

图5.23　图5.19中树的二叉链表

5.6.2　森林与二叉树的转换

从树的二叉链表表示的定义可知，任何一棵和树对应的二叉树，其根结点的右子树必为空。若把森林中第二棵树的根结点看成第一棵树的根结点的兄弟，则同样可导出森林和二叉树的对应关系。

图5.24所示为森林与二叉树的对应关系。

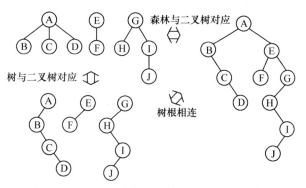

图5.24　森林与二叉树的对应关系

这种一一对应的关系说明森林或树与二叉树可以相互转换。

1. 森林转换成二叉树

如果$F = \{T_1, T_2, \cdots, T_m\}$是森林，则可按如下规则将其转换成一棵二叉树$B = (root, LB, RB)$：

（1）若F为空，即$m = 0$，则B为空树；

（2）若F非空，即$m \neq 0$，则B的根$root$即森林中第一棵树的根$ROOT(T_1)$；B的左子树LB是从T_1中根结点的子树森林$F_1 = \{T_{11}, T_{12}, \cdots, T_{1m}\}$转换而成的二叉树；其右子树$RB$是从森林$F' = \{T_2, T_3, \cdots, T_m\}$转换而成的二叉树。

2. 二叉树转换成森林

如果$B = (root, LB, RB)$是一棵二叉树，则可按如下规则将其转换成森林$F = \{T_1, T_2, \cdots, T_m\}$：

（1）若B为空，则F为空；

（2）若B非空，则F中第一棵树T_1的根ROOT(T_1)即为二叉树B的根$root$；T_1中根结点的子树森林F_1是由B的左子树LB转换而成的森林；F中除T_1之外其余树组成的森林$F' = \{T_2, T_3, \cdots, T_m\}$是由$B$的右子树$RB$转换而成的森林。

从上述递归定义容易写出相互转换的递归算法。同时，森林和树的操作亦可转换成二叉树的操作来实现。

5.6.3　树和森林的遍历

1．树的遍历

由树结构的定义可引出以两种次序遍历树的方法：一种是先根（次序）遍历树，即先访问树的根结点，然后依次先根遍历根的每棵子树；另一种是后根（次序）遍历，即先依次后根遍历每棵子树，然后访问根结点。

例如，对图5.19所示的树进行先根遍历，可得树的先根序列为：

R A D E B C F G H K

若对此树进行后根遍历，则得树的后根序列为：

D E A B G H K F C R

按照森林和树相互递归的定义，可以推出森林的两种遍历方法：先序遍历和中序遍历。

2．森林的遍历

（1）先序遍历森林

若森林非空，则可按下述规则遍历：

① 访问森林中第一棵树的根结点；

② 先序遍历第一棵树的根结点的子树森林；

③ 先序遍历除去第一棵树之后剩余的树构成的森林。

（2）中序遍历森林

若森林非空，则可按下述规则遍历：

① 中序遍历森林中第一棵树的根结点的子树森林；

② 访问第一棵树的根结点；

③ 中序遍历除去第一棵树之后剩余的树构成的森林。

若对图5.24中所示的森林进行先序遍历和中序遍历，则分别得到森林的先序序列为：

A B C D E F G H I J

中序序列为：

B C D A F E H J I G

由5.6.2小节森林与二叉树之间转换的规则可知，当森林转换成二叉树时，其第一棵树的子树森林转换成左子树，剩余树的森林转换成右子树，则上述森林的先序和中序遍历即为其对应的二叉树的先序和中序遍历。若对图5.24中所示的和森林对应的二叉树分别进行先序和中序遍历，可得和上述相同的序列。

由此可见，当以二叉链表作为树的存储结构时，树的先根遍历和后根遍历可借用二叉树的先序遍历和中序遍历的算法实现。

5.7 哈夫曼树及其应用

树结构是一种应用非常广泛的结构，在一些特定的应用中，树具有一些特殊的特点，利用这些特点可以解决很多工程问题。在5.2节提出的应用案例5.1可以借助一种应用很广的树——哈夫曼树来解决，本节便以哈夫曼树为例，说明二叉树的一个具体应用。

5.7.1 哈夫曼树的基本概念

哈夫曼（Huffman）树又称**最优树**，是一类带权路径长度最短的树，在实际中有广泛的用途。哈夫曼树的定义，涉及路径、路径长度、权等概念，下面先给出这些概念的定义，再介绍哈夫曼树。

（1）**路径**：从树中一个结点到另一个结点之间的分支构成这两个结点之间的路径。

（2）**路径长度**：路径上的分支数目称作路径长度。

（3）**树的路径长度**：从树根到每一结点的路径长度之和。

（4）**权**：赋予某个实体的一个量，是对实体的某个或某些属性的数值化描述。在数据结构中，实体有结点（元素）和边（关系）两大类，所以对应有结点权和边权。结点权或边权具体代表什么意义，由具体情况决定。如果在一棵树中的结点上带有权值，则对应的就有带权树等概念。

（5）**结点的带权路径长度**：从该结点到树根之间的路径长度与结点上权值的乘积。

（6）**树的带权路径长度**：树中所有叶子结点的带权路径长度之和，通常记作$WPL=\sum_{k=1}^{n}w_k l_k$。

（7）**哈夫曼树**：假设有m个权值$\{w_1, w_2, \cdots, w_m\}$，可以构造一棵含$n$个叶子结点的二叉树，每个叶子结点的权值为$w_i$，则其中带权路径长度$WPL$最小的二叉树称作最优二叉树或哈夫曼树。

例如，图5.25中所示的3棵二叉树，都含4个叶子结点a、b、c、d，分别带权值7、5、2、4，它们的带权路径长度分别如图5.25（a）、图5.25（b）、图5.25（c）所示。

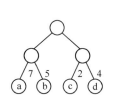

（a）$WPL=7\times2+5\times2+2\times2+4\times2=36$

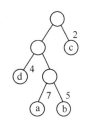

（b）$WPL=7\times3+5\times3+2\times1+4\times2=46$

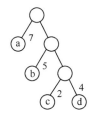

（c）$WPL=7\times1+5\times2+2\times3+4\times3=35$

图5.25 具有不同带权路径长度的二叉树

其中以图5.25（c）所示二叉树的带权路径长度为最小。可以验证，它恰为哈夫曼树，即其带权路径长度在所有带权值为7、5、2、4的4个叶子结点的二叉树中居最小。

哈夫曼树中具有不同权值的叶子结点的分布有什么特点呢？从上面的例子中，可以直观地发现，在哈夫曼树中，权值越大的结点离根结点越近。根据这个特点，哈夫曼最早给出了一个构造哈夫曼树的方法，称哈夫曼算法。

5.7.2　哈夫曼树的构造算法

1．哈夫曼树的构造过程

（1）根据给定的n个权值{w_1, w_2,···, w_n}，构造n棵只有根结点的二叉树，这n棵二叉树构成森林F。

（2）在森林F中选取两棵根结点的权值最小的树作为左右子树构造一棵新的二叉树，且置新的二叉树的根结点的权值为其左、右子树上根结点的权值之和。

（3）在森林F中删除这两棵树，同时将新得到的二叉树加入F中。

（4）重复（2）和（3），直到F只含一棵树为止。这棵树便是哈夫曼树。

在构造哈夫曼树时，首先选择权值小的，这样保证权值大的离根较近，这样一来，在计算树的带权路径长度时，自然会得到最小带权路径长度，这种生成算法是一种典型的贪心法。

例如，图5.26所示为图5.25（c）所示的哈夫曼树的构造过程。其中，根结点上标注的数字是所赋的权值。

2．哈夫曼算法的实现

哈夫曼树是一种二叉树，当然可以采用前面介绍过的通用存储方法，而由于哈夫曼树中没有度为1的结点，则一棵有n个叶子结点的哈夫曼树共有2n-1个结点，可以存储在一个大小为2n-1的一维数组中。树中每个结点还要包含其双亲信息和孩子结点的信息，由此，每个结点的存储结构设计如图5.27所示。

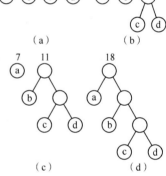

图5.26　哈夫曼树的构造过程

weight	parent	lchild	rchild

图5.27　结点的存储结构设计

```
//- - - - -哈夫曼树的存储表示 - - - - -
typedef struct{
    int weight;                          //结点的权值
    int parent,lchild,rchild;            //结点的双亲、左孩子、右孩子的下标
}HTNode,*HuffmanTree;                     // 动态分配数组存储哈夫曼树
```

哈夫曼树的各结点存储在由HuffmanTree定义的动态分配的数组中，为了实现方便，数组的0号单元不使用，从1号单元开始使用，所以数组的大小为2n。将叶子结点集中存储在前面部分的n个位置，而后面的n-1个位置存储其余非叶子结点。

算法5.10　构造哈夫曼树

【算法步骤】

构造哈夫曼树算法的实现可以分成两大部分。

① 初始化：首先动态申请2n个单元；然后循环2n-1次，从1号单元开始，依次将1至2n-1所有单元中的双亲、左孩子、右孩子的下标都初始化为0；最后循环n次，输入前n个单元中叶子结点的权值。

② 创建树：循环n-1次，通过n-1次的选择、删除与合并来创建哈夫曼树。选择是从当前森林中选择双亲为0且权值最小的两个树根结点s1和s2；删除是指将结点s1和s2的双亲改为非0；合并就是将s1和s2的权值和作为一个新结点的权值依次存入数组的n+1号及之后的单元中，同时记录这个新结点左孩子的下标为s1，右孩子的下标为s2。

构造哈夫曼树

【算法描述】

```
void CreateHuffmanTree(HuffmanTree &HT,int n)
{//构造哈夫曼树HT
    if(n<=1) return;
    m=2*n-1;
    HT=new HTNode[m+1];          //0号单元未用,所以需要动态分配m+1个单元,HT[m]表示根结点
    for(i=1;i<=m;++i)            //将1~m号单元中的双亲、左孩子,右孩子的下标都初始化为0
        {HT[i].parent=0;HT[i].lchild=0;HT[i].rchild=0;}
    for(i=1;i<=n;++i)            //输入前n个单元中叶子结点的权值
        cin>>HT[i].weight;
/*- - - - - - - - - - -初始化工作结束,下面开始创建哈夫曼树- - - - - - - - - -*/
    for(i=n+1;i<=m;++i)
    {//通过n-1次的选择、删除、合并来创建哈夫曼树
        Select(HT,i-1,s1,s2);
        //在HT[k](1≤k≤i-1)中选择两个其双亲域为0且权值最小的结点,并返回它们在HT中的序
        号s1和s2
        HT[s1].parent=i;HT[s2].parent=i;
        //得到新结点i,从森林中删除s1,s2,将s1和s2的双亲域由0改为i
        HT[i].lchild=s1;HT[i].rchild=s2;          //s1,s2分别作为i的左右孩子
        HT[i].weight=HT[s1].weight+HT[s2].weight; //i的权值为左右孩子权值之和
    }                                             //for
}
```

【例5.2】 已知w = (5,29,7,8,14,23,3,11)，利用算法5.10试构造一棵哈夫曼树，计算树的带权路径长度，并给出其构造过程中存储结构HT的初始状态和终结状态。

n = 8，则m = 15，按算法5.10可构造一棵哈夫曼树，如图5.28所示。

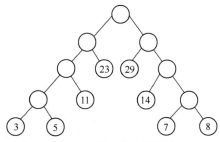

图5.28 例5.2的哈夫曼树

树的带权路径长度计算如下：

$$WPL=\sum_{k=1}^{n}w_kl_k = 23 \times 2 + 11 \times 3 + 5 \times 4 + 3 \times 4 + 29 \times 2 + 14 \times 3 + 7 \times 4 + 8 \times 4 = 271$$

其存储结构HT的初始状态如表5.2（a）所示，其终结状态如表5.2（b）所示。

表5.2　例5.2的存储结构

（a）HT的初始状态

结点i	weight	parent	lchild	rchild
1	5	0	0	0
2	29	0	0	0
3	7	0	0	0
4	8	0	0	0
5	14	0	0	0
6	23	0	0	0
7	3	0	0	0
8	11	0	0	0
9	–	0	0	0
10	–	0	0	0
11	–	0	0	0
12	–	0	0	0
13	–	0	0	0
14	–	0	0	0
15	–	0	0	0

（b）HT的终结状态

结点i	weight	parent	lchild	rchild
1	5	9	0	0
2	29	14	0	0
3	7	10	0	0
4	8	10	0	0
5	14	12	0	0
6	23	13	0	0
7	3	9	0	0
8	11	11	0	0
9	8	11	7	1
10	15	12	3	4
11	19	13	9	8
12	29	14	5	10
13	42	15	11	6
14	58	15	2	12
15	100	0	13	14

哈夫曼树在通信、编码和数据压缩等技术领域有着广泛的应用，下面讨论一个构造通信码的典型应用——哈夫曼编码。

5.7.3　哈夫曼编码

1. 哈夫曼编码的主要思想

在5.2节提出的案例5.1中已经讨论，在进行数据压缩时，为了使压缩后的数据文件尽可能短，可采用不定长编码。其基本思想是：为出现次数较多的字符编以较短的编码。为确保对数据文件进行有效的压缩和对压缩文件进行正确的解码，可以利用哈夫曼树来设计二进制编码。哈夫曼树的具体构造过程可以参考算法5.10，图5.26所示为图5.4所示的哈夫曼树的构造过程。在图5.4所示的哈夫曼树中，约定左分支标记为0，右分支标记为1，则根结点到每个叶子结点路径上的0、1序列即相应字符的编码。

下面给出有关编码的两个概念。

（1）前缀编码：如果在一个编码方案中，任一个编码都不是其他任何编码的前缀（最左子串），则称编码是前缀编码。例如，案例5.1中的第2种编码方案[见表5.1（b）]的编码0、10、110、111是前缀编码，而第3种编码方案[见表5.1（c）]的编码0、01、010、111就不是前缀编码。前缀编码可以保证对压缩文件进行解码时不产生二义性，确保正确解码。

（2）哈夫曼编码：对一棵具有 n 个叶子的哈夫曼树，若对树中的每个左分支赋予0，对每个右分支赋予1，则从根到每个叶子的路径上，各分支的赋值分别构成一个二进制串，该二进制串就称为哈夫曼编码。

哈夫曼编码具有下面的两个性质。

性质1　哈夫曼编码是前缀编码。

证明：哈夫曼编码是根到叶子路径上的编码序列。由树的特点知，若路径A是另一条路径

B的最左部分，B经过了A，则A的终点一定不是叶子。而哈夫曼编码对应路径的终点一定为叶子，因此，任一哈夫曼编码都不会与任意其他哈夫曼编码的前缀部分完全重叠，因此哈夫曼编码是前缀编码。

性质2　哈夫曼编码是最优前缀编码。

对于包括n个字符的数据文件，分别以它们的出现次数为权值构造哈夫曼树，则利用该树对应的哈夫曼编码对文件进行编码，能使该文件压缩后对应的二进制文件的长度最短。

证明：假设每种字符在数据文件中出现的次数为w_i，其编码长度为l_i，文件中只有n种字符，则文件总长为$\sum_{i=1}^{n} w_i l_i$。对应到二叉树上，若置w_i为叶子结点的权值，l_i恰为从根到叶子的路径长度，则$\sum_{i=1}^{n} w_i l_i$恰为二叉树上的带权路径长度。由此可见，设计文件总长最短的二进制前缀编码问题，就是以n种字符出现的频率作权值设计一棵哈夫曼树的问题。而由哈夫曼树的构造方法可知，出现次数较多的字符对应的编码较短，这便直观地说明了该性质是成立的。

下面给出根据哈夫曼树构造哈夫曼编码的算法。

2. 哈夫曼编码的算法实现

在构造哈夫曼树之后，求哈夫曼编码的主要思想是：依次以叶子为出发点，向上回溯至根结点为止。回溯时走左分支则生成代码0，走右分支则生成代码1。

由于每个哈夫曼编码是变长编码，因此使用一个指针数组来存放每个字符编码串的首地址。

```
//－－－－－哈夫曼编码表的存储表示－－－－－
typedef char **HuffmanCode;  // 动态分配数组存储哈夫曼编码表
```

各字符的哈夫曼编码存储在由HuffmanCode定义的动态分配的数组HC中，为了实现方便，数组的0号单元不使用，从1号单元开始使用，所以数组HC的大小为$n+1$，即编码表HC包括$n+1$行。但因为每个字符编码的长度事先不能确定，所以不能预先为每个字符分配大小合适的存储空间。为不浪费存储空间，动态分配一个长度为n（字符编码长度一定小于n）的一维数组cd，用来临时存放当前正在求解的第i（$1 \leqslant i \leqslant n$）个字符的编码，当第$i$个字符的编码求解完毕后，根据数组cd的字符串长度分配HC[i]的空间，然后将数组cd中的编码复制到HC[i]中。

因为求解编码时是从哈夫曼树的叶子出发，向上回溯至根结点，所以对于每个字符，得到的编码顺序是从右向左的，故将编码向数组cd存放的顺序也是从后向前的，即每个字符的第1个编码存放在cd[$n-2$]中（cd[$n-1$]存放字符串结束标志'\0'），第2个编码存放在cd[$n-3$]中，依此类推，直到全部编码存放完毕。

算法5.11　根据哈夫曼树求哈夫曼编码

【算法步骤】

① 分配存储n个字符编码的编码表空间HC，长度为$n+1$；分配临时存储每个字符编码的动态数组空间cd，cd[$n-1$]置为'\0'。

② 逐个求解n个字符的编码，循环n次，执行以下操作：

● 设置变量start用于记录编码在cd中存放的位置，start初始时指向最后，即编码结束符位置$n-1$；

● 设置变量c用于记录从叶子结点向上回溯至根结点所经过的结点下标，c初始时为当前待编码字符的下标i，f用于记录i的双亲结点的下标；

● 从叶子结点向上回溯至根结点，求得字符i的编码，当f没有到达根结点时，循环执行以下操作：

➤ 回溯一次start向前指一个位置，即--start；

➤ 若结点c是f的左孩子，则生成代码0，否则生成代码1，生成的代码0或1保存在cd[start]中；

➤ 继续向上回溯，改变c和f的值。

● 根据数组cd的字符串长度为第i个字符编码分配空间HC[i]，然后将数组cd中的编码复制到HC[i]中。

③ 释放临时空间cd。

根据哈夫曼树
求哈夫曼编码

【算法描述】

```
void CreatHuffmanCode(HuffmanTree HT,HuffmanCode &HC,int n)
{//从叶子到根逆向求每个字符的哈夫曼编码，存储在编码表HC中
  HC=new char*[n+1];              //分配存储n个字符编码的编码表空间
  cd=new char[n];                 //分配临时存放每个字符编码的动态数组空间
  cd[n-1]='\0';                   //编码结束符
  for(i=1;i<=n;++i)               //逐个字符求哈夫曼编码
  {
    start=n-1;                    //start开始时指向最后，即编码结束符位置
    c=i;f=HT[i].parent;          //f指向结点c的双亲结点
    while(f!=0)                   //从叶子结点开始向上回溯，直到根结点
    {
      --start;                   //回溯一次start向前指一个位置
      if(HT[f].lchild==c) cd[start]='0'; //结点c是f的左孩子，则生成代码0
      else cd[start]='1';        //结点c是f的右孩子，则生成代码1
      c=f;f=HT[f].parent;        //继续向上回溯
    }                            //求出第i个字符的编码
    HC[i]=new char[n-start];     //为第i个字符编码分配空间
    strcpy(HC[i],&cd[start]);    //将求得的编码从临时空间cd复制到HC的当前行中
  }                              //for
  delete cd;                     //释放临时空间
}
```

【例5.3】 已知某系统在通信联络中只可能出现8种字符，其概率分别为0.05、0.29、0.07、0.08、0.14、0.23、0.03、0.11，试设计哈夫曼编码。

根据其出现的概率可设8个字符的权值为：$w = (5,29,7,8,14,23,3,11)$，其对应的哈夫曼树如图5.28所示。将树的左分支标记为0，右分支标记为1，便得到其哈夫曼编码表如图5.29所示。

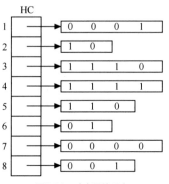

图5.29 哈夫曼编码表

3．文件的编码和译码

（1）编码

有了字符集的哈夫曼编码表之后，对数据文件的编码过程是：依次读入文件中的字符 c，在哈夫曼编码表 HC 中找到此字符，将字符c转换为编码表中存放的编码串。

（2）译码

对编码后的文件进行译码的过程必须借助于哈夫曼树。具体过程是：依次读入文件的二进制码，从哈夫曼树的根结点（即HT[m]）出发，若当前读入0，则走向左孩子，否则走向右孩子。一旦到达某一叶子HT[i]时便译出相应的字符编码HC[i]。然后重新从根出发继续译码，直至文件结束。

具体编码和译码的算法留给读者去完成。

5.8 案例分析与实现

在5.2节引入的案例5.1已在5.7节中进行了详细的讨论，案例5.2提出了可以利用二叉树来表示表达式，本节将对案例5.2进行进一步的分析，给出利用表达式构建表达式树和利用表达式树求解表达式的算法。

案例5.2：利用二叉树求解表达式的值。

【案例分析】

对于任意一个算术表达式，都可用二叉树来表示。创建表达式对应的二叉树后，利用二叉树的遍历等操作，很容易实现表达式的求值运算。因此问题的关键就是如何创建表达式树，下面讨论由中缀表达式创建表达式树的方法。

假设运算符均为双目运算符，则表达式对应的表达式树中叶子结点均为操作数，分支结点均为运算符。由于创建的表达式树需要准确的表达运算次序，因此在创建表达式树的过程中，当遇到运算符时不能直接创建结点，而应将其与前面的运算符进行优先级比较，根据比较的结果再进行处理。这种处理方式类似于第3章的表达式求值算法中的运算符的比较，可以借助一个运算符栈，来暂存已经读取到的还未处理的运算符。

根据表达式树与表达式对应关系的递归定义，每两个操作数和一个运算符就可以建立一棵表达式二叉树，而该二叉树又可以作为另一个运算符结点的一棵子树。可以另外借助一个表达式树栈，来暂存已建立好的表达式树的根结点，以便其作为另一个运算符结点的子树而被引用。

【案例实现】

为实现表达式树的创建算法，可以使用两个工作栈，一个称作OPTR，用以暂存运算符；另一个称作EXPT，用以暂存已建立好的表达式树的根结点。

为了便于实现，和第3章一样，假设每个表达式均以"#"开始，以"#"结束。

算法5.12 表达式树的创建

【算法步骤】

① 初始化OPTR栈和EXPT栈，将表达式起始符"#"压入OPTR栈。

② 读取表达式，读入第一个字符ch，如果表达式没有读取完毕至"#"或OPTR的栈顶元素不为"#"，则循环执行以下操作。

● 若ch不是运算符，则以ch为根创建一棵只有根结点的二叉树，且将该树根结点压入

EXPT栈，读入下一字符ch；

● 若ch是运算符，则根据OPTR的栈顶元素和ch的优先级比较结果，进行不同的处理：

➢ 若小于，则将ch压入OPTR栈，读入下一字符ch；

➢ 若大于，则弹出OPTR栈顶的运算符，从EXPT栈弹出两个表达式子树的根结点，以该运算符为根结点，以EXPT栈中弹出的第二个子树作为左子树，以EXPT栈中弹出的第一个子树作为右子树，创建一棵新二叉树，并将该树根结点压入EXPT栈；

➢ 若等于，则OPTR的栈顶元素是"（"且ch是"）"，这时弹出OPTR栈顶的"（"，相当于括号匹配成功，然后读入下一字符ch。

【算法描述】

```
void InitExpTree()
{//表达式树的创建算法
  InitStack(EXPT);                          //初始化EXPT栈
  InitStack(OPTR);                          //初始化OPTR栈
  Push(OPTR,'#');                           //将表达式起始符"#"压入OPTR栈
  cin>>ch;
  while(ch!='#'||GetTop(OPTR)!='#')         //表达式没有读取完毕或OPTR的栈顶元素不为"#"
  {
    if(!In(ch))                             //ch不是运算符
      {
        CreateExpTree(T,NULL,NULL,ch);      //以ch为根创建一棵只有根结点的二叉树
        Push(EXPT,T);                       //将二叉树根结点T进EXPT栈
        cin>>ch;                            //读入下一字符
      }
    else
      switch(Precede(GetTop(OPTR),ch))      //比较OPTR的栈顶元素和ch的优先级
      {
        case '<':
          Push(OPTR,ch);cin>>ch;            //当前字符ch压入OPTR栈，读入下一字符
          break;
        case '>':
          Pop(OPTR,theta);                  //弹出OPTR栈顶的运算符
          Pop(EXPT,b);Pop(EXPT,a);          //弹出EXPT栈顶的两个操作数
          CreateExpTree(T,a,b,theta);
          //以theta为根，a为左子树，b为右子树，创建一棵二叉树
          Push(EXPT,T);                     //使二叉树根结点T进EXPT栈
          break;
        case '=':                           //OPTR的栈顶元素是"（"且ch是"）"
          Pop(OPTR,x);cin>>ch;              //弹出OPTR栈顶的"（"，读入下一字符ch
          break;
      }                                     //switch
  }                                         //while
}
```

【算法分析】

此算法从头到尾读取表达式中每个字符，若表达式的字符串长度为n，则此算法的时间复杂度为$O(n)$。算法在运行时所占用的辅助空间主要取决于OPTR栈和EXPT栈的大小，显然，它们的空间大小之和不会超过n，所以此算法的空间复杂度也同样为$O(n)$。

表达式树的创建

算法5.13　表达式树的求值

【算法步骤】

① 设变量lvalue和rvalue分别用以记录表达式树中左子树和右子树的值，初始均为0。

② 如果当前结点为叶子（结点为操作数），则返回该结点的数值，否则（结点为运算符）执行以下操作：

● 递归计算左子树的值，记为lvalue；

● 递归计算右子树的值，记为rvalue；

● 根据当前结点运算符的类型，将lvalue和rvalue进行相应运算并返回。

表达式树的
求值

【算法描述】

```
int EvaluateExpTree(BiTree T)
{//遍历表达式树进行表达式求值
  lvalue=rvalue=0;                          //初始为0
  if(T->lchild==NULL && T->rchild==NULL)
     return T->data-'0';                    //如果结点为操作数,则返回该结点的数值
  else                                      //如果结点为运算符
  {
     lvalue=EvaluateExpTree(T->lchild);     //递归计算左子树的值,记为lvalue
     rvalue=EvaluateExpTree(T->rchild);     //递归计算右子树的值,记为rvalue
     return GetValue(T->data,lvalue,rvalue);//根据当前结点运算符的类型进行相应运算
  }
}
```

【算法分析】

遍历表达式进行求值的过程实际上是一个后序遍历二叉树的过程，因此时间和空间复杂度均为$O(n)$。

5.9　小结

树和二叉树是一类具有层次关系的非线性数据结构，本章主要内容如下。

（1）二叉树是一种常用的树结构，二叉树具有一些特殊的性质，而满二叉树和完全二叉树又是两种特殊形态的二叉树。

（2）二叉树有两种存储表示：顺序存储和链式存储。顺序存储就是把二叉树的所有结点按照层次顺序存储到连续的存储单元中，这种存储更适用于完全二叉树。链式存储又称二叉链表，每个结点包括两个指针，分别指向其左孩子和右孩子。链式存储是二叉树常用的存储结构。

（3）树的存储结构有3种：双亲表示法、孩子表示法和孩子兄弟表示法。孩子兄弟表示法是常用的表示法，任意一棵树都能通过孩子兄弟表示法转换为二叉树进行存储。森林与二叉树之间也存在相应的转换方法，通过这些转换，可以利用二叉树的操作解决一般树的有关问题。

（4）二叉树的遍历算法是其他运算的基础，通过遍历可得到二叉树中结点访问的线性序列，实现了非线性结构的线性化。根据访问结点的次序不同有3种遍历，即先序遍历、中序遍历、后序遍历，其时间复杂度均为$O(n)$。

（5）在线索二叉树中，利用二叉链表中的$n+1$个空指针域来存放指向某种遍历次序下的前驱结点和后继结点的指针，这些附加的指针称为"线索"。引入二叉线索树的目的是加快查找

结点前驱或后继的速度。

（6）哈夫曼树在通信编码技术上有广泛的应用，只要构造了哈夫曼树，按分支情况在左路径上写代码0，在右路径上写代码1，然后从上到下叶结点相应路径上的代码序列就是该叶结点的最优前缀码，即哈夫曼编码。

学习完本章后，读者应掌握二叉树的性质和存储结构，熟练掌握二叉树的前、中、后序遍历算法，掌握线索化二叉树的基本概念和构造方法；熟练掌握哈夫曼树和哈夫曼编码的构造方法；能够利用树的孩子兄弟表示法将一般的树结构转换为二叉树进行存储；掌握森林与二叉树之间的转换方法。

习题

1. 选择题

（1）把一棵树转换为二叉树后，这棵二叉树的形态（　　　）。

    A. 是唯一的　　　　　　　　　　B. 有多种

    C. 有多种，但根结点都没有左孩子　　D. 有多种，但根结点都没有右孩子

（2）由3个结点可以构造出多少种不同的二叉树？（　　　）

    A. 2　　　　　　B. 3　　　　　　C. 4　　　　　　D. 5

（3）一棵完全二叉树上有1001个结点，其中叶子结点的个数是（　　　）。

    A. 250　　　　B. 254　　　　C. 500　　　　D. 501

（4）一个具有1025个结点的二叉树的高h为（　　　）。

    A. 10　　　　B. 11　　　　C. 11～1025　　　　D. 10～1024

（5）深度为h的满m叉树的第k层有（　　　）个结点（$1 \leqslant k \leqslant h$）。

    A. m^{k-1}　　　B. $m^{k}-1$　　　C. m^{h-1}　　　D. $m^{h}-1$

（6）利用二叉链表存储树，则根结点的右指针（　　　）。

    A. 指向最左孩子　B. 指向最右孩子　C. 为空　　　D. 非空

（7）对二叉树的结点从1开始进行连续编号，要求每个结点的编号大于其左、右孩子的编号，同一结点的左、右孩子中，其左孩子的编号小于其右孩子的编号，可采用（　　　）遍历实现编号。

    A. 先序　　　　B. 中序　　　　C. 后序　　　　D. 从根开始按层次

（8）在一棵度为4的树T中，若有20个度为4的结点，10个度为3的结点，1个度为2的结点，10个度为1的结点，则树T的叶结点个数是（　　　）。

    A. 41　　　　B. 82　　　　C. 113　　　　D. 122

（9）在下列存储结构表示法中，（　　　）不是树的存储结构表示法。

    A. 双亲表示法　　　　　　　　　　B. 孩子链表表示法

    C. 孩子兄弟表示法　　　　　　　　D. 顺序存储表示法

（10）一棵非空的二叉树的先序遍历序列与后序遍历序列正好相反，则该二叉树一定满足（　　　）。

    A. 所有的结点均无左孩子　　　　　B. 所有的结点均无右孩子

    C. 只有一个叶子结点　　　　　　　D. 是任意一棵二叉树

（11）设哈夫曼树中有199个结点，则该哈夫曼树中有（　　　）个叶子结点。

    A. 99　　　　B. 100　　　　C. 101　　　　D. 102

（12）若 X 是二叉中序线索树中一个有左孩子的结点，且 X 不为根，则 X 的前驱为（　　）。

  A．X 的双亲   B．X 的右子树中最左的结点

  C．X 的左子树中最右的结点 D．X 的左子树中最右的叶结点

（13）引入二叉线索树的目的是（　　）。

  A．加快查找结点的前驱或后继的速度

  B．为了能在二叉树中方便地进行插入与删除

  C．为了能方便地找到双亲

  D．使二叉树的遍历结果唯一

（14）设 F 是森林，B 是由 F 变换而得的二叉树。若 F 中有 n 个非终端结点，则 B 中右指针域为空的结点有（　　）个。

  A．$n-1$ B．n C．$n+1$ D．$n+2$

（15）n（$n \geqslant 2$）个权值均不相同的字符构成哈夫曼树，关于该树的叙述中，错误的是（　　）。

  A．该树一定是一棵完全二叉树

  B．树中一定没有度为1的结点

  C．树中两个权值最小的结点一定是兄弟结点

  D．树中任一非叶结点的权值一定不小于下一层任一结点的权值

2．应用题

（1）试找出满足下列条件的二叉树。

① 先序序列与后序序列相同。

② 中序序列与后序序列相同。

③ 先序序列与中序序列相同。

④ 中序序列与层次遍历序列相同。

（2）设一棵二叉树的先序序列为 A B D F C E G H，中序序列为 B F D A G E H C。

① 画出这棵二叉树。

② 画出这棵二叉树的后序线索树。

③ 将这棵二叉树转换成对应的树（或森林）。

（3）假设用于通信的电文仅由8个字母组成，字母在电文中出现的频率分别为0.07、0.19、0.02、0.06、0.32、0.03、0.21、0.10。

① 试为这8个字母设计哈夫曼编码。

② 试设计另一种由二进制表示的等长编码方案。

③ 对于上述实例，比较两种方案的优缺点。

（4）已知下列字符A、B、C、D、E、F、G的权值分别为3、12、7、4、2、8、11，试写出其对应哈夫曼树HT存储结构的初态和终态。

3．算法设计题

以二叉链表作为二叉树的存储结构，设计以下算法。

（1）统计二叉树的叶结点个数。

（2）判别两棵树是否相等。

（3）交换二叉树每个结点的左孩子和右孩子。

（4）设计二叉树的双序遍历算法（双序遍历是指对于二叉树的每一个结点来说，先访问

这个结点，再按双序遍历它的左子树，然后再一次访问这个结点，接下来按双序遍历它的右子树）。

（5）计算二叉树最大的宽度（二叉树的最大宽度是指二叉树所有层中结点个数的最大值）。

（6）用按层次顺序遍历二叉树的方法，统计树中度为1的结点数目。

（7）求任意二叉树中第一条最长的路径长度，并输出此路径上各结点的值。

（8）输出二叉树中从每个叶子结点到根结点的路径。

第6章
图

图是一种比线性表和树更为复杂的数据结构。在线性表中，数据元素之间仅有线性关系，每个数据元素只有一个直接前驱和一个直接后继；在树结构中，数据元素之间有着明显的层次关系，并且每一层中的数据元素可能和下一层中的多个元素（其孩子结点）相关，但只能和上一层中一个元素（其双亲结点）相关；而在图结构中，结点之间的关系可以是任意的，图中任意两个数据元素都可能相关。由此，图的应用极为广泛，已渗入诸如物理、化学、通信、计算机，以及数学等领域。在离散数学中，图论是专门研究图的性质的数学分支，而在数据结构中，则应用图论的知识讨论如何在计算机上实现图的操作，因此本章主要介绍图的存储结构，以及若干图的操作的实现。

6.1　图的定义和基本术语

6.1.1　图的定义

图（Graph）G由两个集合V和E组成，记为$G = (V, E)$，其中V是顶点的有穷非空集合，E是V中顶点偶对的有穷集合，这些顶点偶对称为边。$V(G)$和$E(G)$通常分别表示图G的顶点集合和边集合，$E(G)$可以为空集。若$E(G)$为空，则图G只有顶点而没有边。

对于图G，若边集$E(G)$为有向边的集合，则称该图为有向图；若边集$E(G)$为无向边的集合，则称该图为无向图。

在有向图中，顶点对<x,y>是有序的，它称为从顶点x到顶点y的一条有向边。因此，<x,y>与<y,x>是不同的两条边。顶点对用尖括号括起来，对<x,y>而言，x是有向边的始点，y是有向边的终点。<x,y>也称作一条弧，则x为弧尾，y为弧头。

在无向图中，顶点对(x, y)是无序的，它称为与顶点x和顶点y相关联的一条边。这条边没有特定的方向，(x, y)与(y, x)是同一条边。为了有别于有向图，无向图的顶点对用一对圆括号括起来。

图6.1分别给出了有向图和无向图的示例。

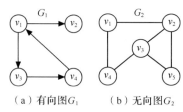

（a）有向图G_1　　　　（b）无向图G_2

图6.1　图的示例

6.1.2　图的基本术语

用n表示图中顶点数目，用e表示边的数目，下面介绍图结构中的一些基本术语。

（1）**子图**：假设有两个图$G = (v, E)$和$G' = (v', E')$，如果$v' \subseteq v$且$E' \subseteq E$，则称G'为G的**子图**。例如，图6.2所示为图6.1中G_1和G_2的子图示例。

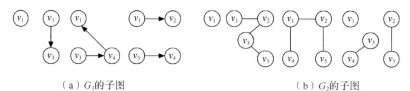

（a）G_1的子图　　　　　　　　　　　（b）G_2的子图

图6.2　子图示例

（2）**无向完全图和有向完全图**：对于无向图，若具有$n(n-1)/2$条边，则称为**无向完全图**。对于有向图，若具有$n(n-1)$条弧，则称为**有向完全图**。

（3）**稀疏图和稠密图**：有很少条边或弧（如$e<n\log_2 n$）的图称为**稀疏图**，反之称为**稠密图**。

（4）**权和网**：在实际应用中，每条边可以标上具有某种含义的数值，该数值称为该边上的**权值**。这些权值可以表示从一个顶点到另一个顶点的距离或耗费。这种带权的图通常称为**网**。

（5）**邻接点**：对于无向图G，如果图的边$(v, v') \in E$，则称顶点v和v'互为**邻接点**，即v和v'相邻接。边(v, v')依附于顶点v和v'，或者说边(v, v')与顶点v和v'相关联。

（6）**度、入度和出度**：顶点v的**度**是指和v相关联的边的数目，记为$TD(v)$。例如，图6.1（b）中G_2的顶点v_3的度是3。对于有向图，顶点v的度分为入度和出度。**入度**是以顶点v为头的弧的数目，记为$ID(v)$；**出度**是以顶点v为尾的弧的数目，记为$OD(v)$。顶点v的度为$TD(v) = ID(v) + OD(v)$。例如，图6.1中G_1的顶点v_1的入度$ID(v_1) = 1$，出度$OD(v_1) = 2$，度$TD(v_1) = ID(v_1) + OD(v_1) = 3$。一般地，如果顶点$v_i$的度记为$TD(v_i)$，那么一个有$n$个顶点，$e$条边的图，满足如下关系：

$$e = \frac{1}{2}\sum_{i=1}^{n}TD(v_i)$$

（7）**路径和路径长度**：在无向图G中，从顶点v到顶点v'的**路径**是一个顶点序列（$v = v_{i,0}$，$v_{i,1}, \cdots, v_{i,m} = v'$），其中$(v_{i,j-1}, v_{i,j}) \in E$，$1 \leqslant j \leqslant m$。如果$G$是有向图，则路径也是有向的，顶点序列应满足$<v_{i,j-1}, v_{i,j}> \in E$，$1 \leqslant j \leqslant m$。**路径长度**是一条路径上经过的边或弧的数目。

（8）**回路或环**：第一个顶点和最后一个顶点相同的路径称为**回路或环**。

（9）**简单路径、简单回路或简单环**：序列中顶点不重复出现的路径称为**简单路径**。除了第一个顶点和最后一个顶点之外，其余顶点不重复出现的回路，称为**简单回路或简单环**。

（10）**连通、连通图和连通分量**：在无向图G中，如果从顶点v到顶点v'有路径，则称v和v'是**连通**的。如果对于图中任意两个顶点$v_i, v_j \in V$，v_i和v_j都是连通的，则称G是**连通图**。

图6.1（b）中的G_2就是一个连通图，而图6.3（a）中的G_3则是非连通图，但G_3有3个连通分量，如图6.3（b）所示。所谓**连通分量**，指的是无向图中的极大连通子图。

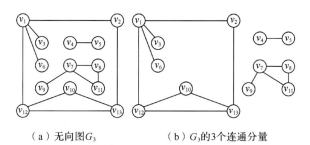

（a）无向图G_3　　　　　（b）G_3的3个连通分量

图6.3　无向图及其连通分量

（11）**强连通图和强连通分量**：在有向图G中，如果对于每一对$v_i, v_j \in V$，$v_i \neq v_j$，从v_i到v_j和从v_j到v_i都存在路径，则称G是强连通图。有向图中的极大强连通子图称作有向图的强连通分量。例如图6.1（a）中的G_1不是强连通图，但它有两个强连通分量，如图6.4所示。

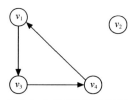

图6.4　G_1的两个强连通分量

（12）**连通图的生成树**：一个极小连通子图，它含有图中全部顶点，但只有足以构成一棵树的$n-1$条边，这样的连通子图称为**连通图的生成树**。图6.5所示为G_3中最大连通分量的一棵生成树。如果在一棵生成树上添加一条边，必定构成一个环，因为这条边使得它依附的那两个顶点之间有了第二条路径。

一棵有n个顶点的生成树有且仅有$n-1$条边。如果一个图有n个顶点和小于$n-1$条边，则是非连通图。如果它多于$n-1$条边，则一定有环。但是，有$n-1$条边的图不一定是生成树。

（13）**有向树和生成森林**：有一个顶点的入度为0，其余顶点的入度均为1的有向图称为**有向树**。一个有向图的**生成森林**是由若干棵有向树组成，含有图中全部顶点，但只有足以构成若干棵不相交的有向树的弧。图6.6所示为其一例。

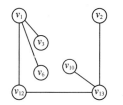

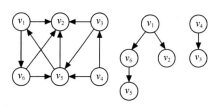

图6.5　G_3的最大连通分量的一棵生成树　　　图6.6　一个有向图及其生成森林

6.2　案例引入

SNS（Social Networking Services），即社会性网络服务，是指帮助人们建立社会性网络的互联网应用服务，也指社会现有的已成熟且普及的信息载体，如短消息业务（Short Message Service，SMS）。SNS的另一种常用解释是"社交网站"或"社交网"（Social Network Site）。

SNS的理论基础为"六度空间理论"。基于此理论，SNS社区将用户关系梳理好后，可以将海量的内容"灌入"SNS社区。同时，这一理论也论证了二十大报告指出的内容，即"必须坚持系统观念。万事万物是相互联系、相互依存的"。在自然界、人类社会和人的思维中，都能够体现这一论断。例如，喜欢电影的朋友，把内容传递给爱好相同的朋友；备战考研的同学，把研究生入学考试的相关信息和自己的复习经验传递给身边其他考研的同学。这种传递的形式非常简单，用户产生交互，内容即通过渠道传递到真实的关系网中，杂乱无章的内容与人群通过SNS社区变得有序，如图6.7所示。

案例6.1：六度空间理论。

六度空间理论是一个数学领域的猜想，又称为六度分割理论（Six Degrees of Separation）。六度空间理论是在20世纪60年代由美国的心理学家斯坦利·米尔格拉姆（Stanley Milgram）提出的，理论指出：你和任何一个陌生人之间所间隔的人不会超过6个，也就是说，最多通过6个中间人你就能够认识任何一个陌生人，如图6.8所示。

图6.7　SNS社区有序化示意

图6.8　六度空间理论示意

随着新技术的发展，六度空间理论的应用价值受到了人们的广泛关注，除了前面提到的微软的人立方搜索，很多领域都运用了六度空间理论，例如SNS网站、Blog网站、电子游戏社区等。

六度空间理论的出现使得人们对于自身的人际关系网络的威力有了新的认识。但为什么偏偏是"六度"，而不是"七度""八度"或者"千百度"呢？这可能要从人际关系网络的另外一个特征—"150定律"来寻找解释。"150定律"指出，人类智力允许人类拥有稳定社交网络的人数是148人，四舍五入大约是150人。这样我们可以对六度空间理论做如下数学解释（并非数学证明）：若每个人平均认识150人，其六度便是$150^6=11\,390\,625\,000\,000$，消除一些重复的结点，也远远超过了整个地球人口的若干倍。

那么，如何从理论上验证六度空间理论呢？六度空间理论的数学模型属于图结构，我们把六度空间理论中的人际关系网络图抽象成一个无向图G，用图G中的一个顶点表示一个人，两个人"认识"与否，用代表这两个人的顶点之间是否有一条边来表示。然后利用本章所学的图的有关算法即可从理论上进行验证，本章6.7节将给出此案例的分析与实现。

6.3　图的类型定义

图是一种数据结构，加上一组基本操作，就构成了抽象数据类型。抽象数据类型图的定义如下：

```
ADT Graph {
    数据对象：V是具有相同特性的数据元素的集合，称为顶点集。
    数据关系：
        R = {VR}
        VR = {<v, w>|v, w ∈ V且P(v, w)<v, w>表示从v到w的弧，
        谓词P(v, w)定义了弧<v, w>的意义或信息 }
```

基本操作：

CreateGraph(&G,V,VR)

  初始条件：V 是图的顶点集，VR 是图中弧的集合。

  操作结果：按 V 和 VR 的定义构造图。

DestroyGraph(&G)

  初始条件：图 G 存在。

  操作结果：销毁图 G。

LocateVex(G,u)

  初始条件：图 G 存在，u 和 G 中顶点有相同特征。

  操作结果：若 G 中存在顶点 u，则返回该顶点在图中的位置，否则返回其他信息。

GetVex(G,v)

  初始条件：图 G 存在，v 是 G 中某个顶点。

  操作结果：返回 v 的值。

PutVex(&G,v,value)

  初始条件：图 G 存在，v 是 G 中某个顶点。

  操作结果：对 v 赋值 value。

FirstAdjVex(G,v)

  初始条件：图 G 存在，v 是 G 中某个顶点。

  操作结果：返回 v 的第一个邻接顶点。若 v 在 G 中没有邻接顶点，则返回"空"。

NextAdjVex(G,v,w)

  初始条件：图 G 存在，v 是 G 中某个顶点，w 是 v 的邻接顶点。

  操作结果：返回 v 的（相对于 w 的）下一个邻接顶点。若 w 是 v 的最后一个邻接点，则返回"空"。

InsertVex(&G,v)

  初始条件：图 G 存在，v 和图中顶点有相同特征。

  操作结果：在图 G 中增添新顶点 v。

DeleteVex(&G,v)

  初始条件：图 G 存在，v 是 G 中某个顶点。

  操作结果：删除 G 中顶点 v 及其相关的弧。

InsertArc(&G,v,w)

  初始条件：图 G 存在，v 和 w 是 G 中两个顶点。

  操作结果：在 G 中增添弧 <v, w>，若 G 是无向图，则还增添对称弧 <w, v>。

DeleteArc(&G,v,w)

  初始条件：图 G 存在，v 和 w 是 G 中两个顶点。

  操作结果：在 G 中删除弧 <v, w>，若 G 是无向图，则还删除对称弧 <w, v>。

DFSTraverse(G)

  初始条件：图 G 存在。

  操作结果：对图进行深度优先遍历，在遍历过程中对每个顶点访问一次。

BFSTraverse(G)

  初始条件：图 G 存在。

  操作结果：对图进行广度优先遍历，在遍历过程中对每个顶点访问一次。

}ADT Graph

6.4 图的存储结构

    一方面，由于图的结构比较复杂，任意两个顶点都可能存在联系，因此无法以数据元素在存储区中的物理位置来表示元素之间的关系，即图没有顺序存储结构，但其可以借助二维数组来表示元素之间的关系，即采用邻接矩阵表示法。另一方面，由于图的任意两个顶点都可能存在关系，因此，用链式存储表示图是很自然的事，图的链式存储有多种，有邻接表、十字链表和邻接多重表，应根据实际需要的不同选择不同的存储结构。

6.4.1 邻接矩阵

1. 邻接矩阵表示法

邻接矩阵（Adjacency Matrix）是表示顶点之间相邻关系的矩阵。设$G(V, E)$是具有n个顶点的图，则G的邻接矩阵是具有如下性质的n阶方阵：

$$A[i][j]=\begin{cases}1 & \langle v_i,v_j\rangle \text{或} (v_i,v_j)\in E \\ 0 & \text{其他}\end{cases}$$

例如，图6.1中所示的G_1和G_2的邻接矩阵如图6.9所示。

$$G_{1.\text{arcs}}=\begin{bmatrix}0&1&1&0\\0&0&0&0\\0&0&0&1\\1&0&0&0\end{bmatrix},G_{2.\text{arcs}}=\begin{bmatrix}0&1&0&1&0\\1&0&1&0&1\\0&1&0&1&1\\1&0&1&0&0\\0&1&1&0&0\end{bmatrix}$$

图6.9 图的邻接矩阵

若G是网，则邻接矩阵可以定义为：

$$A[i][j]=\begin{cases}w_{ij} & \langle v_i,v_j\rangle \text{或} (v_i,v_j)\in E \\ \infty & \text{其他}\end{cases}$$

其中，w_{ij}表示边上的权值；∞表示计算机允许的、大于所有边上权值的数。例如，图6.10所示为一个有向网和它的邻接矩阵。

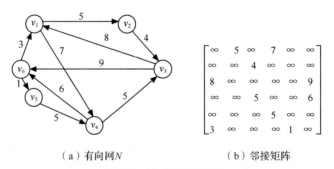

（a）有向网N

$$\begin{bmatrix}\infty&5&\infty&7&\infty&\infty\\\infty&\infty&4&\infty&\infty&\infty\\8&\infty&\infty&\infty&\infty&9\\\infty&\infty&5&\infty&\infty&6\\\infty&\infty&\infty&5&\infty&\infty\\3&\infty&\infty&\infty&1&\infty\end{bmatrix}$$

（b）邻接矩阵

图6.10 有向网及其邻接矩阵

用邻接矩阵表示法表示图，除了一个用于存储邻接矩阵的二维数组外，还需要用一个一维数组来存储顶点信息。其形式说明如下：

```
//-----图的邻接矩阵存储表示-----
#define MaxInt 32767                     //表示极大值，即∞
#define MVNum 100                        //最大顶点数
typedef char VerTexType;                 //假设顶点的数据类型为字符型
typedef int ArcType;                     //假设边的权值类型为整型
typedef struct
{
  VerTexType vexs[MVNum];                //顶点表
  ArcType arcs[MVNum][MVNum];            //邻接矩阵
  int vexnum,arcnum;                     //图的当前点数和边数
}AMGraph;
```

2. 采用邻接矩阵表示法创建无向网

已知一个图的点和边，使用邻接矩阵表示法来创建此图的方法比较简单，下面以一个无向网为例来说明创建图的算法。

算法6.1 采用邻接矩阵表示法创建无向网

采用邻接
矩阵表示法
创建无向网

【算法步骤】

① 输入总顶点数和总边数。

② 依次输入点的信息并将其存入顶点表中。

③ 初始化邻接矩阵，使每个权值初始化为极大值。

④ 构造邻接矩阵。依次输入每条边依附的顶点和其权值，确定两个顶点在图中的位置之后，使相应边赋予相应的权值，同时使其对称边赋予相同的权值。

【算法描述】

```
Status CreateUDN(AMGraph &G)
{//采用邻接矩阵表示法,创建无向网G
  cin>>G.vexnum>>G.arcnum;              //输入总顶点数,总边数
  for(i=0;i<G.vexnum;++i)               //依次输入点的信息
    cin>>G.vexs[i];
  for(i=0;i<G.vexnum;++i)               //初始化邻接矩阵,边的权值
                                        均置为极大值MaxInt

    for(j=0;j<G.vexnum;++j)
      G.arcs[i][j]=MaxInt;
  for(k=0;k<G.arcnum;++k)               //构造邻接矩阵
  {
    cin>>v1>>v2>>w;                     //输入一条边依附的顶点及权值
    i=LocateVex(G,v1);j=LocateVex(G,v2); //确定v1和v2在G中的位置,即顶点数组的下标
    G.arcs[i][j]=w;                     //边<v1, v2>的权值置为w
    G.arcs[j][i]=G.arcs[i][j];          //置<v1, v2>的对称边<v2, v1>的权值为w
  }                                     //for
  return OK;
}
```

【算法分析】

该算法的时间复杂度是$O(\max(n^2, n \times e))$。

若要建立无向图，只需对上述算法做两处小的改动：一是初始化邻接矩阵时，将边的权值均初始化为0；二是构造邻接矩阵时，将权值w改为常量值1即可。同样，将该算法稍做修改即可建立一个有向网或有向图。

3. 邻接矩阵表示法的优缺点

（1）优点

① 便于判断两个顶点之间是否有边，即根据$A[i][j]$等于0或1来判断。

② 便于计算各个顶点的度。对于无向图，邻接矩阵第i行元素之和就是顶点v_i的度；对于有向图，第i行元素之和就是顶点v_i的出度，第i列元素之和就是顶点i的入度。

（2）缺点

① 不便于增加和删除顶点。

② 不便于统计边的数目，需要查找邻接矩阵所有元素才能统计完毕，时间复杂度为$O(n^2)$。

③ 空间复杂度高。如果是有向图，n个顶点需要n^2个单元存储边。如果是无向图，因其邻接

矩阵是对称的，所以对规模较大的邻接矩阵可以采用压缩存储的方法，仅存储下三角（或上三角）的元素，这样需要$n(n-1)/2$个单元即可。但无论以何种方式存储，邻接矩阵表示法的空间复杂度均为$O(n^2)$，这对于稀疏图而言尤其浪费空间。

下面介绍的邻接表将邻接矩阵的n行改成n个单链表，适合表示稀疏图。

6.4.2 邻接表

1. 邻接表表示法

邻接表（Adjacency List）是图的一种链式存储结构。在邻接表中，对图中每个顶点v_i建立一个单链表，把与v_i相邻接的顶点放在这个链表中。邻接表中每个单链表的第一个结点存放有关顶点的信息，把这一结点看成链表的表头，其余结点存放有关边的信息，这样邻接表便由两部分组成：表头结点表和边表。

（1）**表头结点表**：由所有表头结点以顺序结构的形式存储，以便可以随机访问任一顶点的边链表。表头结点包括**数据域**（data）和**链域**（firstarc）两部分，如图6.11（a）所示。其中，数据域用于存储顶点v_i的名称或其他有关信息；链域用于指向链表中第一个结点（与顶点v_i邻接的第一个邻接点）。

（2）**边表**：由表示图中顶点间关系的n个边链表组成。边链表中边结点包括**邻接点域**（adjvex）、**数据域**（info）和**链域**（nextarc）3个部分，如图6.11（b）所示。其中，邻接点域指示与顶点v_i邻接的点在图中的位置；数据域存储和边相关的信息，如权值等；链域指示与顶点v_i邻接的下一条边的结点。

（a）表头结点　　　　　（b）边结点

图6.11　表头结点和边结点

例如，图6.12（a）和图6.12（b）所示分别为图6.1中G_1和G_2的邻接表。

在无向图的邻接表中，顶点v_i的度恰为第i个链表中的结点个数；而在有向图中，第i个链表中的结点个数只是顶点v_i的出度，为求入度，必须遍历整个邻接表。在所有链表中，其邻接点域的值为i的结点个数是顶点v_i的入度。有时，为了便于确定顶点的入度，可以建立一个有向图的逆邻接表，即对每个顶点v_i建立一个链接所有进入v_i的边的表，例如，图6.12（c）所示为有向图G_1的逆邻接表。

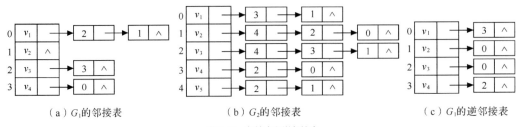

（a）G_1的邻接表　　　　　（b）G_2的邻接表　　　　　（c）G_1的逆邻接表

图6.12　邻接表和逆邻接表

根据上述讨论，要定义一个邻接表，需要先定义其存放顶点的头结点和表示边的边结点。图的邻接表存储结构说明如下：

```
//- - - - -图的邻接表存储表示- - - - -
#define MVNum 100                          //最大顶点数
```

```
typedef struct ArcNode                        //边结点
{
  int adjvex;                                 //该边所指向的顶点的位置
  struct ArcNode * nextarc;                   //指向下一条边的指针
  OtherInfo info;                             //和边相关的信息
}ArcNode;
typedef struct VNode                          //顶点信息
{
  VerTexType data;
  ArcNode *firstarc;                          //指向第一条依附该顶点的边的指针
}VNode,AdjList[MVNum];                         //AdjList表示邻接表类型
typedef struct                                //邻接表
{
  AdjList vertices;
  int vexnum,arcnum;                          //图的当前顶点数和边数
}ALGraph;
```

2. 采用邻接表表示法创建无向图

基于上述的邻接表表示法，要创建一个图则需要创建其相应的顶点表和边表。下面以一个无向图为例来说明采用邻接表表示法创建无向图的算法。

算法6.2　采用邻接表表示法创建无向图

【算法步骤】

① 输入总顶点数和总边数。

② 依次输入点的信息存入顶点表中，使每个表头结点的指针域初始化为NULL。

③ 创建邻接表。依次输入每条边依附的两个顶点，确定这两个顶点的序号i和j之后，将此边结点分别插入v_i和v_j对应的两个边链表的头部。

采用邻接表
表示法创建
无向图

【算法描述】

```
Status CreateUDG(ALGraph &G)
{//采用邻接表表示法，创建无向图G
  cin>>G.vexnum>>G.arcnum;                    //输入总顶点数，总边数
  for(i=0;i<G.vexnum;++i)                     //输入各点，构造表头结点表
  {
    cin>>G.vertices[i].data;                  //输入顶点值
    G.vertices[i].firstarc=NULL;              //初始化表头结点的指针域为NULL
  }                                           //for
  for(k=0;k<G.arcnum;++k)                     //输入各边，构造边表
  {
    cin>>v1>>v2;                              //输入一条边依附的两个顶点
    i=LocateVex(G,v1); j=LocateVex(G,v2);
    //确定v1和v2在G中的位置，即顶点在G.vertices中的序号
    p1=new ArcNode;                           //生成一个新的边结点*p1
    p1->adjvex=j;                             //邻接点序号为j
    p1->nextarc=G.vertices[i].firstarc; G.vertices[i].firstarc=p1;
    //将新结点*p1插入顶点vi的边表头部
    p2=new ArcNode;                           //生成另一个对称的新的边结点*p2
    p2->adjvex=i;                             //邻接点序号为i
    p2->nextarc=G.vertices[j].firstarc; G.vertices[j].firstarc=p2;
    //将新结点*p2插入顶点vj的边表头部
```

```
}                                            //for
    return OK;
}
```

【算法分析】

该算法的时间复杂度是$O(n \times e)$。

建立有向图的邻接表与此类似，只是更加简单，每读入一个顶点对$<i, j>$，仅需生成一个邻接点序号为j的边表结点，并将其插入v_i的边链表头部即可。若要创建网的邻接表，可以将边的权值存储在info域中。

> **注意** 💡
>
> 值得注意的是，一个图的邻接矩阵表示是唯一的，但其邻接表表示不唯一，这是因为邻接表表示中，各边表结点的链接次序取决于建立邻接表的算法，以及边的输入次序。

邻接矩阵和邻接表是图的两种常用的存储结构，它们各有所长。与邻接矩阵相比，邻接表有其自己的优缺点。

3．邻接表表示法的优缺点

（1）优点

① 便于增加和删除顶点。

② 便于统计边的数目，按顶点表顺序查找所有边表可得到边的数目，时间复杂度为$O(n + e)$。

③ 空间效率高。对于一个具有n个顶点、e条边的图G，若G是无向图，则在其邻接表表示中有n个顶点表结点和$2e$个边表结点；若G是有向图，则在它的邻接表表示或逆邻接表表示中均有n个顶点表结点和e个边表结点。因此，邻接表或逆邻接表表示的空间复杂度为$O(n + e)$，适合表示稀疏图。对于稠密图，考虑到邻接表中要附加链域，因此常采取邻接矩阵表示法。

（2）缺点

① 不便于判断顶点之间是否有边，要判定v_i和v_j之间是否有边，就需查找第i个边表，最坏情况下时间复杂度为$O(e)$。

② 不便于计算有向图各个顶点的度。对于无向图，在邻接表表示中顶点v_i的度是第i个边表中的结点个数。在有向图的邻接表中，第i个边表上的结点个数是顶点v_i的出度，但求v_i的入度较困难，需遍历各顶点的边表。若有向图采用逆邻接表表示，则与邻接表表示相反，求顶点的入度较容易，而求顶点的出度较困难。

下面介绍的十字链表便于求得顶点的入度和出度。

6.4.3　十字链表

十字链表（Orthogonal List）是有向图的另一种链式存储结构，可以看成将有向图的邻接表和逆邻接表结合起来得到的一种链表。在十字链表中，对应于有向图中每一条弧有一个结点，对应于每个顶点也有一个结点。这些结点的结构如图6.13所示。

tailvex	headvex	hlink	tlink	info

（a）弧结点

data	firstin	firstout

（b）顶点结点

图6.13　弧结点和顶点结点的结构

在弧结点中有5个域：其中尾域（tailvex）和头域（headvex）分别指示弧尾和弧头这两个顶点在图中的位置，链域hlink指向弧头相同的下一条弧，而链域tlink指向弧尾相同的下一条弧，info域指向该弧的相关信息。弧头相同的弧在同一链表上，弧尾相同的弧也在同一链表上。它们的头结点即顶点结点，由3个域组成：其中data存储和顶点相关的信息，如顶点的名称等；firstin和firstout为两个链域，分别指向以该顶点为弧头或弧尾的第一个弧结点。例如，图6.14（a）中所示图的十字链表如图6.14（b）所示。若将有向图的邻接矩阵看成稀疏矩阵的话，则十字链表也可以看成邻接矩阵的链式存储结构。在图的十字链表中，弧结点所在的链表非循环链表，结点之间相对位置自然形成，不一定按顶点序号排列，表头结点即顶点结点，它们之间不是链接关系，而是顺序存储关系。

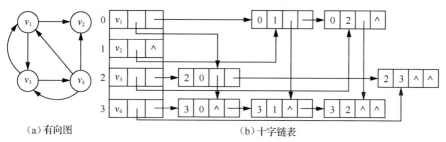

（a）有向图　　　　　　　　　　　　　　　（b）十字链表

图6.14　有向图的十字链表

有向图的十字链表存储表示的形式说明如下所示：

```
//- - - - -有向图的十字链表存储表示- - - - -
#define MAX_VERTEX_NUM  20
typedef struct ArcBox
{
  int tailvex,headvex;          //该弧的尾和头顶点的位置
  struct ArcBox *hlink, *tlink; //分别为弧头相同和弧尾相同的弧的链域
  InfoType *info;               //该弧相关信息的指针
}ArcBox;
typedef struct VexNode
{
  VertexType data;
  ArcBox *firstin,*firstout;    //分别指向该顶点第一条入弧和出弧
}VexNode;
typedef struct
{
  VexNode xlist[MAX_VERTEX_NUM]; //表头向量
  int vexnum, arcnum;            //有向图的当前顶点数和弧数
}OLGraph;
```

只要输入n个顶点的信息和e条弧的信息，便可建立该有向图的十字链表，读者可以模仿算法6.2写出采用十字链表表示法创建有向图的算法。建立十字链表的时间复杂度和建立邻接表是相同的。在十字链表中既容易找到以v_i为尾的弧，也容易找到以v_i为头的弧，因而容易求得顶点的出度和入度（或需要，可在建立十字链表的同时求出）。在某些有向图的应用中，十字链表是很有用的工具。

6.4.4　邻接多重表

邻接多重表（Adjacency Multilist）是无向图的另一种链式存储结构。虽然邻接表是无向图的一种很有效的存储结构，在邻接表中容易求得顶点和边的各种信息。但是，在邻接表中每一

条边 (v_i,v_j) 有两个结点，分别在第 i 个和第 j 个链表中，这给某些图的操作带来不便。例如在某些图的应用问题中需要对边进行某种操作，如对已被搜索过的边进行标记或删除一条边等，此时需要找到表示同一条边的两个结点。因此，在进行这一类操作的无向图的问题中采用邻接多重表作为存储结构更为适宜。

邻接多重表的结构和十字链表类似。在邻接多重表中，每一条边用一个结点表示，它由如图6.15（a）所示的6个域组成。其中，mark为标志域，可用以标记该条边是否被搜索过；ivex和jvex为该边依附的两个顶点在图中的位置；ilink指向下一条依附于顶点ivex的边；jlink指向下一条依附于顶点jvex的边，info为指向和边相关的各种信息的指针域。

每一个顶点也用一个结点表示，它由如图6.15（b）所示的两个域组成。其中，data存储和该顶点相关的信息，firstedge指示第一条依附于该顶点的边。例如，图6.16所示为无向图 G_2 的邻接多重表。在邻接多重表中，所有依附于同一顶点的边串联在同一链表中，由于每条边依附于两个顶点，则每个边结点同时链接在两个链表中。可见，对无向图而言，其邻接多重表和邻接表的差别，仅仅在于同一条边在邻接表中用两个结点表示，而在邻接多重表中只用一个结点表示。因此，除了在边结点中增加一个标志域外，邻接多重表所需的存储量和邻接表所需的相同。

mark	ivex	ilink	jvex	jlink	info

data	firstedge

（a）边结点   （b）顶点结点

图6.15　边结点和顶点结点

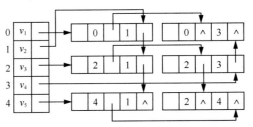

图6.16　无向图 G_2 的邻接多重表

在邻接多重表上，各种基本操作的实现亦和邻接表相似。邻接多重表的类型说明如下：

```
//- - - - -无向图的邻接多重表存储表示- - - - -
#define MAX_VERTEX_NUM  20
typedef enum{unvisited,visited} VisitIf;
typedef struct EBox
{
  VisitIf mark;                          //访问标记
  int ivex, jvex;                        //该边依附的两个顶点的位置
  struct EBox *ilink, *jlink;            //分别指向依附这两个顶点的下一条边
  InfoType *info;                        //该边信息指针
}Ebox;
typedef struct VexBox
{
  VertexType data;
  EBox *firstedge;                       //指向第一条依附该顶点的边
}VexBox;
typedef struct{
  VexBox adjmulist[MAX_VERTEX_NUM];
  int vexnum, edgenum;                   //无向图的当前顶点数和边数
}AMLGraph;
```

6.5 图的遍历

和树的遍历类似，图的遍历也是从图中某一顶点出发，按照某种方法对图中所有顶点进行访问且仅访问一次。图的遍历算法是求解图的连通性问题、拓扑排序和关键路径等算法的基础。

然而，图的遍历要比树的遍历复杂得多。因为图的任一顶点都可能和其余的顶点相邻接，所以在访问了某个顶点之后，可能沿着某条路径搜索之后，又回到该顶点上。例如，图6.1（b）中所示的G_2，由于图中存在回路，因此在访问了v_1、v_2、v_3、v_4之后，沿着边$<v_4, v_1>$又可访问到v_1。为了避免同一顶点被访问多次，在遍历图的过程中，必须记下每个已访问过的顶点。为此，设一个辅助数组visited[n]，其初始值置为"false"或者0，一旦访问了顶点v_i，便置visited[i]为"true"或者1。

根据搜索路径的方向，通常有两条遍历图的路径：深度优先搜索和广度优先搜索。它们对无向图和有向图都适用。

6.5.1 深度优先搜索

1. 深度优先搜索遍历的过程

深度优先搜索（Depth First Search，DFS）遍历类似于树的先序遍历，是树的先序遍历的推广。

对于一个连通图，深度优先搜索遍历的过程如下。

（1）从图中某个顶点v出发，访问v。

（2）找出刚访问过的顶点的第一个未被访问的邻接点，访问该顶点。以该顶点为新顶点，重复此步骤，直至刚访问过的顶点没有未被访问的邻接点为止。

（3）返回前一个访问过的且仍有未被访问的邻接点的顶点，找出该顶点的下一个未被访问的邻接点，访问该顶点。

（4）重复步骤（2）和步骤（3），直至图中所有顶点都被访问过，搜索结束。

以图6.17（a）所示的无向图G_4为例，深度优先搜索遍历图的过程如图6.17（b）所示[1]。具体过程如下。

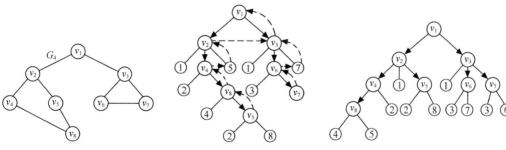

（a）无向图G_4　　　（b）深度优先搜索遍历图的过程　　　（c）广度优先搜索遍历图的过程

图6.17　遍历图的过程

（1）从顶点v_1出发，访问v_1。

（2）在访问了顶点v_1之后，选择第一个未被访问的邻接点v_2，访问v_2。以v_2为新顶点，重复

---

[1] 图中以带箭头的实线表示遍历时的访问路径，以带箭头的虚线表示回溯的路径。小圆圈表示已被访问过的邻接点，大圆圈表示未访问的邻接点。

此步骤，访问v_4，v_8、v_5。在访问了v_5之后，由于v_5的邻接点都已被访问，此步骤结束。

（3）搜索从v_5回到v_8，由于同样的理由，搜索继续回到v_4、v_2直至v_1，此时由于v_1的另一个邻接点未被访问，则搜索又从v_1到v_3，再继续进行下去。由此，得到的顶点访问序列为：

$$v_1 \rightarrow v_2 \rightarrow v_4 \rightarrow v_8 \rightarrow v_5 \rightarrow v_3 \rightarrow v_6 \rightarrow v_7$$

图6.17（b）中所示的所有顶点加上标有实箭头的边，构成一棵以v_1为根的树，称之为**深度优先生成树**，如图6.18（a）所示。

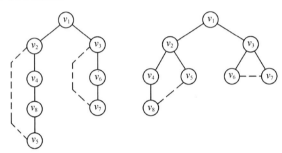

（a）G_4的深度优先生成树　　　（b）G_4的广度优先生成树

图6.18　生成树

2. 深度优先搜索遍历的算法实现

显然，深度优先搜索遍历连通图是一个递归的过程。为了在遍历过程中便于区分顶点是否已被访问，需附设访问标志数组visited[n]，其初值为"false"，一旦某个顶点被访问，则其相应的分量置为"true"。

算法6.3　深度优先搜索遍历连通图

【算法步骤】

① 从图中某个顶点v出发，访问v，并置visited[v]的值为true。

② 依次检查v的所有邻接点w，如果visited[w]的值为false，再从w出发进行递归遍历，直到图中所有顶点都被访问过。

【算法描述】

```
bool visited[MVNum];                        //访问标志数组，其初值为"false"
void DFS(Graph G,int v)
{//从第v个顶点出发递归地深度优先遍历图G
    cout<<v;visited[v]=true;                //访问第v个顶点，并置访问标志数组相应分量
值为true
    for(w=FirstAdjVex(G,v);w>=0;w=NextAdjVex(G,v,w))
    //依次检查v的所有邻接点w，FirstAdjVex(G, v)表示v的第一个邻接点
    //NextAdjVex(G,v,w)表示v相对于w的下一个邻接点，w≥0表示存在邻接点
        if(!visited[w]) DFS(G,w);           //对v的尚未访问的邻接顶点w递归调用DFS()
}
```

若是非连通图，上述遍历过程执行之后，图中一定还有顶点未被访问，需要从图中另选一个未被访问的顶点作为起始点，重复上述深度优先搜索过程，直到图中所有顶点均被访问过为止。这样，要实现对非连通图的遍历，需要循环调用算法6.3，具体实现如算法6.4所示。

算法6.4　深度优先搜索遍历非连通图

【算法描述】

```
void DFSTraverse(Graph G)
```

```
{//对非连通图G进行深度优先遍历
  for(v=0;v<G.vexnum;++v) visited[v]=false;      //访问标志数组初始化
  for(v=0;v<G.vexnum;++v)                        //循环调用算法6.3
    if(!visited[v]) DFS(G,v);                    //对尚未访问的顶点调用DFS
}
```

对于算法6.4，每调用一次算法6.3将遍历一个连通分量，有多少次调用，就说明图中有多少个连通分量。

在算法6.3中，对于查找邻接点的操作FirstAdjVex(G, v)及NextAdjVex(G, v, w)并没有具体展开。如果图的存储结构不同，这两个操作的实现方法不同，时间耗费也不同。下面的算法6.5、算法6.6分别用邻接矩阵和邻接表具体实现了算法6.3的功能。

采用邻接矩阵表示图的深度优先搜索遍历

算法6.5　采用邻接矩阵表示图的深度优先搜索遍历
【算法描述】

```
void DFS_AM(AMGraph G,int v)
{//图G为邻接矩阵类型，从第v个顶点出发深度优先搜索遍历图G
  cout<<v;visited[v]=true;   //访问第v个顶点，并置访问标志数组相应分量值为true
  for(w=0;w<G.vexnum;w++)    //依次检查邻接矩阵v所在的行
    if((G.arcs[v][w]!=0)&&(!visited[w])) DFS_AM(G,w);
    //G.arcs[v][w]!=0表示w是v的邻接点，如果w未访问，则递归调用DFS_AM()
}
```

算法6.6　采用邻接表表示图的深度优先搜索遍历
【算法描述】

```
void DFS_AL (ALGraph G,int v)
{//图G为邻接表类型，从第v个顶点出发深度优先搜索遍历图G
  cout<<v;visited[v]=true;            //访问第v个顶点
  p=G.vertices[v].firstarc;           //p指向v的边链表的第一个边结点
  while(p!=NULL)                      //边结点非空
  {
    w=p->adjvex;                      //表示w是v的邻接点
    if(!visited[w]) DFS_AL(G,w);      //如果w未访问，则递归调用DFS_AL()
    p=p->nextarc;                     //p指向下一个边结点
  }                                   //while
}
```

采用邻接表表示图的深度优先搜索遍历

3. 深度优先搜索遍历的算法分析

分析上述算法，在遍历图时，对图中每个顶点至多调用一次DFS()函数，因为一旦某个顶点被标志成已被访问，就不再从它出发进行搜索。因此，遍历图的过程实质上是对每个顶点查找其邻接点的过程，其耗费的时间则取决于所采用的存储结构。当用邻接矩阵表示图时，查找每个顶点的邻接点的时间复杂度为$O(n^2)$，其中n为图中顶点数。而当以邻接表作为图的存储结构时，查找邻接点的时间复杂度为$O(e)$，其中e为图中边数。由此，当以邻接表作为存储结构时，深度优先搜索遍历图的时间复杂度为$O(n + e)$。

6.5.2　广度优先搜索

1. 广度优先搜索遍历的过程

广度优先搜索（Breadth First Search，BFS）遍历类似于树的按层次遍历的过程。

广度优先搜索遍历的过程如下。

（1）从图中某个顶点v出发，访问v。

（2）依次访问v的各个未曾访问过的邻接点。

（3）分别从这些邻接点出发依次访问它们的邻接点，并使"先被访问的顶点的邻接点"先于"后被访问的顶点的邻接点"被访问。重复步骤（3），直至图中所有已被访问的顶点的邻接点都被访问到。

例如，对图G_4进行广度优先搜索遍历的过程如图6.17（c）所示，具体过程如下。

（1）从顶点v_1出发，访问v_1。

（2）依次访问v_1的各个未曾访问过的邻接点v_2和v_3。

（3）依次访问v_2的邻接点v_4和v_5，以及v_3的邻接点v_6和v_7，最后访问v_4的邻接点v_8。由于这些顶点的邻接点均已被访问，并且图中所有顶点都被访问，由此完成了图的遍历。得到的顶点访问序列为：

$$v_1 \rightarrow v_2 \rightarrow v_3 \rightarrow v_4 \rightarrow v_5 \rightarrow v_6 \rightarrow v_7 \rightarrow v_8$$

图6.17（c）中所示的所有顶点加上标有实箭头的边，构成一棵以v_1为根的树，称为**广度优先生成树**，如图6.18（b）所示。

2. 广度优先搜索遍历的算法实现

可以看出，广度优先搜索遍历的特点是：尽可能先对横向进行搜索。设x和y是两个相继被访问过的顶点，若当前以x为出发点进行搜索，则在访问x的所有未曾被访问过的邻接点之后，紧接着以y为出发点进行横向搜索，并对搜索到的y的邻接点中尚未被访问的顶点进行访问。也就是说，先访问的顶点其邻接点亦先被访问。为此，算法实现时需引进队列保存已被访问过的顶点。

和深度优先搜索类似，广度优先搜索在遍历的过程中也需要一个访问标志数组。

算法6.7 广度优先搜索遍历连通图

【算法步骤】

① 从图中某个顶点v出发，访问v，并置visited[v]的值为true，然后使v入队。

② 只要队列不空，则重复下述操作：

● 队头元素u出队；

● 依次检查u的所有邻接点w，如果visited[w]的值为false，则访问w，并置visited[w]的值为true，然后使w入队。

广度优先搜索
遍历连通图

【算法描述】

```
void BFS(Graph G,int v)
{//按广度优先非递归遍历连通图G
    cout<<v;visited[v]=true;    //访问第v个顶点，并置访问标志数组相应分量值为true
    InitQueue(Q);              //辅助队列Q初始化，置空
    EnQueue(Q,v);             //v入队
    while(!QueueEmpty(Q))     //队列非空
    {
        DeQueue(Q,u);           //队头元素出队并置为u
        for(w=FirstAdjVex(G,u);w>=0;w=NextAdjVex(G,u,w))
        //依次检查u的所有邻接点w，FirstAdjVex(G,u)表示u的第一个邻接点
        //NextAdjVex(G,u,w)表示u相对于w的下一个邻接点，w≥0表示存在邻接点
```

```
      if(!visited[w])        //w为u的尚未访问的邻接顶点
      {
         cout<<w; visited[w]=true;//访问w,并置访问标志数组相应分量值为true
         EnQueue(Q,w);         //w入队
      }                        //if
   }                           //while
}
```

若是非连通图,上述遍历过程执行之后,图中一定还有顶点未被访问,需要从图中另选一个未被访问的顶点作为起始点,重复上述广度优先搜索过程,直到图中所有顶点均被访问过为止。

对于非连通图的遍历,实现算法类似于算法6.4,仅需将原算法中的DFS()函数调用改为BFS()函数调用。

读者可以参考算法6.5和算法6.6,分别用邻接矩阵和邻接表具体实现算法6.7的功能。

3. 广度优先搜索遍历的算法分析

分析上述算法,每个顶点至多进一次队列。遍历图的过程实质上是通过边找邻接点的过程,因此广度优先搜索遍历的时间复杂度和深度优先搜索遍历相同,即当用邻接矩阵存储时,时间复杂度为$O(n^2)$;用邻接表存储时,时间复杂度为$O(n + e)$。两种遍历方法的不同之处仅仅在于对顶点访问的顺序不同。

6.6 图的应用

现实生活中的许多问题都可以利用图来解决。例如,如何以最小成本构建一个通信网络,如何计算地图中两地之间的最短路径,如何为复杂活动中各子任务的完成寻找一个较优的顺序等。本节将结合这些常用的实际问题,介绍图的几个常用算法,包括最小生成树、最短路径、拓扑排序和关键路径算法等。

6.6.1 最小生成树

党的二十大报告提出,加快建设制造强国、质量强国、航天强国、交通强国、网络强国、数字中国。网络强国建设承载着以习近平同志为核心的党中央的深切关怀、殷切期望。假设要在n个城市之间建立通信联络网,则连通n个城市只需要$n - 1$条线路。这时,自然会考虑这样一个问题,如何在最节省经费的前提下建立这个通信网。

在每两个城市之间都可设置一条线路,相应地都要付出一定的经济代价。n个城市之间,最多可能设置$n(n-1)/2$条线路,那么,如何在这些可能的线路中选择$n-1$条,以使总的耗费最少呢?

可以用连通网来表示n个城市,以及n个城市间可能设置的通信线路,其中网的顶点表示城市,边表示两城市之间的线路,赋予边的权值表示相应的代价。对于n个顶点的连通网可以建立许多不同的生成树,每一棵生成树都可以是一个通信网。最合理的通信网应该是代价之和最小的生成树。在一个连通网的所有生成树中,各边的代价之和最小的那棵生成树称为该连通网的**最小代价生成树**(Minimum Cost Spanning Tree),简称为**最小生成树**。

构造最小生成树有多种算法,其中多数算法利用了最小生成树的一种简称为MST的性质:假设$N = (V, E)$是一个连通网,U是顶点集V的一个非空子集,若(u, v)是一条具有最小权值(代价)的边,其中$u \in U$、$v \in V - U$,则必存在一棵包含边(u, v)的最小生成树。

可以用反证法来证明。假设网N的任何一棵最小生成树都不包含(u, v)。设T是连通网上的一棵最小生成树，当将边(u, v)加入T中时，由生成树的定义，T中必存在一条包含(u, v)的回路。另一方面，由于T是生成树，则在T上必存在另一条边(u', v')，其中$u' \in U$、$v' \in V - U$，且u和u'之间、v和v'之间均有路径相通。删去边(u', v')，便可消除上述回路，同时得到另一棵生成树T'。因为(u, v)的权值不高于(u', v')，则T'的权值亦不高于T，T'是包含(u, v)的一棵最小生成树。由此和假设矛盾。

普里姆（Prim）算法和克鲁斯卡尔（Kruskal）算法是两个利用MST性质构造最小生成树的算法。下面先介绍普里姆算法。

1. 普里姆算法

（1）普里姆算法的构造过程

假设$N = (V, E)$是连通网，TE是N上最小生成树中边的集合。

① $U = \{u_0\}(u_0 \in V)$，$TE = \{\}$。

② 在所有$u \in U$、$v \in V - U$的边$(u, v) \in E$中找一条权值最小的边(u_0, v_0)并入集合TE，同时v_0并入U。

③ 重复②，直至$U = V$为止。

此时TE中必有$n - 1$条边，则$T = (V, TE)$为N的最小生成树。

图6.19所示为连通网G_5从v_1开始构造最小生成树的过程。可以看出，普里姆算法逐步增加U中的顶点，可称为"**加点法**"。

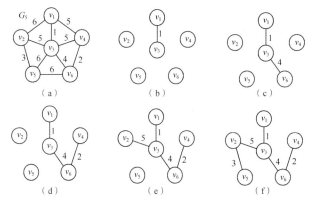

图6.19 普里姆算法构造最小生成树的过程

> **注意**
>
> **每次选择最小边时，可能存在多条同样权值的边可选，此时任选其一即可。**

（2）普里姆算法的实现

假设一个无向网G以邻接矩阵形式存储，从顶点u出发构造G的最小生成树T，要求输出T的各条边。为实现这个算法需附设一个辅助数组closedge，以记录从U到$V - U$具有最小权值的边。对每个顶点$v_i \in V - U$，在辅助数组中存在一个相应分量closedge[$i-1$]，它包括两个域：lowcost和adjvex。其中lowcost存储最小边上的权值，adjvex存储最小边在U中的那个顶点。显然，closedge[$i-1$].lowcost = min{cost(u, v_i)|$u \in U$}，其中cost(u, v)表示赋予边(u, v)的权。

```
// 辅助数组的定义，用来记录从顶点集U到V-U的权值最小的边
struct
{
```

```
    VerTexType  adjvex;          //最小边在U中的那个顶点
    ArcType     lowcost;         //最小边上的权值
}closedge[MVNum];
```

算法6.8 普里姆算法

【算法步骤】

① 首先将初始顶点u加入U中，对其余的每一个顶点v_j，将closedge[j]均初始化为到u的边信息。

② 循环$n-1$次，做如下处理：

- 从各组边closedge中选出最小边closedge[k]，输出此边；
- 将k加入U中；
- 更新剩余的每组最小边信息closedge[j]，对于$V-U$中的边，新增加了一条从k到j的边，如果新边的权值比closedge[j].lowcost小，则将closedge[j].lowcost更新为新边的权值。

【算法描述】

```
void MiniSpanTree_Prim(AMGraph G,VerTexType u)
{//无向网G以邻接矩阵形式存储,从顶点u出发构造G的最小生成树T,输出T的各条边
  k=LocateVex(G,u);                //k为顶点u的下标
  for(j=0;j<G.vexnum;++j)          // 对V-U的每一个顶点初始化closedge[j]
    if(j!=k) closedge[j]={u,G.arcs[k][j]};      //{adjvex, lowcost}
  closedge[k].lowcost=0;           //初始,U={u}
  for(i=1;i<G.vexnum;++i)
  {//选择其余n-1个顶点,生成n-1条边 (n=G.vexnum)
    k=Min(closedge);
    //求出T的下一个结点:第k个顶点,closedge[k]中存有当前最小边
    u0=closedge[k].adjvex;         //u0为最小边的一个顶点,u0∈U
    v0=G.vexs[k];                  //v0为最小边的另一个顶点,v0∈V-U
    cout<<u0<<v0;                  //输出当前的最小边 (u0, v0)
    closedge[k].lowcost=0;         //第k个顶点并入U集
    for(j=0;j<G.vexnum;++j)
      if(G.arcs[k][j]<closedge[j].lowcost)       //新顶点并入U后重新选择最小边
        closedge[j]={G.vexs[k],G.arcs[k][j]};
  }                                //for
}
```

【算法分析】

分析算法6.8，假设网中有n个顶点，则第一个进行初始化的循环语句的频度为n，第二个循环语句的频度为$n-1$。其中第二个有两个内循环：其一是在closedge[v].lowcost中求最小值，其频度为$n-1$；其二是重新选择具有最小权值的边，其频度为n。由此，普里姆算法的时间复杂度为$O(n^2)$，与网中的边数无关，因此适用于求稠密网的最小生成树。

【例6.1】 利用算法6.8，对图6.19（a）所示的连通网G_5从顶点v_1开始构造最小生成树，给出算法中各参量的变化。

各参量的变化如表6.1所示。

表6.1 图6.19构造最小生成树过程中辅助数组中各参量的变化

closedge[i]	i						U	$V-U$	k	(u_0, v_0)
	0	1	2	3	4	5				
adjvex		v_1	v_1	v_1	v_1	v_1	$\{v_1\}$	$\{v_2, v_3, v_4, v_5, v_6\}$	2	(v_1, v_3)
lowcost	0	6	1	5	∞	∞				

续表

closedge[i]		i						U	V − U	k	(u_0, v_0)
		0	1	2	3	4	5				
adjvex			v_3		v_1	v_3	v_3	$\{v_1, v_3\}$	$\{v_2, v_4, v_5, v_6\}$	5	(v_3, v_6)
lowcost		0	5	0	5	6	4				
adjvex			v_3		v_6	v_3		$\{v_1, v_3, v_6\}$	$\{v_2, v_4, v_5\}$	3	(v_6, v_4)
lowcost		0	5	0	2	6	0				
adjvex			v_3			v_3		$\{v_1, v_3, v_6, v_4\}$	$\{v_2, v_5\}$	1	(v_3, v_2)
lowcost		0	5	0	0	6	0				
adjvex						v_2		$\{v_1, v_3, v_6, v_4, v_2\}$	$\{v_5\}$	4	(v_2, v_5)
lowcost		0	0	0	0	3	0				
adjvex								$\{v_1, v_3, v_6, v_4, v_2, v_5\}$	$\{\ \}$		
lowcost		0	0	0	0	0	0				

初始状态时，由于$U = \{v_1\}$，则到$V - U$中各顶点的最小边，即从依附于顶点v_1的各条边中，找到一条权值最小的边(v_1, v_3)为生成树上的第一条边，同时将顶点v_3并入集合U中。然后修改辅助数组中的值，首先将closedge[2].lowcost改为0，表明顶点v_3已并入U。由于边(v_3, v_2)上的权值小于closedge[1].lowcost，则需修改closedge[1]为边(v_3, v_2)及其权值。同理修改closedge[4]和closedge[5]。依次类推，直到$U = V$。

2. 克鲁斯卡尔算法

（1）克鲁斯卡尔算法的构造过程

假设连通网$N = (V, E)$，将N中的边按权值从小到大的顺序排列。

① 初始状态为只有n个顶点而无边的非连通图$T = (V, \{\})$，图中每个顶点自成一个连通分量。

② 在E中选择权值最小的边，若该边依附的顶点落在T中不同的连通分量上（不形成回路），则将此边加入T中，否则舍去此边而选择下一条权值最小的边。

③ 重复②，直至T中所有顶点都在同一连通分量上为止。

例如，对图6.19（a）所示的连通网G_5，图6.20所示为依照克鲁斯卡尔算法构造最小生成树的过程。权值分别为1、2、3、4的4条边由于满足上述条件，因此先后被加入T中；权值为5的两条边(v_1, v_4)和(v_3, v_4)被舍去。因为它们依附的两顶点在同一连通分量上，它们若加入T中，则会使T中产生回路，而下一条权值（$= 5$）最小的边(v_2, v_3)连结两个连通分量，则可加入T。由此，构造成一棵最小生成树。

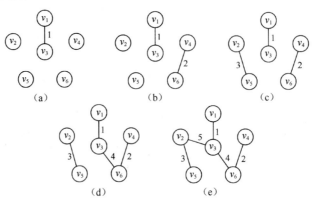

图6.20　克鲁斯卡尔算法构造最小生成树的过程

可以看出，克鲁斯卡尔算法逐步增加生成树的边，与普里姆算法相比，其可称为"**加边法**"。与普里姆算法一样，每次选择最小边时，可能有多条同样权值的边可选，可以任选其一。

（2）克鲁斯卡尔算法的实现

算法的实现要引入以下辅助的数据结构。

① 结构体数组Edge：存储边的信息，包括边的两个顶点信息和权值。

```
//辅助数组 Edges 的定义
struct
{
    VerTexType Head;              //边的始点
    VerTexType Tail;              //边的终点
    ArcType lowcost;             //边上的权值
}Edge[arcnum];
```

② Vexset[i]：标识各个顶点所属的连通分量。对每个顶点$v_i \in V$，在辅助数组中存在一个相应元素Vexset[i]表示该顶点所在的连通分量。初始时Vexset[i] = i，表示各顶点自成一个连通分量。

```
//辅助数组 Vexset 的定义
int Vexset[MVNum];
```

算法6.9　克鲁斯卡尔算法

【算法步骤】

① 将数组Edge中的元素按权值从小到大排序。

② 依次查看数组Edge中的边，循环执行以下操作：

● 依次从排好序的数组Edge中选出一条边(v_1, v_2)；

● 在Vexset中分别查找v_1和v_2所在的连通分量vs_1和vs_2进行判断：

➢ 如果vs_1和vs_2不等，表明所选的两个顶点分属不同的连通分量，输出此边，并合并vs_1和vs_2两个连通分量；

克鲁斯卡尔
算法

➢ 如果vs_1和vs_2相等，表明所选的两个顶点属于同一个连通分量，舍去此边而选择下一条权值最小的边。

【算法描述】

```
void MiniSpanTree_ Kruskal(AMGraph G)
{//无向网 G 以邻接矩阵形式存储,构造 G 的最小生成树 T,输出 T 的各条边
    Sort(Edge);                        // 将数组 Edge 中的元素按权值从小到大排序
    for(i=0;i<G.vexnum;++i)            // 辅助数组,表示各顶点自成一个连通分量
        Vexset[i]=i;
    for(i=0;i<G.arcnum;++i)            // 依次查看数组 Edge 中的边
    {
        v1=LocateVex(G,Edge[i].Head);  //v1 为边的始点 Head 的下标
        v2=LocateVex(G,Edge[i].Tail);  //v2 为边的终点 Tail 的下标
        vs1=Vexset[v1];                // 获取边 Edge[i] 的始点所在的连通分量 vs1
        vs2=Vexset[v2];                // 获取边 Edge[i] 的终点所在的连通分量 vs2
        if(vs1!=vs2)                   // 边的两个顶点分属不同的连通分量
        {
            cout<< Edge[i].Head << Edge[i].Tail;//输出此边
            for(j=0;j<G.vexnum;++j)     // 合并 vs1 和 vs2 两个分量,即两个集合统一编号
            if(Vexset[j]==vs2) Vexset[j]=vs1;  // 集合编号为 vs2 的都改为 vs1
        }                              //if
    }                                  //for
}
```

【算法分析】

假若以第8章将介绍的"堆"来存放网中的边进行堆排序，对于包含 e 条边的网，上述算法排序时间是 $O(e\log_2 e)$。在for循环中最耗时的操作是合并两个不同的连通分量，只要采取合适的数据结构，就可以证明其执行时间为 $O(\log_2 e)$，因此整个for循环的执行时间是 $O(e\log_2 e)$。由此，克鲁斯卡尔算法的时间复杂度为 $O(e\log_2 e)$，与网中的边数有关。与普里姆算法相比，克鲁斯卡尔算法更适合于求稀疏网的最小生成树。

6.6.2 最短路径

假若要在计算机上建立一个交通咨询系统，则可以采用图的结构来表示实际的交通网。如图6.21所示，图中顶点表示城市，边表示城市间的交通联系。例如，一位旅客要从A城到B城，他希望选择一条中转次数最少的路线。假设图中每一站都需要换车，则这个问题反映到图上就是要找一条从顶点A到B所含边的数目最少的路径。只需从顶点A出发对图进行广度优先搜索，一旦遇到顶点B就终止。由此所得的广度优先生成树上，从根顶点A到顶点B的路径就是中转次数最少的路径，路径上A与B之间的顶点数就是中转次数，但是，这只是一类最简单的图的最短路径问题。有时，对于旅客来说，可能更关心的是节省交通费用；而对于司机来说，里程和速度则是他们感兴趣的信息。为了在图上表示有关信息，可对边赋以权，权值表示两城市间的距离，或途中所需时间，或交通费用等。此时路径长度的度量就不再是路径上边的数目，而是路径上边的权值之和。考虑到交通图的有向性，例如，汽车的上山和下山，轮船的顺水和逆水，所花费的时间或代价就不相同，所以交通网往往是用带权有向网表示的。在带权有向网中，习惯上称路径上的第一个顶点为**源点**（Source），最后一个顶点为**终点**（Destination）。

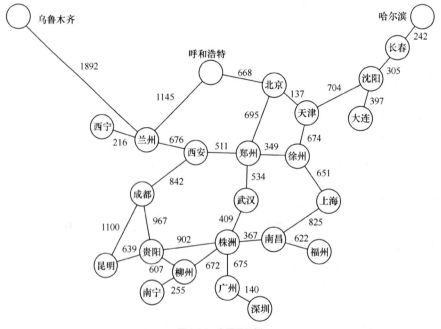

图6.21 交通网示例

本节主要讨论两种常见的最短路径问题：一种是求从某个源点到其余各顶点的最短路径，另一种是求每一对顶点之间的最短路径。

1. 从某个源点到其余各顶点的最短路径

本节将讨论单源点的最短路径问题：给定带权有向图G和源点v_0，求从v_0到G中其余各顶点的最短路径。迪杰斯特拉（Dijkstra）提出了一个按路径长度递增的次序产生最短路径的算法，称为迪杰斯特拉算法。

（1）迪杰斯特拉算法的求解过程

对于网$N = (V, E)$，将N中的顶点分成两组。

第一组S：已求出的最短路径的终点集合（初始时只包含源点v_0）。

第二组$V - S$：尚未求出的最短路径的顶点集合（初始时为$V - \{v_0\}$）。

算法将按各顶点与v_0间最短路径长度递增的次序，逐个将集合$V-S$中的顶点加入集合S中去。在这个过程中，总保持从v_0到集合S中各顶点的路径长度始终不大于到集合$V - S$中各顶点的路径长度。

这种求解方法能确保是正确的。因为，假设S为已求得最短路径的终点的集合，则可证明：下一条最短路径（设其终点为x）或者是边(v, x)，或者是中间只经过S中的顶点而最后到达顶点x的路径。

这可用反证法来证明。假设此路径上有一个顶点不在S中，则说明存在一条终点不在S而长度比此路径短的路径。但是，这是不可能的。因为算法是按路径长度递增的次序来产生最短路径的，故长度比此路径短的所有路径均已产生，它们的终点必定在S中，即假设不成立。

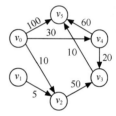

图 6.22　带权有向图G_6

例如，图6.22所示的带权有向图G_6中，从v_0到其余各顶点的最短路径如表6.2所示。

表 6.2　有向图 $G6$ 中从 $v0$ 到其余各顶点的最短路径

源点	终点	最短路径	路径长度
v_0	v_2	(v_0, v_2)	10
	v_4	(v_0, v_4)	30
	v_3	(v_0, v_4, v_3)	50
	v_5	(v_0, v_4, v_3, v_5)	60
	v_1	无	∞

根据迪杰斯特拉算法的求解过程，首先求出v_0到v_2的路径(v_0, v_2)，然后按路径长度递增的次序依次得到v_0到v_4的路径(v_0, v_4)，v_0到v_3的路径(v_0, v_4, v_3)，v_0到v_5的路径(v_0, v_4, v_3, v_5)，而从v_0到v_1没有路径。

（2）迪杰斯特拉算法的实现

假设用带权的邻接矩阵arcs来表示带权有向网G，G.arcs[i][j]表示弧$<v_i, v_j>$上的权值。若$<v_i, v_j>$不存在，则置G.arcs[i][j]为∞，源点为v_0。

算法的实现要引入以下辅助的数据结构。

① 一维数组S[i]：记录从源点v_0到终点v_i是否已被确定最短路径长度，true表示确定，false表示尚未确定。

② 一维数组Path[i]：记录从源点v_0到终点v_i的当前最短路径上v_i的直接前驱顶点序号。其初值为：如果从v_0到v_i有弧，则Path[i]为v_0，否则为-1。

③ 一维数组D[i]：记录从源点v_0到终点v_i的当前最短路径长度。其初值为：如果从v_0到v_i有弧，则D[i]为弧上的权值，否则为∞。

显然，最短路径必为(v_0, v_k)，其满足以下条件：

$$D[k] = \min\{D[i]|v_i \in V - S\}$$

求得顶点v_k的最短路径后，将其加入第一组顶点集S中。

每当加入一个新的顶点到顶点集S，对第二组剩余的各个顶点而言，多了一个"中转"顶点，从而多了一个"中转"路径，所以要对第二组剩余的各个顶点的最短路径长度进行更新。

原来v_0到v_i的最短路径长度为$D[i]$，加入v_k之后，以v_k作为中间顶点的"中转"路径长度为$D[k] + G.arcs[k][i]$，若$D[k] + G.arcs[k][i] < D[i]$，则用$D[k] + G.arcs[k][i]$取代$D[i]$。

更新后，再选择数组D中值最小的顶点加入第一组顶点集S中，如此进行下去，直到图中所有顶点都加入第一组顶点集S中为止。

算法6.10 迪杰斯特拉算法

【算法步骤】

① 初始化：

- 将源点v_0加到到S中，即$S[v_0] = true$；
- 将v_0到各个终点的最短路径长度初始化为权值，即$D[i] = G.arcs[v_0][v_i]$ $(v_i \in V - S)$；
- 如果v_0和顶点v_i之间有弧，则将v_i的前驱置为v_0，即$Path[i] = v_0$，否则$Path[i] = -1$。

② 循环$n - 1$次，执行以下操作。

- 选择下一条最短路径的终点v_k，使得：

$$D[k] = \min\{D[i]|v_i \in V - S\}$$

- 将v_k加到S中，即$S[v_k] = true$；
- 根据条件更新从v_0出发到集合$V - S$上任一顶点的最短路径的长度，若条件$D[k] + G.arcs[k][i] < D[i]$成立，则更新$D[i] = D[k] + G.arcs[k][i]$，同时更改$v_i$的前驱为$v_k$，$Path[i] = k$。

【算法描述】

```
void ShortestPath_DIJ(AMGraph G, int v0)
{//用Dijkstra算法求有向网的v0顶点到其余顶点的最短路径
    n=G.vexnum;                      //n为G中顶点的个数
    for(v=0;v<n;++v)                 //n个顶点依次初始化
    {
        S[v]=false;                  //S初始为空集
        D[v]=G.arcs[v0][v];          //将v0到各个终点的最短路径长度初始化为弧上的权值
        if(D[v]<MaxInt) Path[v]=v0;  //如果v0和v之间有弧，则将v的前驱置为v0
        else Path[v]=-1;             //如果v0和v之间无弧，则将v的前驱置为-1
    }                                //for
    S[v0]=true;                      //将v0加入S
    D[v0]=0;                         //源点到源点的距离为0
/*--------初始化结束，开始主循环，每次求得v0到某个顶点v的最短路径，将v加到S集---------*/
    for(i=1;i<n;++i)                 //对其余n-1个顶点，依次进行计算
    {
        min=MaxInt;
        for(w=0;w<n;++w)
            if(!S[w]&&D[w]<min)
                {v=w;min=D[w];}      //选择一条当前的最短路径，终点为v
        S[v]=true;                   //将v加入S
        for(w=0;w<n;++w)             //更新从v0出发到集合V-S上所有顶点的最短路径长度
```

```
        if(!S[w]&&(D[v]+G.arcs[v][w]<D[w]))
        {
            D[w]=D[v]+G.arcs[v][w];    //更新D[w]
            Path[w]=v;                 //更改w的前驱为v
        }                              //if
    }                                  //for
}
```

【**例6.2**】 利用算法6.10，对图6.22所示的有向网G_6求解最短路径，给出算法中各参量的初始化结果和求解过程中的变化。

G_6的邻接矩阵如图6.23所示。

$$\begin{bmatrix} \infty & \infty & 10 & \infty & 30 & 100 \\ \infty & \infty & 5 & \infty & \infty & \infty \\ \infty & \infty & \infty & 50 & \infty & \infty \\ \infty & \infty & \infty & \infty & \infty & 10 \\ \infty & \infty & \infty & 20 & \infty & 60 \\ \infty & \infty & \infty & \infty & \infty & \infty \end{bmatrix}$$

图6.23 G_6的邻接矩阵

（1）对图中6个顶点依次初始化，初始化结果如表6.3所示。

表6.3 迪杰斯特拉算法初始化结果

v	0	1	2	3	4	5
S	true	false	false	false	false	false
D	0	∞	10	∞	30	100
$Path$	-1	-1	0	-1	0	0

（2）求解过程中各参量的变化如表6.4所示。

表6.4 迪杰斯特拉算法求解过程中各参量的变化

终点	从v_0到各终点的最短路径长度D值和最短路径的求解过程				
	$i=1$	$i=2$	$i=3$	$i=4$	$i=5$
v_1	∞	∞	∞	∞	∞
v_2	**10**(v_0, v_2)				
v_3	∞	60(v_0, v_2, v_3)	**50**(v_0, v_4, v_3)		
v_4	30(v_0, v_4)	**30**(v_0, v_4)			
v_5	100(v_0, v_5)	100(v_0, v_5)	90(v_0, v_4, v_5)	**60**(v_0, v_4, v_3, v_5)	
v_k	v_2	v_4	v_3	v_5	无
$Path$		Path[3] = 2	Path[3] = 4 Path[5] = 4	Path[5] = 3	
S	$S[2]$ = true $\{v_0, v_2\}$	$S[4]$ = true $\{v_0, v_2, v_4\}$	$S[3]$ = true $\{v_0, v_2, v_4, v_3\}$	$S[5]$ = true $\{v_0, v_2, v_4, v_3, v_5\}$	

如何从表6.4中读取源点v_0到终点v_k的最短路径？以顶点$k=5$为例：

$$Path[5] = 3 \rightarrow Path[3] = 4 \rightarrow Path[4] = 0$$

反过来排列，得到路径0、4、3、5，这就是源点v_0到终点v_5的最短路径。

【算法分析】

算法6.10求解最短路径的主循环共进行 $n-1$ 次，每次执行的时间是 $O(n)$，所以算法的时间复杂度是 $O(n^2)$。如果用带权的邻接表作为有向图的存储结构，则虽然修改 D 的时间可以减少，但由于在 D 中选择最小分量的时间不变，所以时间复杂度仍为 $O(n^2)$。

人们可能只希望找到从源点到某一个特定终点的最短路径，但是，这个问题和求源点到其他所有顶点的最短路径一样复杂，也需要利用迪杰斯特拉算法来解决，其时间复杂度仍为 $O(n^2)$。

2. 每一对顶点之间的最短路径

求解每一对顶点之间的最短路径有两种方法：其一是分别以图中的每个顶点为源点共调用 n 次迪杰斯特拉算法；其二是采用下面介绍的弗洛伊德（Floyd）算法。两种算法的时间复杂度均为 $O(n^3)$，但后者形式上较简单。

弗洛伊德算法仍然使用带权的邻接矩阵arcs来表示有向网 G，求从顶点 v_i 到 v_j 的最短路径。

算法的实现要引入以下辅助的数据结构。

（1）二维数组 $Path[i][j]$：最短路径上顶点 v_j 的前一顶点的序号。

（2）二维数组 $D[i][j]$：记录顶点 v_i 和 v_j 之间的最短路径长度。

算法6.11 弗洛伊德算法

【算法步骤】

将 v_i 到 v_j 的最短路径长度初始化，即 $D[i][j] = $ G.arcs$[i][j]$，然后进行 n 次比较和更新。

① 在 v_i 和 v_j 间加入顶点 v_0，比较 (v_i, v_j) 和 (v_i, v_0, v_j) 的路径长度，取其中较短者作为 v_i 到 v_j 的中间顶点序号不大于0的最短路径。

② 在 v_i 和 v_j 间加入顶点 v_1，得到 $(v_i,\cdots, v_1)$ 和 $(v_1,\cdots, v_j)$，其中 $(v_i,\cdots, v_1)$ 是从 v_i 到 v_1 的且中间顶点的序号不大于0的最短路径，$(v_1,\cdots, v_j)$ 是从 v_1 到 v_j 的且中间顶点的序号不大于0的最短路径，这两条路径已在上一步中求出。比较 $(v_i,\cdots, v_1,\cdots, v_j)$ 与上一步求出的 v_i 到 v_j 的中间顶点序号不大于0的最短路径，取其中较短者作为 v_i 到 v_j 的中间顶点序号不大于1的最短路径。

③ 依次类推，在 v_i 和 v_j 间加入顶点 v_k，若 $(v_i,\cdots, v_k)$ 和 $(v_k,\cdots, v_j)$ 分别是从 v_i 到 v_k 和从 v_k 到 v_j 的中间顶点的序号不大于 $k-1$ 的最短路径，则将 $(v_i,\cdots, v_k,\cdots, v_j)$ 和已经得到的从 v_i 到 v_j 且中间顶点序号不大于 $k-1$ 的最短路径相比较，其长度较短者便是从 v_i 到 v_j 的中间顶点的序号不大于 k 的最短路径。这样，经过 n 次比较后，最后求得的必是从 v_i 到 v_j 的最短路径。按此方法，可以同时求得各对顶点间的最短路径。

根据上述求解过程，图中的所有顶点对 v_i 和 v_j 间的最短路径长度对应一个 n 阶方阵 D。在上述 $n+1$ 步中，D 的值不断变化，对应一个 n 阶方阵序列。

n 阶方阵序列可定义为：

$$D^{(-1)}, D^{(0)}, D^{(1)}, \cdots, D^{(k)}, \cdots, D^{(n-1)}$$

其中，

$$D^{(-1)}[i][j] = \text{G.arcs}[i][j]$$

$$D^{(k)}[i][j] = \min\{D^{(k-1)}[i][j],\ D^{(k-1)}[i][k] + D^{(k-1)}[k][j]\} \qquad 0 \leqslant k \leqslant n-1$$

显然，$D^{(1)}[i][j]$ 是从 v_i 到 v_j 的且中间顶点的序号不大于1的最短路径的长度；$D^{(k)}[i][j]$ 是从 v_i 到 v_j 的中间顶点的序号不大于 k 的最短路径的长度；$D^{(n-1)}[i][j]$ 就是从 v_i 到 v_j 的最短路径的长度。

弗洛伊德算法

【算法描述】

```
void ShortestPath_Floyd(AMGraph G)
{//用弗洛伊德算法求解有向网G中各对顶点i和j之间的最短路径
  for(i=0;i<G.vexnum;++i)                    //各对顶点之间初始已知路径及距离
    for(j=0;j<G.vexnum;++j)
    {
      D[i][j]=G.arcs[i][j];
      if(D[i][j]<MaxInt && i!=j) Path[i][j]=i; //如果i和j之间有弧,则将j的前驱置为i
      else Path[i][j]=-1;                      //如果i和j之间无弧,则将j的前驱置为-1
    }                                          //for
  for(k=0;k<G.vexnum;++k)
    for(i=0;i<G.vexnum;++i)
      for(j=0;j<G.vexnum;++j)
        if(D[i][k]+D[k][j]<D[i][j])            //从i经k到j的一条路径更短
        {
          D[i][j]=D[i][k]+D[k][j];             //更新D[i][j]
          Path[i][j]=Path[k][j];              //更改j的前驱为k
        }                                      //if
}
```

【例6.3】 利用算法6.11,对图6.24所示有向网G_7求解最短路径,给出每一对顶点之间的最短路径及其路径长度在求解过程中的变化。

G_7的邻接矩阵如图6.25所示。

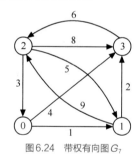

$$\begin{matrix} & 0 & 1 & 2 & 3 \\ \begin{pmatrix} \infty & 1 & \infty & 4 \\ \infty & \infty & 9 & 2 \\ 3 & 5 & \infty & 8 \\ \infty & \infty & 6 & \infty \end{pmatrix} & & & & \begin{matrix}0\\1\\2\\3\end{matrix} \end{matrix}$$

图6.24 带权有向图G_7　　　　图6.25 G_7的邻接矩阵

每一对顶点i和j之间的最短路径$Path[i][j]$以及其路径长度$D[i][j]$在求解过程中的变化如表6.5所示。

表 6.5 弗洛伊德算法求解过程中最短路径及其路径长度的变化

	$D^{(-1)}$				$D^{(0)}$				$D^{(1)}$				$D^{(2)}$				$D^{(3)}$			
	0	1	2	3	0	1	2	3	0	1	2	3	0	1	2	3	0	1	2	3
0	0	1	∞	4	0	1	∞	4	0	1	10	3	0	1	10	3	0	1	9	3
1	∞	0	9	2	∞	0	9	2	∞	0	9	2	12	0	9	2	11	0	8	2
2	3	5	0	8	3	4	0	7	3	4	0	6	3	4	0	6	3	4	0	6
3	∞	∞	6	0	∞	∞	6	0	∞	∞	6	0	9	10	6	0	9	10	6	0
	$Path^{(-1)}$				$Path^{(0)}$				$Path^{(1)}$				$Path^{(2)}$				$Path^{(3)}$			
	0	1	2	3	0	1	2	3	0	1	2	3	0	1	2	3	0	1	2	3
0	-1	0	-1	0	-1	0	-1	0	-1	0	1	1	-1	0	1	1	-1	0	3	1
1	-1	-1	1	1	-1	-1	1	1	-1	-1	1	1	2	-1	1	1	2	-1	3	1
2	2	2	-1	2	2	0	-1	0	2	0	-1	0	2	0	-1	0	2	0	-1	1
3	-1	-1	3	-1	-1	-1	3	-1	-1	-1	3	-1	2	0	3	-1	2	0	3	-1

如何从表6.5中读取两个顶点之间的最短路径？以$Path^{(3)}$为例，对最短路径的读法加以说明。从$D^{(3)}$知，顶点1到顶点2的最短路径长度为$D[1][2] = 8$，其最短路径看$Path[1][2] = 3$，表明顶点2的前驱是顶点3；再看$Path[1][3] = 1$，表明顶点3的前驱是顶点1。所以从顶点1到顶点2的最短路径为$\{<1, 3>,<3, 2>\}$。

6.6.3 拓扑排序

1. AOV-网

无环的有向图称作**有向无环图**（Directed Acycline Graph），简称**DAG图**。有向无环图是描述一项工程或系统的进行过程的有效工具。通常把计划、施工过程、生产流程、程序流程等都当成一个工程。除了很小的工程外，一般的工程都可分为若干个称作活动（Activity）的子工程，而这些子工程之间，通常受着一定条件的约束，如其中某些子工程的开始必须在另一些子工程完成之后。

例如，一个软件专业的学生必须学习一系列基本课程（见表6.6），其中有些课程是基础课，独立于其他课程，如"高等数学"；而另一些课程必须在学完作为其基础的先修课程才能开始。比如，在"程序设计基础"和"离散数学"学完之前就不能开始学习"数据结构"。这些先决条件定义了课程之间的领先（优先）关系。这个关系可以用有向图更清楚地表示，如图6.26所示。图中顶点表示课程，有向弧表示先决条件。若课程c_i是课程c_j的先决条件，则图中有弧$<c_i, c_j>$。

表 6.6 软件专业的必修课及其关系

课程编号	课程名称	先修课程
c_1	程序设计基础	无
c_2	离散数学	c_1
c_3	数据结构	c_1, c_2
c_4	汇编语言	c_1
c_5	高级语言程序设计	c_3, c_4
c_6	计算机原理	c_{11}
c_7	编译原理	c_3, c_5
c_8	操作系统	c_3, c_6
c_9	高等数学	无
c_{10}	线性代数	c_9
c_{11}	普通物理	c_9
c_{12}	数值分析	c_1, c_9, c_{10}

这种用顶点表示活动，用弧表示活动间的优先关系的有向图称为以顶点表示活动的网（Activity On Vertex Network），简称**AOV-网**。在网中，若从顶点v_i到顶点v_j有一条有向路径，则v_i是v_j的前驱；v_j是v_i的后继。若$<v_i, v_j>$是网中一条弧，则v_i是v_j的直接前驱，v_j是v_i的直接后继。

在AOV-网中，不应该出现有向环，因为存在环意味着某项活动应以自己为先决条件。显然，这是荒谬的。若设计出这样的流程图，工程便无法进行。而对程序的数据流图来说，则表明存在一个死循环。因此，对给定的AOV-网应首先判定网中是否存在环。检测的办法是对有向图的顶点进行拓扑排序，若网中所有顶点都在它的拓扑有序序列中，则该AOV-网中必定不存在环。

所谓**拓扑排序**就是将AOV-网中所有顶点排成一个线性序列，该序列满足：若在AOV-网中从顶点v_i到顶点v_j有一条路径，则该线性序列中的顶点v_i必定在顶点v_j之前。

例如，图6.26所示的有向图有如下两个拓扑有序序列（当然，对此图也可构造出其他的拓扑有序序列）：

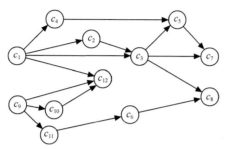

图6.26　表示课程之间优先关系的有向图

$$c_1, \quad c_2, \quad c_3, \quad c_4, \quad c_5, \quad c_7, \quad c_9, \quad c_{10}, \quad c_{11}, \quad c_6, \quad c_{12}, \quad c_8$$

和

$$c_9, \quad c_{10}, \quad c_{11}, \quad c_6, \quad c_1, \quad c_{12}, \quad c_4, \quad c_2, \quad c_3, \quad c_5, \quad c_7, \quad c_8$$

学生必须按照拓扑有序的顺序来安排学习计划，这样才能保证学习任一门课程时其先修课程已经学过。那么如何进行拓扑排序呢?

2. 拓扑排序的过程

（1）在有向图中选一个无前驱的顶点且输出它。

（2）从图中删除该顶点和所有以它为尾的弧。

（3）重复（1）和（2），直至不存在无前驱的顶点。

（4）若此时输出的顶点数小于有向图中的顶点数，则说明有向图中存在环，否则输出的顶点序列即一个拓扑序列。

以图6.27（a）中所示的有向图为例，v_1和v_6没有前驱，则可任选一个。假设先输出v_6，在删除v_6及弧$<v_6, v_4>$、$<v_6, v_5>$之后，只有顶点v_1没有前驱，则输出v_1且删去v_1及弧$<v_1, v_2>$、$<v_1, v_3>$和$<v_1, v_4>$，之后v_3和v_4都没有前驱。依次类推，可从中任选一个继续进行。整个拓扑排序的过程如图6.27所示，最后可得到该有向图的拓扑有序序列。

$v_6, v_1, v_4, v_3, v_2, v_5$

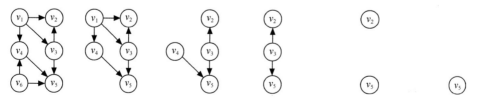

（a）AOV-网　（b）输出v_6之后　（c）输出v_1之后　（d）输出v_4之后　　（e）输出v_3之后　　（f）输出v_2之后

图6.27　AOV-网及其拓扑有序序列产生的过程

3. 拓扑排序的实现

针对上述拓扑排序的过程，可采用邻接表作为有向图的存储结构。

算法的实现要引入以下辅助的数据结构。

（1）一维数组indegree[i]：存放各顶点入度，没有前驱的顶点就是入度为0的顶点。删除顶点及以它为尾的弧的操作，可不必真正对图的存储结构进行改变，可用弧头顶点的入度减1的办法来实现。

（2）栈S：暂存所有入度为0的顶点，这样可以避免重复查找数组indegree[i]检测入度为0的顶点，提高算法的效率。

（3）一维数组topo[i]：记录拓扑序列的顶点序号。

算法6.12　拓扑排序

拓扑排序

【算法步骤】

① 求出各顶点的入度并存入数组indegree[i]中，使入度为0的顶点入栈。

② 只要栈不空，则重复以下操作：

● 使栈顶顶点v_i出栈并保存在拓扑序列数组topo中；

● 对顶点v_i的每个邻接点v_k的入度减1，如果v_k的入度变为0，则使v_k入栈。

③ 如果输出顶点个数少于AOV-网的顶点个数，则网中存在有向环，无法进行拓扑排序，否则拓扑排序成功。

【算法描述】

```
Status TopologicalSort(ALGraph G,int topo[])
{//有向图G采用邻接表作为存储结构
 //若G无回路,则生成G的一个拓扑序列topo并返回OK,否则ERROR
   FindInDegree(G,indegree);                //求出各顶点的入度并存入数组indegree中
   InitStack(S);                            //栈S初始化为空
   for(i=0;i<G.vexnum;++i)
     if(!indegree[i]) Push(S,i);            //入度为0者进栈
   m=0;                                     //对输出顶点计数,初始为0
   while(!StackEmpty(S))                    //栈S非空
   {
     Pop(S,i);                             //使栈顶顶点vi出栈
     topo[m]=i;                            //将顶点vi保存在拓扑序列数组topo中
     ++m;                                  //对输出顶点计数
     p=G.vertices[i].firstarc;            //p指向顶点vi的第一个邻接点
     while(p!=NULL)
     {
       k=p->adjvex;                        //vk为vi的邻接点
       --indegree[k];                      //vi的每个邻接点的入度减1
       if(indegree[k]==0) Push(S,k);       //若入度减为0,则入栈
       p=p->nextarc;                       //p指向顶点vi下一个邻接结点
     }                                      //while
   }                                        //while
   if(m<G.vexnum) return ERROR;            //该有向图有回路
   else return OK;
}
```

【算法分析】

分析算法6.12，对有n个顶点和e条边的有向图而言，建立求各顶点入度的时间复杂度为$O(e)$；建立零入度顶点栈的时间复杂度为$O(n)$；在拓扑排序过程中，若有向图无环，则每个顶点进一次栈，出一次栈，入度减1的操作在循环中总共执行e次，所以，总的时间复杂度为$O(n+e)$。

上述拓扑排序的算法亦是下面讨论的求关键路径算法的基础。

6.6.4 关键路径

1. AOE- 网

与AOV-网相对应的是AOE-网（Activity On Edge Netword），即以边表示活动的网。**AOE-网是带权的有向无环图**，其中，顶点表示事件，弧表示活动，权表示活动持续的时间。通常，AOE-网可用来估算工程的完成时间。

例如，图6.28所示为一个有11项活动的AOE-网。其中有9个事件v_0, v_1, …, v_8，每个事件表示在它之前的活动已经完成，在它之后的活动可以开始。例如，v_0表示整个工程开始；v_8表示整个工程结束；v_4表示a_4和a_5已经完成，a_7和a_8可以开始了。与每个活动相联系的数是执行该活动所需的时间，比如，活动a_1需要6天，a_2需要4天等。

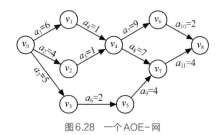

图6.28 一个AOE-网

AOE-网在工程计划和经营管理中有广泛的应用，针对实际的应用问题，通常需要解决以下两个问题：

（1）估算完成整项工程至少需要多少时间；

（2）判断哪些活动是影响工程进度的关键。

工程进度控制的关键在于抓住关键活动。在一定范围内，非关键活动的提前完成对于整个工程的进度没有直接的好处，它的稍许拖延也不会影响整个工程的进度。工程的指挥者可以把非关键活动的人力和物力资源暂时调给关键活动，加快其进展速度，以使整个工程提前完工。

由于整个工程只有一个开始点和一个完成点，故在正常的情况（无环）下，网中只有一个入度为0的点，称作**源点**，也只有一个出度为0的点，称作**汇点**。在AOE-网中，一条路径各弧上的权值之和称为该路径的**带权路径长度**（后面简称**路径长度**）。要估算整项工程完成的最短时间，就是要找一条从源点到汇点的带权路径长度最长的路径，称为**关键路径**（Critical Path）。关键路径上的活动叫作**关键活动**，这些活动是影响工程进度的关键，它们的提前或延期将使整个工程提前或延期。

例如，在图6.28中，v_0是源点，v_8是汇点，关键路径有两条：$(v_0, v_1, v_4, v_6, v_8)$或$(v_0, v_1, v_4, v_7, v_8)$，长度均为18。关键活动为$(a_1, a_4, a_7, a_{10})$或$(a_1, a_4, a_8, a_{11})$。比如，关键活动$a_1$需要6天完成，如果$a_1$提前1天完成，整个工程也可以提前1天完成。所以不论是估算工期，还是研究如何加快工程进度，主要问题就在于要找到AOE-网的关键路径。

如何确定关键路径，首先定义4个描述量。

（1）事件v_i的最早发生时间$ve(i)$

进入事件v_i的每一活动都结束，v_i才可发生，所以$ve(i)$是从源点到v_i的最长路径长度。

求$ve(i)$的值，可根据拓扑顺序从源点开始向汇点递推。通常将工程的开始顶点事件v_0的最早发生时间定义为0，即：

$$ve(0) = 0$$

$$ve(i) = \max\{ve(k) + w_{k,i}\} \quad <v_k,v_i> \in T, \ 1 \leqslant i \leqslant n-1$$

其中，T是所有以v_i为头的弧的集合，$w_{k,i}$是弧$<v_k, v_i>$的权值，即对应活动$<v_k, v_i>$的持续时间。

（2）事件v_i的最迟发生时间$vl(i)$

事件v_i的发生不得延误v_i的每一后继事件的最迟发生时间。为了不拖延工期，v_i的最迟发生时间不得迟于其后继事件v_k的最迟发生时间减去活动$<v_i, v_k>$的持续时间。

求出$ve(i)$后，可根据逆拓扑顺序从汇点开始向源点递推，求出$vl(i)$。

$$vl(n-1) = ve(n-1)$$

$$vl(i) = \min\{vl(k) - w_{i,k}\} \quad <v_i,v_k> \in S, \ 0 \leqslant i \leqslant n-2$$

其中，S是所有以v_i为尾的弧的集合，$w_{i,k}$是弧$<v_i, v_k>$的权值。

（3）活动$a_i = <v_j, v_k>$的最早开始时间$e(i)$

只有事件v_j发生了，活动a_i才能开始。所以，活动a_i的最早开始时间等于事件v_j的最早发生时间$ve(j)$，即：

$$e(i) = ve(j)$$

（4）活动$a_i = <v_j, v_k>$的最晚开始时间$l(i)$

活动a_i的开始时间需保证不延误事件v_k的最迟发生时间。所以活动a_i的最晚开始时间$l(i)$等于事件v_k的最迟发生时间$vl(k)$减去活动a_i的持续时间$w_{j,k}$，即：

$$l(i) = vl(k) - w_{j,k}$$

显然，对于关键活动而言，$e(i) = l(i)$。对于非关键活动，$l(i)-e(i)$的值是该工程的时间余量，在此范围内的适度延误不会影响整个工程的工期。

一个活动a_i的最迟开始时间$l(i)$和其最早开始时间$e(i)$的差值$l(i)-e(i)$是该活动完成的时间余量。它是在不增加完成整个工程所需的总时间的情况下，活动a_i可以拖延的时间。当一活动的时间余量为0时，说明该活动必须如期完成，否则就会拖延整个工期。所以称$l(i)-e(i) = 0$，即$l(i) = e(i)$时的活动a_i是关键活动。

2. 关键路径求解的过程

（1）对图中顶点进行排序，在排序过程中按拓扑序列求出每个事件的最早发生时间$ve(i)$。

（2）按逆拓扑序列求出每个事件的最迟发生时间$vl(i)$。

（3）求出每个活动a_i的最早开始时间$e(i)$。

（4）求出每个活动a_i的最晚开始时间$l(i)$。

（5）找出$e(i) = l(i)$的活动a_i，即关键活动。由关键活动形成的由源点到汇点的每一条路径就是关键路径，关键路径有可能不止一条。

【例6.4】 对图6.28所示的AOE-网，计算关键路径。

计算过程如下。

（1）计算各顶点事件v_i的最早发生时间$ve(i)$。

ve(0) = 0

ve(1) = max{ve(0) + $w_{0,1}$} = 6

ve(2) = max{ve(0) + $w_{0,2}$} = 4

ve(3) = max{ve(0) + $w_{0,3}$} = 5

ve(4) = max{ve(1) + $w_{1,4}$, ve(2) + $w_{2,4}$} = 7

$ve(5) = max\{ve(3) + w_{3,5}\} = 7$

$ve(6) = max\{ve(4) + w_{4,6}\} = 16$

$ve(7) = max\{ve(4) + w_{4,7}, ve(5) + w_{5,7}\} = 14$

$ve(8) = max\{ve(6) + w_{6,8}, ve(7) + w_{7,8}\} = 18$

（2）计算各顶点事件v_i的最迟发生时间$vl(i)$。

$vl(8) = ve(8) = 18$

$vl(7) = min\{vl(8) - w_{7,8}\} = 14$

$vl(6) = min\{vl(8) - w_{6,8}\} = 16$

$vl(5) = min\{vl(7) - w_{5,7}\} = 10$

$vl(4) = min\{vl(6) - w_{4,6}, vl(7) - w_{4,7}\} = 7$

$vl(3) = min\{vl(5) - w_{3,5}\} = 8$

$vl(2) = min\{vl(4) - w_{2,4}\} = 6$

$vl(1) = min\{vl(4) - w_{1,4}\} = 6$

$vl(0) = min\{vl(1) - w_{0,1}, vl(2) - w_{0,2}, vl(3) - w_{0,3}\} = 0$

（3）计算各活动a_i的最早开始时间$e(i)$。

$e(a_1) = ve(0) = 0$

$e(a_2) = ve(0) = 0$

$e(a_3) = ve(0) = 0$

$e(a_4) = ve(1) = 6$

$e(a_5) = ve(2) = 4$

$e(a_6) = ve(3) = 5$

$e(a_7) = ve(4) = 7$

$e(a_8) = ve(4) = 7$

$e(a_9) = ve(5) = 7$

$e(a_{10}) = ve(6) = 16$

$e(a_{11}) = ve(7) = 14$

（4）计算各活动a_i的最迟开始时间$l(i)$。

$l(a_{11}) = vl(8) - w_{7,8} = 14$

$l(a_{10}) = vl(8) - w_{6,8} = 16$

$l(a_9) = vl(7) - w_{5,7} = 10$

$l(a_8) = vl(7) - w_{4,7} = 7$

$l(a_7) = vl(6) - w_{4,6} = 7$

$l(a_6) = vl(5) - w_{3,5} = 8$

$l(a_5) = vl(4) - w_{2,4} = 6$

$l(a_4) = vl(4) - w_{1,4} = 6$

$l(a_3) = vl(3) - w_{0,3} = 3$

$l(a_2) = vl(2) - w_{0,2} = 2$

$l(a_1) = vl(1) - w_{0,1} = 0$

将顶点的发生时间和活动的开始时间分别汇总为表6.7（a）和表6.7（b）。由表6.7（b）可以看出，图6.28所示的AOE-网有两条关键路径：一条是由活动(a_1, a_4, a_7, a_{10})组成的关键路径，另一条是由(a_1, a_4, a_8, a_{11})组成的关键路径，如图6.29所示。

表 6.7　图 6.28 所示网的关键路径求解的中间结果

（a）顶点的发生时间

顶点v_i	$ve(i)$	$vl(i)$
v_0	0	0
v_1	6	6
v_2	4	6
v_3	5	8
v_4	7	7
v_5	7	10
v_6	16	16
v_7	14	14
v_8	18	18

（b）活动的开始时间

活动a_i	$e(i)$	$l(i)$	$l(i)-e(i)$
a_1	0	0	0
a_2	0	2	2
a_3	0	3	3
a_4	6	6	0
a_5	4	6	2
a_6	5	8	3
a_7	7	7	0
a_8	7	7	0
a_9	7	10	3
a_{10}	16	16	0
a_{11}	14	14	0

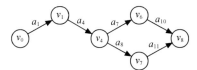

图6.29　图6.28所示网的关键路径

3．关键路径算法的实现

由于每个事件的最早发生时间$ve(i)$和最迟发生时间$vl(i)$要在拓扑序列的基础上进行计算，因此关键路径算法的实现要基于拓扑排序算法，我们仍采用邻接表作为有向图的存储结构。

算法的实现要引入以下辅助的数据结构。

（1）一维数组ve[i]：事件v_i的最早发生时间。

（2）一维数组vl[i]：事件v_i的最迟发生时间。

（3）一维数组topo[i]：记录拓扑序列的顶点序号。

算法6.13　关键路径算法

【算法步骤】

① 调用拓扑排序算法，使拓扑序列保存在topo中。

② 将每个事件的最早发生时间ve[i]初始化为0，即ve[i] = 0。

③ 根据topo中的值，按从前向后的拓扑次序，依次求每个事件的最早发生时间，循环几次，执行以下操作：

- 取得拓扑序列中的顶点序号k，k = topo[i]；
- 用指针p依次指向k的每个邻接顶点，取得每个邻接顶点的序号j = p->adjvex，依次更新顶点j的最早发生时间ve[j]：

$$if(ve[j]<ve[k] + p->weight) \quad ve[j] = ve[k] + p->weight;$$

④ 将每个事件的最迟发生时间vl[i]初始化为汇点的最早发生时间，即vl[i] = ve[n-1]。

⑤ 根据topo中的值，按从后向前的逆拓扑次序，依次求每个事件的最迟发生时间，循环n次，执行以下操作：

- 取得拓扑序列中的顶点序号k，k = topo[i]；
- 用指针p依次指向k的每个邻接顶点，取得每个邻接顶点的序号j = p->adjvex，依次根据

k的邻接点，更新k的最迟发生时间$vl[k]$：

$$\text{if}(vl[k]>vl[j]-p\text{->}weight) \quad vl[k] = vl[j]-p\text{->}weight;$$

⑥ 判断某一活动是否为关键活动，循环n次，执行以下操作：对于每个顶点v_i，用指针p依次指向v_i的每个邻接顶点，取得每个邻接顶点的序号$j = p\text{->}adjvex$，分别计算活动$<v_i,v_j>$的最早和最迟开始时间e和l：

关键路径算法

$$e = ve[i]; l = vl[j]-p\text{->}weight;$$

如果e和l相等，则活动$<v_i, v_j>$为关键活动，输出弧$<v_i, v_j>$。

【算法描述】

```
Status CriticalPath(ALGraph G)
{//G为邻接表存储的有向网,输出G的各项关键活动
  if(!TopologicalOrder(G,topo)) return ERROR;
  //调用拓扑排序算法,使拓扑序列保存在topo中,若调用失败,则存在有向环,返回ERROR
  n=G.vexnum;                       //n为顶点个数
  for(i=0;i<n;i++)                  //给每个事件的最早发生时间置初值0
    ve[i]=0;
/*- - - - - - - - - - 按拓扑次序求每个事件的最早发生时间 - - - - - - - - - -*/
  for(i=0;i<n;i++)
  {
    k=topo[i];                      //取得拓扑序列中的顶点序号k
    p=G.vertices[k].firstarc;       //p指向k的第一个邻接顶点
    while(p!=NULL)
    {                               //依次更新k的所有邻接顶点的最早发生时间
      j=p->adjvex;                  //j为邻接顶点的序号
      if(ve[j]<ve[k]+p->weight)     //更新顶点j的最早发生时间ve[j]
        ve[j]=ve[k]+p->weight;
       p=p->nextarc;               //p指向k的下一个邻接顶点
     }                              //while
  }                                 //for
  for(i=0;i<n;i++)                  //给每个事件的最迟发生时间置初值ve[n-1]
    vl[i]=ve[n-1];
/*- - - - - - - - - - -按逆拓扑次序求每个事件的最迟发生时间- -- - - - - - - - - - -*/
  for(i=n-1;i>=0;i--)
  {
    k=topo[i];                      //取得拓扑序列中的顶点序号k
    p=G.vertices[k].firstarc;       //p指向k的第一个邻接顶点
    while(p!=NULL)                  //根据k的邻接点,更新k的最迟发生时间
    {
      j=p->adjvex;                  //j为邻接顶点的序号
      if(vl[k]>vl[j]-p->weight)     //更新顶点k的最迟发生时间vl[k]
        vl[k]=vl[j]-p->weight;
       p=p->nextarc;               //p指向k的下一个邻接顶点
    }                               //while
  }                                 //for
/*- - - - - - - - - - - - -判断每一活动是否为关键活动- - - - - - - - - - - - -*/
  for(i=0;i<n;i++)//每次循环针对vi为活动开始点的所有活动
  {
    p=G.vertices[i].firstarc;       //p指向i的第一个邻接顶点
    while(p!=NULL)
    {
      j=p->adjvex;                  //j为i的邻接顶点的序号
```

第6章

图

```
        e=ve[i];                      //计算活动<v₁, vⱼ>的最早开始时间
        l=vl[j]-p->weight;            //计算活动<v₁, vⱼ>的最迟开始时间
        if(e==l)                      //若为关键活动，则输出<v₁, vⱼ>
            cout<<G.vertices[i].data<<G.vertices[j].data;
        p=p->nextarc;                 //p指向i的下一个邻接顶点
    }                                 //while
  }                                   //for
}
```

【算法分析】

在算法6.13中，在求每个事件的最早和最迟发生时间，以及活动的最早和最迟开始时间时，都要对所有顶点及每个顶点边表中所有的边结点进行检查，由此，求关键路径算法的时间复杂度为$O(n+e)$。

实践已经证明：用AOE-网来估算某些工程完成的时间是非常有用的。实际上，求关键路径算法本身最初就是与维修和建造工程一起发展的。但是，由于网中各项活动是互相牵涉的，因此，影响关键活动的因素亦是多方面的，任何一项活动持续时间的改变都可能引起关键路径的改变。所以，当子工程在进行过程中持续时间有所调整时，就要重新计算关键路径。另外，若网中有几条关键路径，那么，单加快一条关键路径上关键活动的进度，还不能导致整个工程缩短工期，而必须同时加快在几条关键路径上的活动进度。

6.7 案例分析与实现

案例6.2：六度空间理论。

【案例分析】

在六度空间理论提出之后的30多年的时间里，社会学家试图证明（或否定）此假设的正确性，但是该理论从来没有得到过严谨的证明，虽然屡屡应验，但它只是一种假说。很多社会学家主持的验证研究，都使用了网络时代的新型通信手段——E-mail。

比较著名的实验是2001年美国哥伦比亚大学社会学系的登肯·瓦兹（Duncan J. Watts）主持的一项验证工程。166个不同国家的6万多名志愿者参加了该项研究。瓦兹随机选定18名目标（比如一名美国的教授、一名澳大利亚警察和一名挪威兽医等），要求志愿者选择其中的一名作为自己的目标，并发送电子邮件给自己认为最有可能发送该邮件给目标的亲友。研究取得了较好的验证成果，瓦兹在世界顶级的科学学术期刊《科学》上发表了论文，表明邮件要达到目标，平均也只要经历5~7个人。

但实际上，这种研究方式有很大的局限性和困难。第一，使用E-mail保持社会关系的人群是有限的；第二，要记录和跟踪所有E-mail的走向是一项巨大的工程，需要大量的人力和较长的时间；第三，验证过程与志愿者的意愿紧密相关，志愿者可能会遗漏某些相识的人。

现代人使用电话和短信进行联络的频率远远大于使用E-mail的频率。由于电话和短信的通信都有运营商，与E-mail的通信相比，更便于跟踪。为了排除部分广告电话和广告短信，我们可以假设任意两个人在一年内，电话或短信相互收发两次以上即定义为两人"认识"，这样便很容易根据电话或短信的通信信息确定两人是否存在"认识"的关系。但在实际操作中，由于通信数据保密的原因，我们无法获取实际的通信数据，因此我们只能从理论上介绍并分析验证的方法。

我们把六度空间理论中的人际关系网络图抽象成一个不带权值的无向图G，用图G中的一个

顶点表示一个人，两个人"认识"与否，用代表这两个人的顶点之间是否有一条边来表示。这样六度空间理论问题便可描述为：在图*G*中，任意两个顶点之间都存在一条路径长度不超过7的路径。

在实际验证过程中，可以通过测试满足要求的数据达到一定的百分比（比如99.5%）来进行验证。这样我们便把待验证六度空间理论问题描述为：在图*G*中，任意一个顶点到其余99.5%以上的顶点都存在一条路径长度不超过7的路径。

比较简单的一种验证方案是：利用广度优先搜索方法，对任意一个顶点，通过对图*G*的"7层"遍历，就可以统计出所有路径长度不超过7的顶点数，从而得到这些顶点在所有顶点中所占的比例。

【案例实现】

算法6.14　六度空间理论的验证

【算法步骤】

① 完成系列初始化工作：设变量Visit_Num用来记录路径长度不超过7的顶点个数，初值为0；数组level用来记录遍历时不同层次下入队的顶点个数；Start为指定的一个起始顶点，置visited[Start]的值为true，即将Start标记为六度顶点的始点；辅助队列Q初始化为空，然后使Start入队。

② 当队列Q非空，且循环次数小于7时，循环执行以下操作（统计路径长度不超过7的顶点个数）。

当遍历到点的个数小于上一层入队的点的个数时：

● 队头顶点*u*出队；

● 依次检查*u*的所有邻接点*w*，如果visited[*w*]的值为false，则将*w*标记为六度顶点；

● 路径长度不超过7的顶点个数Visit_Num加1，该层次的顶点个数加1；

● 使*w*入队。

③ 退出循环时输出从顶点Start出发，到其他顶点长度不超过7的路径的百分比。

六度空间

【算法描述】

```
void SixDegree_BFS(Graph G,int Start)
{//通过广度优先搜索方法遍历G来验证六度空间理论,Start为指定的始点
  Visit_Num=0;                      //记录路径长度不超过7的顶点个数
  visited[Start]=true;              //置顶点Start访问标志数组相应分量值为true
  InitQueue(Q);  EnQueue(Q,Start);  //辅助队列Q初始化,置空,Start进队
  level[0]=1;                       //第一层入队的顶点个数初始化为1
  for(len=1;len<=6 && !QueueEmpty(Q);len++)//统计路径长度不超过7的顶点个数
  { for(i=0;i<level[len-1];i++)
    { DeQueue(Q,u);                 //队头顶点u出队
      for(w=FirstAdjVex(G,u);w>=0;w=NextAdjVex(G,u,w))
      //依次检查u的所有邻接点w,FirstAdjVex(G,u)表示u的第一个邻接点
      //NextAdjVex(G,u,w)表示u相对于w的下一个邻接点,w≥0表示存在邻接点
      if(!visited[w])               //w为u的尚未访问的邻接顶点
      { visited[w]=true;            //将w标记为六度顶点
        Visit_Num++; level[len]++;  //路径长度不超过7的顶点个数加1,该层次的顶点个数加1
        EnQueue(Q,w);               //w入队
      }}}
```

```
    cout<<100*Visit_Num/G.vexnum;
    //输出从顶点Start出发，到其他顶点长度不超过7的路径的百分比
}
```

【算法分析】

假定人际关系网络图G中有10亿人，即图中的顶点个数n=10亿。根据"150定律"，如果平均每个人认识其他150个人，则该图中边的个数$e \approx 150 \times n/2 = 75 \times 10^9$，该算法的时间复杂度为$O(n+e)$，约为100G，对于现代达到每秒万亿次的运算速度的计算机来说，每秒钟可以验证数个顶点，每天可以验证数万人。算法在空间上需要借助数组visited和队列Q，因而空间复杂度为$O(n)$。

算法6.14给出了利用广度优先搜索方法进行验证的方案，实际上也可以利用求解最短路径的方法（迪杰斯特拉算法或弗洛伊德算法）对六度空间理论进行理论上的验证。读者可以根据算法6.14和最短路径算法自行写出相应的验证方法。

6.8 小结

图是一种复杂的非线性数据结构，具有广泛的应用背景。本章主要内容如下。

（1）根据不同的分类规则，图分为多种类型：无向图、有向图、完全图、连通图、强连通图、带权图（网）、稀疏图和稠密图等。邻接点、路径、回路、度、连通分量、生成树等是在图的算法设计中常用到的重要术语。

（2）图的存储方式有两大类：以边集合方式表示和以链接方式表示。其中，以边集合方式表示的为邻接矩阵，以链接方式表示的包括邻接表、十字链表和邻接多重表。邻接矩阵借助二维数组来表示元素之间的关系，实现起来较为简单；邻接表、十字链表和邻接多重表都属于链式存储结构，实现起来较为复杂。在实际应用中具体采取哪种存储表示，可以根据图的类型和实际算法的基本思想进行选择。其中，邻接矩阵和邻接表是两种常用的存储结构，二者之间的比较如表6.8所示。

表 6.8　邻接矩阵和邻接表的比较

比较项目		邻接矩阵		邻接表	
		无向图	有向图	无向图	有向图
空间		邻接矩阵对称，可压缩至$n(n-1)/2$个单元	邻接矩阵不对称，存储n^2个单元	存储$n+2e$个单元	存储$n+e$个单元
时间	求某个顶点v_i的度	查找邻接矩阵中序号i对应的一行，$O(n)$	求出度：查找矩阵的一行，$O(n)$；求入度：查找矩阵的一列，$O(n)$	查找v_i的边表，最坏情况$O(n)$	求出度：查找v_i的边表，最坏情况$O(n)$；求入度：按顶点表顺序查找所有边表，$O(n+e)$
	求边的数目	查找邻接矩阵，$O(n^2)$		按顶点表顺序查找所有边表，$O(n+2e)$	按顶点表顺序查找所有边表，$O(n+e)$
	判定边(v_i, v_j)是否存在	直接检查邻接矩阵$A[i][j]$元素的值，$O(1)$		查找v_i的边表，最坏情况$O(n)$	
适用情况		稠密图		稀疏图	

（3）图的遍历算法是实现图的其他运算的基础，图的遍历方法有两种：深度优先搜索遍历和广度优先搜索遍历。深度优先搜索遍历类似于树的先序遍历，借助于栈结构来实现（递归）；广度优先搜索遍历类似于树的层次遍历，借助于队列结构来实现。两种遍历方法的不同之处仅仅在于对顶点访问的顺序不同，所以时间复杂度相同。当用邻接矩阵存储时，时间复杂度为均 $O(n^2)$，用邻接表存储时，时间复杂度均为 $O(n+e)$。

（4）图的很多算法与实际应用密切相关，比较常用的算法包括构造最小生成树算法、求解最短路径算法、拓扑排序和求解关键路径算法。

① 构造最小生成树有普里姆算法和克鲁斯卡尔算法，两者都能达到同一目的。但前者算法思想的核心是归并点，时间复杂度是 $O(n^2)$，适用于稠密图；后者是归并边，时间复杂度是 $O(e\log_2 e)$，适用于稀疏图。

② 最短路径算法：一种是迪杰斯特拉算法，求从某个源点到其余各顶点的最短路径，求解过程是按路径长度递增的次序产生最短路径，时间复杂度是 $O(n^2)$；另一种是弗洛伊德算法，求每一对顶点之间的最短路径，时间复杂度是 $O(n^3)$，从实现形式上来说，这种算法比以图中的每个顶点为源点 n 次调用迪杰斯特拉算法更为简洁。

③ 拓扑排序和关键路径都是有向无环图的应用。拓扑排序基于以顶点表示活动的网，即 AOV-网。对于不存在环的有向图，图中所有顶点一定能够排成一个线性序列，即拓扑序列，拓扑序列是不唯一的。用邻接表表示图，拓扑排序的时间复杂度为 $O(n+e)$。

④ 关键路径算法基于用边表示活动的网，即 AOE-网。关键路径上的活动叫作关键活动，这些活动是影响工程进度的关键，它们的提前或延期将使整个工程提前或延期。关键路径是不唯一的。关键路径算法的实现是在拓扑排序的基础上，用邻接表表示图，关键路径算法的时间复杂度为 $O(n+e)$。

学习完本章后，读者应掌握图的基本概念和术语，掌握图的4种存储表示，明确各自的特点和适用场合，熟练掌握图的两种遍历算法，熟练掌握图在实际应用中的主要算法：最小生成树算法、最短路径算法、拓扑排序和关键路径算法。

习题

1. 选择题

（1）在一个无向图中，所有顶点的度数之和等于图的边数的（　　）倍。

    A. 1/2　　　　　B. 1　　　　　C. 2　　　　　D. 4

（2）在一个有向图中，所有顶点的入度之和等于所有顶点的出度之和的（　　）倍。

    A. 1/2　　　　　B. 1　　　　　C. 2　　　　　D. 4

（3）具有 n 个顶点的有向图最多有（　　）条边。

    A. n　　　　　B. $n(n-1)$　　　　C. $n(n+1)$　　　D. n^2

（4）n 个顶点的连通图用邻接矩阵表示时，该矩阵至少有（　　）个非零元素。

    A. n　　　　　B. $2(n-1)$　　　　C. $n/2$　　　　D. n^2

（5）G 是一个非连通无向图，共有28条边，则该图至少有（　　）个顶点。

    A. 7　　　　　B. 8　　　　　C. 9　　　　　D. 10

（6）若从无向图的任意一个顶点出发进行一次深度优先搜索可以访问图中所有的顶点，则该图一定是（　　）图。

    A. 非连通　　　B. 连通　　　　C. 强连通　　　D. 有向

（7）下面（　　）适合构造一个稠密图 G 的最小生成树。

  A．普里姆算法   B．克鲁斯卡尔算法

  C．弗洛伊德算法   D．迪杰斯特拉算法

（8）用邻接表表示图进行广度优先遍历时，通常可借助（　　）来实现算法。

  A．栈   B．队列   C．树   D．图

（9）用邻接表表示图进行深度优先遍历时，通常可借助（　　）来实现算法。

  A．栈   B．队列   C．树   D．图

（10）图的深度优先遍历类似于二叉树的（　　）。

  A．先序遍历   B．中序遍历   C．后序遍历   D．层次遍历

（11）图的广度优先遍历类似于二叉树的（　　）。

  A．先序遍历   B．中序遍历   C．后序遍历   D．层次遍历

（12）图的BFS生成树的树高比DFS生成树的树高（　　）。

  A．小   B．大   C．小或相等   D．大或相等

（13）已知图的邻接矩阵如图6.30所示，则从顶点 v_0 出发按深度优先遍历的结果是（　　）。

$$\begin{array}{c} v_0 \\ v_1 \\ v_2 \\ v_3 \\ v_4 \\ v_5 \\ v_6 \end{array} \begin{bmatrix} 0 & 1 & 1 & 1 & 1 & 0 & 1 \\ 1 & 0 & 0 & 1 & 0 & 0 & 1 \\ 1 & 0 & 0 & 0 & 1 & 0 & 0 \\ 1 & 1 & 0 & 0 & 1 & 1 & 0 \\ 1 & 0 & 1 & 1 & 0 & 1 & 0 \\ 0 & 0 & 0 & 1 & 1 & 0 & 1 \\ 1 & 1 & 0 & 0 & 0 & 1 & 0 \end{bmatrix}$$

  A．0 2 4 3 1 5 6

  B．0 1 3 6 5 4 2

  C．0 1 3 4 2 5 6

  D．0 3 6 1 5 4 2

图6.30　邻接矩阵

（14）已知图的邻接表如图6.31所示，则从顶点 v_0 出发按广度优先遍历的结果是（　　），按深度优先遍历的结果是（　　）。

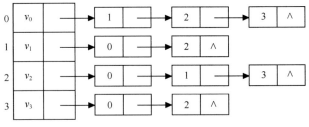

图6.31　邻接表

  A．0 1 3 2   B．0 2 3 1   C．0 3 2 1   D．0 1 2 3

（15）下面的（　　）方法可以判断出一个有向图是否有环。

  A．求最小生成树 B．拓扑排序   C．求最短路径   D．求关键路径

2．应用题

（1）已知如图6.32所示的有向图，请给出：

① 每个顶点的入度和出度；

② 邻接矩阵；

③ 邻接表；

④ 逆邻接表。

（2）已知如图6.33所示的无向网，请给出：

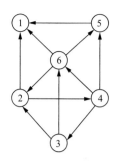

图6.32 有向图

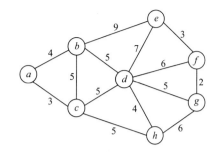

图6.33 无向网

① 邻接矩阵；

② 邻接表；

③ 最小生成树。

（3）已知图的邻接矩阵如图6.34所示。试分别画出自顶点1出发进行遍历所得的深度优先生成树和广度优先生成树。

（4）有向网如图6.35所示，试用迪杰斯特拉算法求出从顶点a到其他各顶点的最短路径，完成表6.9。

	1	2	3	4	5	6	7	8	9	10
1	0	0	0	0	0	0	1	0	1	0
2	0	0	1	0	0	0	1	0	0	0
3	0	0	0	1	0	0	0	1	0	0
4	0	0	0	0	1	0	0	0	1	0
5	0	0	0	0	0	1	0	0	0	1
6	1	1	0	0	0	0	0	0	0	0
7	0	0	1	0	0	0	0	0	0	1
8	1	0	0	1	0	0	0	0	1	0
9	0	0	0	0	1	0	1	0	0	1
10	1	0	0	0	0	1	0	0	0	0

图6.34 邻接矩阵

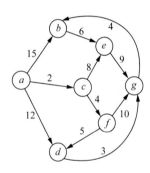

图6.35 有向网

表 6.9 最短路径的求解

终点	$i=1$	$i=2$	$i=3$	$i=4$	$i=5$	$i=6$
b	15 (a,b)					
c	**2** **(a,c)**					
d	12 (a,d)					
e	∞					
f	∞					
g	∞					
S 终点集	{a,c}					

（5）已知如图6.36所示的AOE-网：

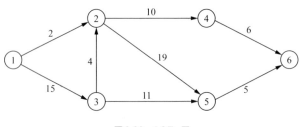

图6.36 AOE-网

① 求这个工程最早可能在什么时间结束；

② 求每个活动的最早开始时间和最迟开始时间；

③ 确定哪些活动是关键活动。

3．算法设计题

（1）分别以邻接矩阵和邻接表作为存储结构，实现以下图的基本操作：

① 增加一个新顶点v，函数为InsertVex(G, v)；

② 删除顶点v及其相关的边，函数为DeleteVex(G, v)；

③ 增加一条边$<v, w>$，函数为InsertArc(G, v, w)；

④ 删除一条边$<v, w>$，函数为DeleteArc(G, v, w)。

（2）一个连通图采用邻接表作为存储结构，设计一个算法，实现从顶点v出发的深度优先遍历的非递归过程。

（3）设计一个算法，求图G中距离顶点v的最短路径长度最大的一个顶点，设v可达其余各个顶点。

（4）试基于图的深度优先搜索策略设计一算法，判别以邻接表方式存储的有向图中是否存在由顶点v_i到顶点v_j的路径（$i \neq j$）。

（5）采用邻接表存储结构，设计一个算法，判别无向图中任意给定的两个顶点之间是否存在一条长度为k的简单路径。

第7章
查找

本书前几章介绍了各种线性和非线性的数据结构，并讨论了这些数据结构的相应运算。而在实际应用中，查找运算是非常常见的。面向一些数据量很大的实时系统，如订票系统、互联网上的信息检索系统等，查找效率尤其重要。本章将针对查找运算，讨论应该采用何种数据结构，使用什么样的方法，并通过对它们的效率分析来比较各种查找算法在不同情况下的优劣。

7.1 查找的基本概念

为了便于后面各节对各种查找算法的比较，首先介绍查找的概念和术语。

（1）查找表

查找表是由同一类型的数据元素（或记录）构成的集合。由于"集合"中的数据元素之间存在着完全松散的关系，因此查找表是一种非常灵便的数据结构，可以利用其他的数据结构来实现，比如本章将要介绍的线性表、树表及散列表等。

（2）关键字

关键字是数据元素（或记录）中某个数据项的值，用它可以标识一个数据元素（或记录）。若此关键字可以唯一地标识一个记录，则称此关键字为**主关键字**（对不同的记录，其主关键字均不同）。反之，称用以识别若干记录的关键字为**次关键字**。当数据元素只有一个数据项时，其关键字即该数据元素的值。

（3）查找

查找是指根据给定的某个值，在查找表中确定一个其关键字等于给定值的记录或数据元素。若表中存在这样的一个记录，则称**查找成功**，此时查找的结果可给出整个记录的信息，或指示该记录在查找表中的位置；若表中不存在关键字等于给定值的记录，则称**查找不成功**，此时查找的结果可给出一个"空"记录或"空"指针。

（4）动态查找表和静态查找表

若在查找的同时对表执行修改操作（如插入和删除），则称相应的表为**动态查找表**，否则称之为**静态查找表**。换句话说，动态查找表的表结构本身是在查找过程中动态生成的，即在创建表时，对于给定值，若表中存在其关键字等于给定值的记录，则查找成功并返回；否则插入关键字等于给定值的记录。

（5）平均查找长度

为确定记录在查找表中的位置，需和给定值进行比较的关键字个数的期望值，称为查找算法在查找成功时的**平均查找长度**（Average Search Length，ASL）。

对于含有n个记录的表，查找成功时的平均查找长度为：

$$ASL = \sum_{i=1}^{n} P_i C_i \tag{7-1}$$

其中，P_i为查找表中第i个记录的概率，且$\sum_{i=1}^{n} P_i = 1$；C_i为找到表中其关键字与给定值相等的第i个记录时，和给定值已进行过比较的关键字个数。显然，C_i随查找过程的不同而不同。

由于查找算法的基本运算是关键字之间的比较操作，因此可用平均查找长度来衡量查找算法的性能。

7.2 线性表的查找

在查找表的组织方式中，线性表是最简单的一种。本节将介绍基于线性表的顺序查找、折半查找和分块查找。

7.2.1 顺序查找

顺序查找（Sequential Search）的查找过程为：从表的一端开始，依次将记录的关键字和给定值进行比较，若某个记录的关键字和给定值相等，则查找成功；反之，若查找整个表后，仍未找到关键字和给定值相等的记录，则查找失败。

顺序查找方法既适用于线性表的顺序存储结构，又适用于线性表的链式存储结构。下面只介绍以顺序表作为存储结构时实现的顺序查找算法。

数据元素类型定义如下：

```
typedef struct{
    KeyType key;                          //关键字域
    InfoType otherinfo;                   //其他域
}ElemType;
```

顺序表的定义同第2章：

```
typedef struct{
    ElemType *R;                          //存储空间基地址
    int length;                           //当前长度
}SSTable;
```

在此定义下，顺序查找算法便与第2章的算法2.3一样。在此假设元素从ST.R[1]开始顺序向后存放，ST.R[0]闲置不用，查找时从表的最后开始比较，如算法7.1所示。

算法7.1 顺序查找

【算法描述】

```
int Search_Seq(SSTable ST,KeyType key)
{// 在顺序表ST中顺序查找其关键字等于key的数据元素。若找到，则函数值为该元素
在表中的位置，否则为0
    for(i=ST.length;i>=1;--i)
```

顺序查找

```
        if(ST.R[i].key==key) return i;            // 从后往前查找
    return 0;
}
```

算法7.1在查找过程中每步都要检测整个表是否查找完毕，即每步都要有循环变量是否满足条件 $i \geqslant 1$ 的检测。改进这个程序，可以免去这个检测过程。改进方法是查找之前先对ST.R[0]的关键字赋值key，在此，ST.R[0]起到了监视哨的作用，如算法7.2所示。

算法7.2　设置监视哨的顺序查找

【算法描述】

```
int Search_Seq(SSTable ST,KeyType key)
{//在顺序表ST中顺序查找其关键字等于key的数据元素。若找到，则函数值为该元素在表中的位置，否则为0
    ST.R[0].key=key;                             //"监视哨"
    for(i=ST.length;ST.R[i].key!=key;--i);       //从后往前找
    return i;
}
```

【算法分析】

因此，算法7.2仅进行了程序设计技巧上的改进，即通过设置监视哨，免去查找过程中每一步都要检测整个表是否查找完毕。然而实践证明，这个改进能使顺序查找在ST.length≥1000时，进行一次查找所需的平均时间几乎减少一半。当然，监视哨也可设在高下标处。

算法7.2和算法7.1的时间复杂度一样，在第2章已经进行过分析，即：

$$ASL = \frac{1}{n}\sum_{i=1}^{n} i = \frac{n+1}{2}$$

算法7.2的时间复杂度为 $O(n)$。

顺序查找的优点是：算法简单，对表结构无任何要求，既适用于顺序结构，也适用于链式结构，无论记录是否按关键字有序均可应用。其缺点是：平均查找长度较大，查找效率较低，所以当 n 很大时，不宜采用顺序查找。

7.2.2　折半查找

折半查找（Binary Search）也称**二分查找**，它是一种效率较高的查找方法。但是，折半查找要求线性表必须采用顺序存储结构，而且表中元素按关键字有序排列。在下面及后续的讨论中，均假设有序表是有序递增的。

折半查找的查找过程为：从表的中间记录开始，如果给定值和中间记录的关键字相等，则查找成功；如果给定值大于或者小于中间记录的关键字，则在表中大于或小于中间记录的那一半中查找，这样重复操作，直到查找成功，或者在某一步中查找区间为空，则代表查找失败。

折半查找每一次查找都使查找范围缩小一半，与顺序查找相比，很显然会提高查找效率。

为了标记查找过程中每一次的查找区间，下面分别用low和high来表示当前查找区间的下界和上界，mid为区间的中间位置。

算法7.3　折半查找

【算法步骤】

① 置查找区间初值，low为1，high为表长。

折半查找

② 当low<=high时，循环执行以下操作：

● mid取low和high的中间值；

● 将给定值key与中间位置记录的关键字进行比较，若相等则查找成功，返回中间位置mid；

● 若不相等则利用中间位置记录将表对分成前、后两个子表。如果key比中间位置记录的关键字小，则high取为mid-1，否则low取为mid+1。

③ 循环结束，说明查找区间为空，则查找失败，返回0。

【算法描述】

```
int Search_Bin(SSTable ST,KeyType key)
{// 在有序表ST中折半查找其关键字等于key的数据元素。若找到，则函数值为该元素在表中的位置，否
则为0
    low=1;high=ST.length;                    // 置查找区间初值
    while(low<=high)
    {
        mid=(low+high)/2;
        if(key==ST.R[mid].key) return mid;   // 找到待查元素
        else if(key<ST.R[mid].key) high=mid-1; // 继续在前一子表进行查找
        else low=mid+1;                      // 继续在后一子表进行查找
    }                                        //while
    return 0;                                // 表中不存在待查元素
}
```

本算法很容易理解，唯一需要注意的是，循环执行的条件是low<=high，而不是low<high，因为low=high时，查找区间还有最后一个结点，还要进一步比较。

算法7.3很容易改写成递归程序，递归函数的参数除了ST和key之外，还需要加上low和high，请读者自行实现折半查找的递归算法。

【例7.1】 已知如下包含11个数据元素的有序表（关键字即数据元素的值）：

$$(5, 16, 20, 27, 30, 36, 44, 55, 60, 67, 71)$$

请给出查找关键字为27和65的数据元素的折半查找过程。

假设指针low和high分别指示待查元素所在范围的下界和上界，指针mid指示区间的中间位置，即$mid = \lfloor (low + high)/2 \rfloor$。在此例中，low和high的初值分别为1和11，即[1,11]为待查范围，mid初值为6。

查找关键字key = 27的折半查找过程如图7.1（a）所示。

首先令给定值key=27与中间位置的数据元素的关键字ST.R[mid].key相比较，因为36>27，说明待查元素若存在，必在区间[low, mid − 1]内，则令指针high指向第mid − 1个元素，high = 5，重新求得$mid = \lfloor (1 + 5)/2 \rfloor = 3$。

然后仍令key和ST.R[mid].key相比较，因为20<27，说明待查元素若存在，必在区间[mid + 1, high]内，则令指针low指向第mid + 1个元素，low = 4求得mid的新值为4，比较key和ST.R[mid].key，因为相等，则查找成功，返回所查元素在表中的序号，即指针mid的值4。

查找关键字key = 65的折半查找过程如图7.1（b）所示。

查找过程同上，只是在图7.1（b）中的最后一趟查找时，因为low>high，查找区间不存在，则说明表中没有关键字等于65的元素，查找失败，返回0。

【算法分析】

折半查找过程可用二叉树来描述。树中每一结点对应表中一个记录，但结点值不是记录的关键字，而是记录在表中的位置序号。把当前查找区间的中间位置作为根，把左子表和右子表

分别作为根的左子树和右子树，由此得到的二叉树称为折半查找的**判定树**。

例7.1中的有序表对应的判定树如图7.2所示。从判定树上可见，成功的折半查找恰好是走了一条从判定树的根到被查结点的路径，经历比较的关键字个数恰为该结点在树中的层次。例如，查找27的过程经过一条从根到结点4的路径，需要比较3次，比较次数即结点4所在的层次。图7.2中比较1次的只有一个根结点，比较2次的有两个结点，比较3次和4次的各有4个结点。假设每个记录的查找概率相同，根据此判定树可知，对长度为11的有序表进行折半查找的平均查找长度为

$$ASL = \frac{1}{11}(1 + 2 \times 2 + 3 \times 4 + 4 \times 4) = 3$$

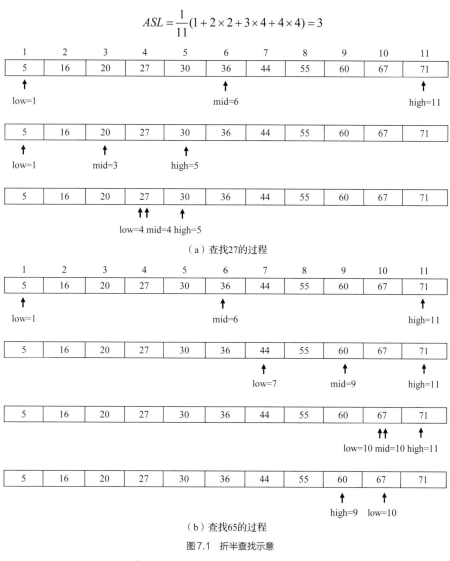

图7.1　折半查找示意

图7.2　例7.1中的有序表对应的判定树及查找27的过程

由此可见，折半查找法在查找成功时进行比较的关键字个数最多不超过树的深度。而判定树的形态只与表记录个数n相关，与关键字的取值无关，具有n个结点的判定树的深度为$\lfloor \log_2 n \rfloor + 1$。所以，对于长度为$n$的有序表，折半查找法在查找成功时和给定值进行比较的关键字个数至多为$\lfloor \log_2 n \rfloor + 1$。

如果在图7.2所示的判定树中所有结点的空指针域上加一个指向一个方形结点的指针，如图7.3所示，并且称这些方形结点为判定树的外部结点（与之相对，称那些圆形结点为内部结点），那么折半查找时查找失败的过程就是走了一条从根结点到外部结点的路径，和给定值进行比较的关键字个数等于该路径上内部结点个数。例如，查找65的过程即走了一条从根到结点9～10的路径。因此，折半查找在查找不成功时和给定值进行比较的关键字个数最多也不超过$\lfloor \log_2 n \rfloor + 1$。

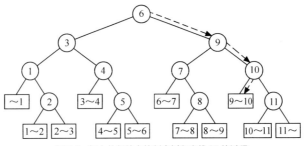

图7.3　加上外部结点的判定树和查找65的过程

借助于判定树，很容易求得折半查找的平均查找长度。为讨论方便起见，假定有序表的长度$n = 2^h - 1$，则判定树是深度为$h = \log_2(n+1)$的满二叉树。树中层次为1的结点有1个，层次为2的结点有2个，依次类推，层次为h的结点有2^{h-1}个。假设表中每个记录的查找概率相等$\left(P_i = \dfrac{1}{n}\right)$，则查找成功时折半查找的平均查找长度为：

$$
\begin{aligned}
ASL &= \sum_{i=1}^{n} P_i C_i \\
&= \frac{1}{n} \sum_{j=1}^{h} j \cdot 2^{j-1} \\
&= \frac{n+1}{n} \log_2(n+1) - 1
\end{aligned}
\tag{7-2}
$$

当n较大时，可有下列近似结果：

$$
ASL = \log_2(n+1) - 1 \tag{7-3}
$$

因此，折半查找的时间复杂度为$O(\log_2 n)$。可见，折半查找的效率比顺序查找的高，但折半查找只适用于有序表，且限于顺序存储结构。

折半查找的优点是：比较次数少，查找效率高。其缺点是：对表结构要求高，只能用于顺序存储的有序表。采用折半查找前元素需要排序，而排序本身是一种费时的运算。同时为了保持顺序表的有序性，对有序表进行插入和删除时，平均比较和移动表中一半元素，这也是一种费时的运算。因此，折半查找不适用于数据元素经常变动的线性表。

7.2.3　分块查找

分块查找（Blocking Search）又称索引顺序查找，这是一种性能介于顺序查找和折半查找之间的查找方法。在此查找方法中，除表本身以外，尚需建立一个"索引表"。例如，图7.4所示为一个表及其索引表，表中含有18个记录，可分成3个子表$(R_1,R_2,\cdots,R_6)$、$(R_7,R_8,\cdots,R_{12})$、$(R_{13},R_{14},\cdots,R_{18})$，对每个子表（或称块）建立一个索引项，其中包括两项内容：关键字项（其值为该子表内的最大关键字）和指针项（指示该子表的第一个记录在表中的位置）。索引表按关键字有序，则表有序或者分块有序。所谓"分块有序"指的是第二个子表中所有记录的关键字均大于第一个子表中的最大关键字，第三个子表中的所有关键字均大于第二个子表中的最大关键字，依次类推。

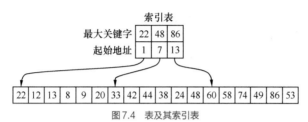

图7.4 表及其索引表

因此，分块查找过程需分两步进行。先确定待查记录所在的块（子表），然后在块中顺序查找。假设给定值$key = 38$，则先将key依次和索引表中各分块的最大关键字进行比较，因为$22<key<48$，则关键字为38的记录若存在，必定在第二个子表中。由于同一索引项中的指针指示第二个子表中的第一个记录是表中第7个记录，则自第7个记录起进行顺序查找，直到ST.elem[10].key = key为止。假如此子表中没有关键字等于key的记录（例如，$key = 29$时自第7个记录起至第12个记录的关键字和key都不等），则查找不成功。

由于由索引项组成的索引表按关键字有序，则确定块的查找可以用顺序查找，亦可用折半查找，而块中记录是任意排列的，则在块中只能用顺序查找。

由此，分块查找的算法为顺序查找和折半查找两种算法的简单合成。

分块查找的平均查找长度为：

$$ASL_{bs} = L_b + L_w \tag{7-4}$$

其中，L_b为查找索引表确定所在块的平均查找长度，L_w为在块中查找元素的平均查找长度。

一般情况下，为进行分块查找，可以将长度为n的表均匀地分成b块，每块含有s个记录，即$b = \lceil n/s \rceil$；又假定表中每个记录的查找概率相等，则每块查找的概率为$1/b$，块中每个记录的查找概率为$1/s$。

若用顺序查找确定所在块，则分块查找的平均查找长度为：

$$
\begin{aligned}
ASL_{bs} = L_b + L_w &= \frac{1}{b}\sum_{j=1}^{b} j + \frac{1}{s}\sum_{i=1}^{s} i = \frac{b+1}{2} + \frac{s+1}{2} \\
&= \frac{1}{2}\left(\frac{n}{s} + s\right) + 1
\end{aligned}
\tag{7-5}
$$

可见，此时的平均查找长度不仅和表长n有关，而且和每一块中的记录个数s有关。在给定n的前提下，s是可以选择的。容易证明，当s取$\sqrt{n}$时，ASL_{bs}取最小值$\sqrt{n}+1$。结果表明，分块查找比顺序查找有了很大改进，但远不及折半查找。

若用折半查找确定所在块，则分块查找的平均查找长度为：

$$ASL'_{bs} \approx \log_2\left(\frac{n}{s} + 1\right) + \frac{s}{2} \tag{7-6}$$

分块查找的优点是：在表中插入和删除数据元素时，只要找到该元素对应的块，就可以在该块内进行插入和删除运算。由于块内是无序的，故插入和删除比较容易，无须进行大量移动。如果线性表既经常动态变化，又需对其进行快速查找，则可采用分块查找。其缺点是：要增加一个索引表的存储空间并对初始索引表进行排序运算。

7.3 树表的查找

前面介绍的3种查找方法都是用线性表作为查找表的组织形式，其中折半查找效率较高。但由于折半查找要求表中记录按关键字有序排列，且不能用链表作为存储结构，因此，当表的插入或删除操作频繁时，为维护表的有序性，需要移动表中很多记录。这种由移动记录引起的额外时间开销，就会抵消折半查找的优点。所以，线性表的查找更适用于静态查找表；若要对动态查找表进行高效率的查找，可采用几种特殊的二叉树作为查找表的组织形式，在此将它们统称为树表。本节将介绍在这些树表上进行查找和修改操作的方法。

7.3.1 二叉排序树

二叉排序树（Binary Sort Tree）又称二叉查找树，它是一种对排序和查找都很有用的特殊二叉树。

1. 二叉排序树的定义

二叉排序树或者是一棵空树，或者是具有下列性质的二叉树。

（1）若它的左子树不空，则左子树上所有结点的值均小于它的根结点的值；

（2）若它的右子树不空，则右子树上所有结点的值均大于它的根结点的值；

（3）它的左、右子树也分别为二叉排序树。

二叉排序树是递归定义的。由定义可以得出二叉排序树的一个重要性质：中序遍历一棵二叉树时可以得到一个结点值递增的有序序列。

例如，图7.5所示为两棵二叉排序树。

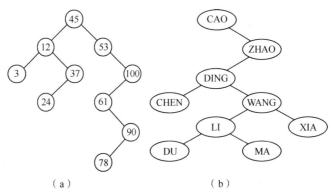

（a）　　　　　　　　　　　（b）

图7.5　二叉排序树

若中序遍历图7.5（a），则可得到一个按数值大小排序的递增序列：

3, 12, 24, 37, 45, 53, 61, 78, 90, 100

若中序遍历图7.5（b），则可得到一个按字符大小排序的递增序列：

CAO, CHEN, DING, DU, LI, MA, WANG, XIA, ZHAO

在下面讨论二叉排序树的操作中，使用二叉链表作为存储结构。因为二叉排序树的操作要根据结点的关键字域来进行，所以下面给出了每个结点的数据域的类型定义（包括关键字项和其他数据项）。

```
//- - - - -二叉排序树的二叉链表存储表示- - - - -
typedef struct
{
  KeyType key;                         //关键字项
  InfoType otherinfo;                  //其他数据项
}ElemType;                             //每个结点的数据域的类型
typedef struct BSTNode
{
  ElemType data;                       //每个结点的数据域包括关键字项和其他数据项
  struct BSTNode *lchild,*rchild;     //左右孩子指针
}BSTNode,*BSTree;
```

2. 二叉排序树的查找

因为二叉排序树可以看成一个有序表，所以在二叉排序树上进行查找和折半查找类似，也是一个逐步缩小查找范围的过程。

算法7.4 二叉排序树的递归查找

【算法步骤】

① 若二叉排序树为空，则查找失败，返回空指针。

② 若二叉排序树非空，将给定值key与根结点的关键字T->data.key进行比较：

二叉排序树的
递归查找

● 若key等于T->data.key，则查找成功，返回根结点地址；

● 若key小于T->data.key，则递归查找左子树；

● 若key大于T->data.key，则递归查找右子树。

模仿折半查找算法7.3，读者可以很容易写出二叉排序树查找的非递归算法。下面以递归形式给出此查找算法。

【算法描述】

```
BSTree SearchBST(BSTree T,KeyType key)
{//在根指针T所指二叉排序树中递归地查找某关键字等于key的数据元素
 //若查找成功，则返回指向该数据元素结点的指针，否则返回空指针
  if((!T)||key==T->data.key) return T;                        //查找结束
  else if(key<T->data.key) return SearchBST(T->lchild,key);  //在左子树中继续查找
  else return SearchBST(T->rchild,key);                       //在右子树中继续查找
}
```

例如，在图7.5（a）所示的二叉排序树中查找关键字等于100的记录（树中结点内的数均为记录的关键字）。首先以key = 100和根结点的关键字进行比较，因为key>45，则查找以45为根的右子树，此时右子树不空，且key>53，则继续查找以结点100为根的右子树，由于key和53的右子树根的关键字100相等，因此查找成功，返回指向结点100的指针值。又如在图7.5（a）中查找关键字等于40的记录，和上述过程类似，在给定值key与关键字45、12及37相继比较之后，继续查找以结点37为根的右子树，此时右子树为空，则说明该树中没有待查记录，故查找不成功，返回指针值为NULL。

【算法分析】

从上述的两个查找例子（key = 100和key = 40）可见，在二叉排序树上查找其关键字等于给定值的结点的过程，恰是走了一条从根结点到该结点的路径的过程，和给定值比较的关键字个数等于路径长度加1（或结点所在层次数）。因此，和折半查找类似，与给定值比较的关键字个数不超过树的深度。然而，折半查找长度为n的顺序表的判定树是唯一的，而含有n个结点

的二叉排序树却不唯一。图7.6中的两棵二叉排序树中结点的值都相同，但创建这两棵树的序列不同，分别是(45, 24, 53, 12, 37, 93)和(12, 24, 37, 45, 53, 93)。图7.6（a）中树的深度为3，而图7.6（b）中树的深度为6。再从平均查找长度来看，假设6个记录的查找概率相等，为1/6，则图7.6（a）中树的平均查找长度为

$$ASL_{(a)} = \frac{1}{6}\left[1+2+2+3+3+3\right] = 14/6$$

而图7.6（b）中树的平均查找长度为

$$ASL_{(b)} = \frac{1}{6}\left[1+2+3+4+5+6\right] = 21/6$$

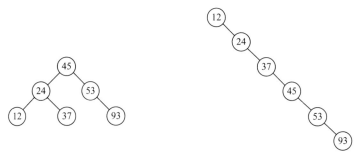

（a）关键字序列为(45,24,53,12,37,93)
的二叉排序树　　　　　　　　　　（b）关键字序列为(12,24,37,45,53,93)
的单支树

图7.6　不同形态的二叉排序树

因此，含有n个结点的二叉排序树的平均查找长度和树的形态有关。当先后插入的关键字有序时，构成的二叉排序树蜕变为单支树。树的深度为n，其平均查找长度为$\frac{n+1}{2}$（和顺序查找相同），这是最差的情况。显然，最好的情况是，二叉排序树的形态和折半查找的判定树的形态相似，其平均查找长度和$\log_2 n$成正比。若考虑把n个结点按各种可能的次序插入二叉排序树中，则有$n!$棵二叉排序树（其中有的形态相同）。可以证明，综合所有可能的情况，就平均而言，二叉排序树的平均查找长度仍然和$\log_2 n$是同数量级的。

可见，二叉排序树上的查找和折半查找相差不大。但就维护表的有序性而言，二叉排序树更加有效，因为无须移动记录，只需修改指针即可完成对结点的插入和删除操作。因此，对于需要经常进行插入、删除和查找运算的表，采用二叉排序树比较好。

3. 二叉排序树的插入

二叉排序树的插入操作是以查找为基础的。要将一个关键字为key的结点*S插入二叉排序树中，则需要从根结点向下查找，当树中不存在关键字等于key的结点时才进行插入。新插入的结点一定是一个新添加的叶子结点，并且是查找不成功时查找路径上访问的最后一个结点的左孩子或右孩子结点。

算法7.5　二叉排序树的插入

【算法步骤】

① 若二叉排序树为空，则将待插入结点*S作为根结点插入空树。

② 若二叉排序树非空，则将key与根结点的关键字T->data.key进行比较：

● 若key小于T->data.key，则将*S插入左子树；

● 若key大于T->data.key，则将*S插入右子树。

【算法描述】

```
void InsertBST(BSTree &T,ElemType e)
{// 当二叉排序树T中不存在关键字等于e.key的数据元素时，则插入该元素
  if(!T)
  {                                // 找到插入位置，递归结束
    S=new BSTNode;                 //生成新结点 *S
    S->data=e;                     // 新结点 *S的数据域置为e
    S->lchild=S->rchild=NULL;      // 新结点 *S作为叶子结点
    T=S;                           // 把新结点 *S链接到已找到的插入位置
  }
  else if(e.key<T->data.key)
    InsertBST(T->lchild,e);        // 将 *S插入左子树
  else if(e.key>T->data.key)
    InsertBST(T->rchild,e);        // 将 *S插入右子树
}
```

二叉排序树的
插入

例如，在图7.5（a）所示的二叉排序树上插入关键字为55的结点，由于插入前二叉排序树非空，因此，将55和根结点45进行比较，因55>45，则应将55插入45的右子树；又和45的右子树的根53比较，因55>53，则应将55插入53的右子树；依次类推，直至最后55<61，且61的左子树为空，将55作为61的左孩子插入树中。结果如图7.7所示。

【算法分析】

二叉排序树插入的基本过程是查找，所以时间复杂度同查找一样，是$O(\log_2 n)$。

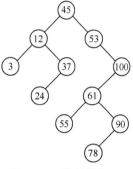

图7.7 二叉排序树的插入

4. 二叉排序树的创建

二叉排序树的创建是从空的二叉排序树开始的，每输入一个结点，经过查找操作，将新结点插入当前二叉排序树的合适位置。

算法7.6 二叉排序树的创建

【算法步骤】

① 将二叉排序树T初始化为空树。

② 读入一个关键字为key的结点。

③ 如果读入的关键字key不是输入结束标志，则循环执行以下操作：

- 将此结点插入二叉排序树T中；
- 读入一个关键字为key的结点。

二叉排序树的
创建

【算法描述】

```
void CreatBST(BSTree &T)
{// 依次读入关键字为key的结点,将相应结点插入二叉排序树T中
  T=NULL;                          // 将二叉排序树T初始化为空树
  cin>>e;
  while(e.key!=ENDFLAG)            //ENDFLAG为自定义常量，作为输入结束标志
  {
    InsertBST(T,e);                // 将此结点插入二叉排序树T中
    cin>>e;
  }
}
```

【算法分析】

假设有n个结点，则需要n次插入操作，而插入一个结点的算法时间复杂度为$O(\log_2 n)$，所以创建二叉排序树算法的时间复杂度为$O(n\log_2 n)$。

例如，设关键字的输入序列为45，24，53，45，12，24，90，按上述算法生成二叉排序树的过程如图7.8所示。

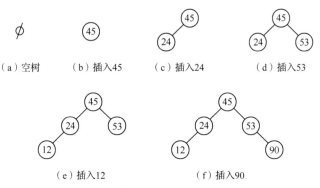

图7.8 生成二叉排序树的过程

容易看出，一个无序序列可以通过构造一棵二叉排序树而变成一个有序序列，构造树的过程即对无序序列进行排序的过程。不仅如此，从上面的插入过程还可以看到，每次插入的新结点都是二叉排序树上新的叶子结点，则在进行插入操作时，不必移动其他结点，仅需改动某个结点的指针，使其由指向空结点变为指向非空结点即可。这就相当于在一个有序序列上插入一个记录而不需要移动其他记录。

5. 二叉排序树的删除

被删除的结点可能是二叉排序树中的任何结点，删除结点后，要根据其位置不同修改其双亲结点及相关结点的指针，以保持二叉排序树的特性。

算法7.7 二叉排序树的删除

【算法步骤】

首先从二叉排序树的根结点开始查找关键字为key的待删结点，如果树中不存在此结点，则不做任何操作；否则，假设被删结点为*p（指向结点的指针为p），其双亲结点为*f（指向结点的指针为f），P_L和P_R分别表示其左子树和右子树[见图7.9（a）]。

不失一般性，可设*p是*f的左孩子（右孩子情况类似）。下面分3种情况进行讨论。

（1）若*p结点为叶子结点，即P_L和P_R均为空树。由于删去叶子结点不破坏整棵树的结构，因此只需修改其双亲结点的指针即可：

$$f\text{->}lchild = NULL;$$

（2）若*p结点只有左子树P_L或者只有右子树P_R，此时只要令P_L或P_R直接成为其双亲结点*f的左子树即可：

$$f\text{->}lchild = p\text{->}lchild;（或f\text{->}lchild = p\text{->}rchild;）$$

（3）若*p结点的左子树和右子树均不空。从图7.9（b）可知，在删去*p结点之前，中序遍历该二叉树得到的序列为$\{\cdots C_L C \cdots Q_L Q S_L S P P_R F \cdots\}$，在删去*p之后，为保持其他元素之间的相对位置不变，可以有两种处理方法：

① 令*p的左子树为*f的左子树，而*p的右子树为*s的右子树，如图7.9（c）所示。

$$f\text{->}lchild = p\text{->}lchild; s\text{->}rchild = p\text{->}rchild;$$

② 令*p的直接前驱（或直接后继）替代*p，然后再从二叉排序树中删去它的直接前驱（或直接后继）。如图7.9（d）所示，当以直接前驱*s替代*p时，由于*s只有左子树S_L，因此在删去*s之后，只要令S_L为*s的双亲*q的右子树即可。

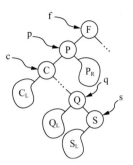

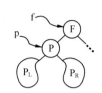

（a）删除*f为根的子树　　　　　　　　　　　　（b）删除*p之前

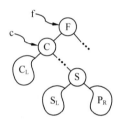

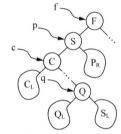

（c）删除*p之后，以P_R作为*s的右子树的情形　　　（d）删除*p之后，以*s替代*p的情形

图7.9　在二叉排序树中删除*p

p->data = s->data; q->rchild = s->lchild;

显然，前一种处理方法可能增加树的深度，而后一种方法是以被删结点左子树中关键字最大的结点替代被删结点，然后从左子树中删除这个结点。此结点一定没有右子树（否则它就不是左子树中关键字最大的结点），这样不会增加树的高度，所以常采用这种处理方案。下面的算法描述即采用这种方案。

二叉树排序树
的删除

【算法描述】

```
void DeleteBST(BSTree &T,KeyType key)
{// 从二叉排序树T中删除关键字等于key的结点
  p=T;f=NULL;                              //初始化
  /*------------下面的while循环从根开始查找关键字等于key的结点 *p--------------*/
  while(p)
  {
    if(p->data.key==key) break;            //找到关键字等于key的结点 *p,结束循环
    f=p;                                   //*f为 *p的双亲结点
    if(p->data.key>key) p=p->lchild;       //在 *p的左子树中继续查找
    else p=p->rchild;                      //在 *p的右子树中继续查找
  }                                        //while
  if(!p) return;                           //找不到被删结点则返回
  /*----考虑3种情况实现p所指子树内部的处理：*p左右子树均不空、无右子树、无左子树---*/
  q=p;
  if((p->lchild)&&(p->rchild))             //被删结点 *p左右子树均不空
  {
```

```
    s=p->lchild;
    while (s->rchild)                   //在*p的左子树中继续查找其前驱结点，即最右下结点
    {
        q=s; s=s->rchild;              //向右到尽头
    }
    p->data=s->data;                   //s指向被删结点的"前驱"
    if(q!=p) q->rchild=s->lchild;      //重接*q的右子树
    else q->lchild=s->lchild;          //重接*q的左子树
    delete s;
    return;
}                                      //if
else if(!p->rchild)                    //被删结点*p无右子树，只需重接其左子树
{
    p=p->lchild;
}                                      //else if
else if(!p->lchild)                    //被删结点*p无左子树，只需重接其右子树
{
    p=p->rchild;
}                                      //else if
/*-----------------将p所指的子树挂接到其双亲结点*f相应的位置------------------*/
if(!f) T=p;                            //被删结点为根结点
else if(q==f->lchild) f->lchild=p;     //挂接到*f的左子树位置
else f->rchild=p;                      //挂接到*f的右子树位置
delete q;
}
```

【算法分析】

同二叉排序树插入一样，二叉排序树删除的基本过程也是查找，所以时间复杂度仍是 $O(\log_2 n)$。

根据算法7.7，图7.10给出了二叉排序树删除的3种情况。

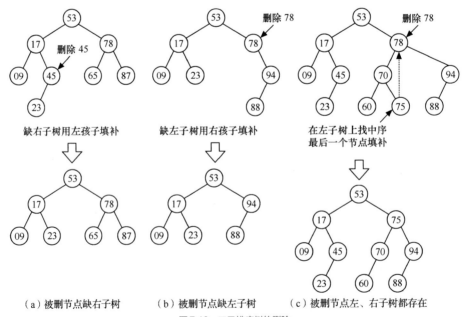

图7.10　二叉排序树的删除

7.3.2　平衡二叉树

1. 平衡二叉树的定义

二叉排序树查找算法的性能取决于二叉树的结构，而二叉排序树的形状则取决于其数据集。如果数据有序排列，则二叉排序树是线性的，查找的时间复杂度为$O(n)$；反之，如果二叉排序树的结构合理，则查找速度较快，查找的时间复杂度为$O(\log_2 n)$。事实上，树的高度越小，查找速度越快。因此，希望二叉树的高度尽可能小。本节将讨论一种特殊类型的二叉排序树，称为**平衡二叉树**（Balanced Binary Tree或Height-Balanced Tree），因由苏联数学家阿德尔森-维尔斯基（Adelson-Velskii）和兰迪斯（Landis）提出，所以又称**AVL树**。

平衡二叉树或者是空树，或者是具有如下特征的二叉排序树：

（1）左子树和右子树的深度之差的绝对值不超过1；

（2）左子树和右子树也是平衡二叉树。

若将二叉树上结点的**平衡因子**（Balance Factor，BF）定义为该结点左子树和右子树的深度之差，则平衡二叉树上所有结点的平衡因子只可能是-1、0和1。只要二叉树上有一个结点的平衡因子的绝对值大于1，则该二叉树就是不平衡的。图7.11（a）所示为两棵平衡二叉树，而图7.11（b）所示为两棵不平衡的二叉树，结点中的值为该结点的平衡因子。

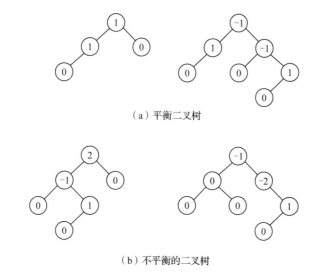

（a）平衡二叉树

（b）不平衡的二叉树

图7.11　平衡与不平衡的二叉树及结点的平衡因子

因为AVL树上任何结点的左右子树的深度之差都不超过1，则可以证明它的深度和$\log_2 n$是同数量级的（其中n为结点个数）。由此，其查找的时间复杂度是$O(\log_2 n)$。

2. 平衡二叉树的平衡调整方法

如何创建一棵平衡二叉树呢？插入结点时，首先按照二叉排序树处理，若插入结点后破坏了平衡二叉树的特性，需对平衡二叉树进行调整。调整方法是：找到离插入结点最近且平衡因子绝对值超过1的祖先结点，以该结点为根的子树称为**最小不平衡子树**，可将重新平衡的范围局限于这棵子树。

先看一个具体例子（见图7.12）。假设表中关键字序列为$(13, 24, 37, 90, 53)$。

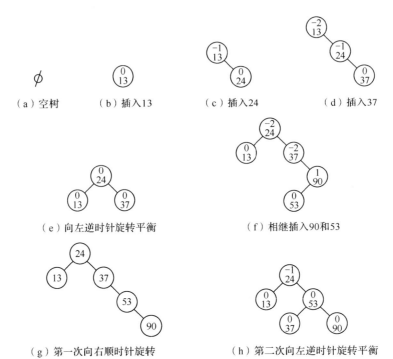

（a）空树　　（b）插入13　　　（c）插入24　　　（d）插入37

（e）向左逆时针旋转平衡　　　　　　　（f）相继插入90和53

（g）第一次向右顺时针旋转　　　　（h）第二次向左逆时针旋转平衡

图7.12　平衡树的生成过程

（1）空树和只有1个结点13的树显然都是平衡的二叉树。在插入24之后树仍是平衡的，只是根结点的平衡因子由0变为-1，如图7.12（a）～（c）所示。

（2）在继续插入37之后，由于结点13的平衡因子由-1变成-2，因此出现了不平衡的现象。此时好比一根扁担出现一头重、一头轻的现象，若能将扁担的支撑点由13改至24，扁担的两头就平衡了。由此，可以对树做一个向左逆时针"旋转"的操作，令结点24为根，而结点13为它的左子树，此时，结点13和结点24的平衡因子都为0，而且仍保持二叉排序树的特性，如图7.12（d）～（e）所示。

（3）在继续插入结点90和结点53之后，结点37的平衡因子由-1变成-2，排序树中出现了新的不平衡现象，需进行调整。但此时由于结点53插在结点90的左子树上，因此不能如上进行简单调整。离插入结点最近的最小不平衡子树是以结点37为根的子树。这时，必须以结点53作为根结点，而使结点37成为它的左子树的根，使结点90成为它的右子树的根。这好比对树做了两次旋转操作，先向右顺时针旋转，后向左逆时针旋转［见图7.12（f）～（h）］，使二叉排序树由不平衡转化为平衡。

一般情况下，假设最小不平衡子树的根结点为A，则失去平衡后进行调整的规律可归纳为下列4种情况。

（1）LL型：由于在A左子树根结点的左子树上插入结点，A的平衡因子由1增至2，致使以A为根的子树失去平衡，因此需进行一次向右的顺时针旋转操作，如图7.13所示。

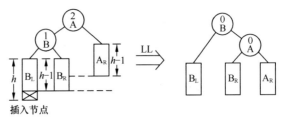

图7.13　LL型调整操作示意

图7.14所示为两个LL型调整的示例。

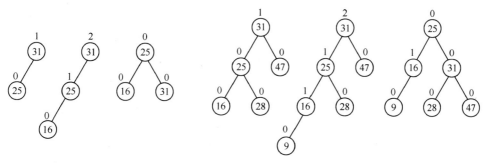

（a）插入前B_L、B_R、A_R均为空树　　　　　　（b）插入前B_L、B_R、A_R均为非空树

图7.14　LL型调整示例

（2）RR型：由于在A的右子树根结点的右子树上插入结点，A的平衡因子由-1变为-2，致使以A为根结点的子树失去平衡，因此需进行一次向左的逆时针旋转操作，如图7.15所示。

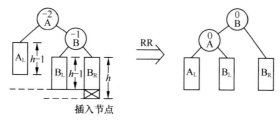

图7.15　RR型调整操作示意

图7.16所示为两个RR型调整的示例。

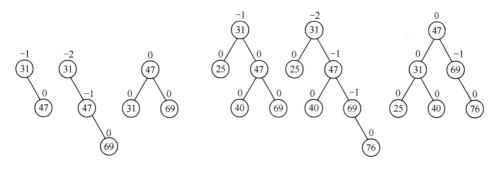

（a）插入前A_L、B_L、B_R均为空树　　　　　　（b）插入前A_L、B_L、B_R均为非空树

图7.16　RR型调整示例

（3）LR型：由于在A的左子树根结点的右子树上插入结点，A的平衡因子由1增至2，致使以A为根结点的子树失去平衡，因此需进行两次旋转操作。第一次对B及其右子树进行逆时针旋转，C转上去成为B的根，这时变成了LL型，所以第二次进行LL型的顺时针旋转即可恢复平衡。如果C原来有左子树，则调整C的左子树为B的右子树，如图7.17所示。

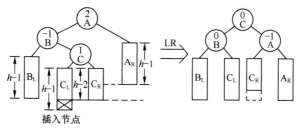

图7.17　LR型调整操作示意

　　LR型旋转前后A、B、C这3个结点平衡因子的变化分为3种情况，图7.18所示为3种LR型调整的示例。

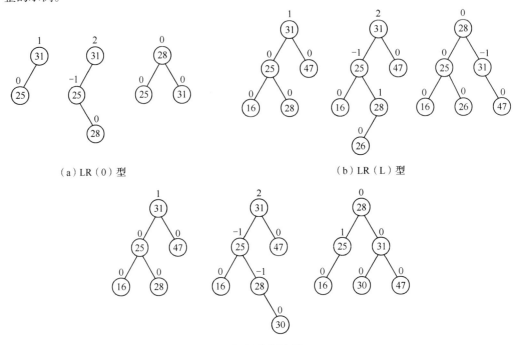

图7.18　LR型调整示例

　　（4）RL型：由于在A的右子树根结点的左子树上插入结点，A的平衡因子由-1变为-2，致使以A为根结点的子树失去平衡，因此旋转方法和LR型的旋转方法相"对称"，也需进行两次旋转，先顺时针向右旋转，再逆时针向左旋转，如图7.19所示。

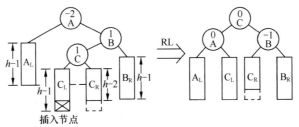

图7.19　RL型调整操作示意

　　同LR型旋转类似，RL型旋转前后A、B、C这3个结点的平衡因子的变化也分为3种情况，图7.20所示为3种RL型调整的示例。

　　上述4种情况中，（1）和（2）对称，（3）和（4）对称。旋转操作的正确性容易由"保持二叉排序树的特性：中序遍历所得关键字序列自小至大有序"证明。同时，无论哪一种情况，在经过平衡旋转处理之后，以B或C为根的新子树为平衡二叉树，而且它们的深度和插入之前以A为根的子树相同。因此，当平衡的二叉排序树因插入结点而失去平衡时，仅需对最小不平衡子树进行平衡旋转处理即可。因为经过旋转处理之后子树的深度和插入之前的相同，因而不影响插入路径上所有祖先结点的平衡度。

3．平衡二叉树的插入

　　在平衡二叉树BBT上插入一个新的数据元素e的递归算法可描述如下。

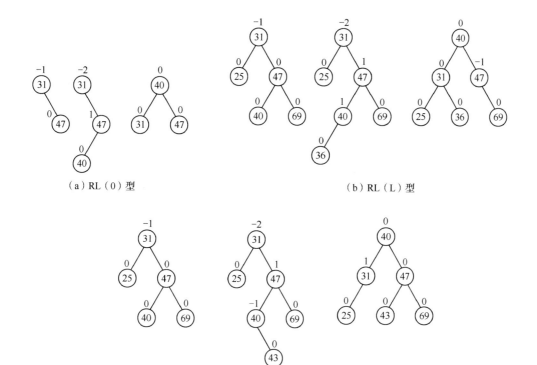

（a）RL（0）型　　　　　　　　　（b）RL（L）型

（c）RL（R）型

图7.20　RL型调整示例

① 若BBT为空树，则插入一个数据元素为e的新结点作为BBT的根结点，树的深度增1。

② 若e的关键字和BBT的根结点的关键字相等，则不进行插入。

③ 若e的关键字小于BBT的根结点的关键字，而且在BBT的左子树中不存在和e有相同关键字的结点，则将e插入在BBT的左子树上，并且当插入之后的左子树深度增加（+1）时，分别就下列不同情况处理：

● BBT的根结点的平衡因子为-1（右子树的深度大于左子树的深度）：将根结点的平衡因子更改为0，BBT的深度不变；

● BBT的根结点的平衡因子为0（左、右子树的深度相等）：将根结点的平衡因子更改为1，BBT的深度增1；

● BBT的根结点的平衡因子为1（左子树的深度大于右子树的深度）：若BBT的左子树根结点的平衡因子为1，则需进行单向右旋平衡处理，并且在右旋处理之后，将根结点和其右子树根结点的平衡因子更改为0，树的深度不变；

● 若BBT的左子树根结点的平衡因子为-1，则需进行先向左、后向右的双向旋转平衡处理，并且在旋转处理之后修改根结点和其左、右子树根结点的平衡因子，树的深度不变。

④ 若e的关键字大于BBT的根结点的关键字，而且在BBT的右子树中不存在和e有相同关键字的结点，则将e插入在BBT的右子树上，并且当插入之后的右子树深度增加（+1）时，分别就不同情况处理。其处理操作和③中所述相对称，读者可自行补充。

7.3.3　B- 树

前面介绍的查找方法均适用于存储在计算机内存中较小的文件，统称为内查找法。若文件很大且存放于外存进行查找时，这些查找方法就不适用了。内查找法都以结点为单位进行查找，这样需要反复地进行内、外存的交换，是很费时的。1970年，鲁道夫·拜尔（R.Bayer）和E·麦克雷特（E.Mccreight）提出了一种适用于外查找的平衡多叉树——B-树，磁盘管理系统中的目录管理，以及数据库系统中的索引组织多数都采用B-树这种数据结构。

1. B-树的定义

一棵m阶的B-树，或为空树，或为满足下列特性的m叉树：

（1）树中每个结点至多有m棵子树；

（2）若根结点不是叶子结点，则至少有两棵子树；

（3）除根之外的所有非终端结点至少有$\lceil m/2 \rceil$棵子树；

（4）所有的叶子结点都出现在同一层次上，并且不带信息，通常称为失败结点（失败结点并不存在，指向这些结点的指针为空。引入失败结点是为了便于分析B-树的查找性能）；

（5）所有的非终端结点最多有$m-1$个关键字，结点的结构如图7.21所示。

图7.21 B-树的结点结构

其中，$K_i(i=1,\cdots,n)$为关键字，且$K_i<K_{i+1}(i=1,\cdots,n-1)$；$P_i(i=0,\cdots,n)$为指向子树根结点的指针，且指针$P_{i-1}$所指子树中所有结点的关键字均小于$K_i(i=1,\cdots,n)$，$P_n$所指子树中所有结点的关键字均大于$K_n$，$n(\lceil m/2 \rceil-1\leq n\leq m-1)$为关键字的个数（或$n+1$为子树个数）。

从上述定义可以看出，对任一关键字K_i而言，P_{i-1}相当于指向其"左子树"，P_i相当于指向其"右子树"。

B-树具有平衡、有序、多路的特点，图7.22所示为一棵4阶的B-树，能很好地说明其特点。

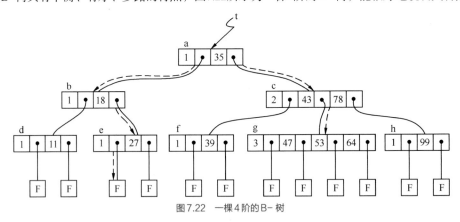

图7.22 一棵4阶的B-树

（1）所有叶子结点均在同一层次，这体现出其平衡的特点。

（2）树中每个结点中的关键字都是有序的，且关键字K_i"左子树"中的关键字均小于K_i，而其"右子树"中的关键字均大于K_i，这体现出其有序的特点。

（3）除叶子结点外，有的结点中有一个关键字、两棵子树，有的结点中有两个关键字、3棵子树，这种4阶的B-树最多有3个关键字、4棵子树，这体现出其多路的特点。

在具体实现时，为记录其双亲结点，B-树结点的存储结构通常增加一个parent指针，指向其双亲结点，存储结构示意如图7.23所示。

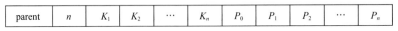

图7.23 B-树结点的存储结构示意

2. B- 树的查找

由B- 树的定义可知，在B- 树上进行查找的过程和二叉排序树查找的过程类似。

例如，在图7.22所示的B- 树上查找关键字47的过程如下：首先从根开始，根据根结点指针t找到*a结点，因*a结点中只有一个关键字，且47>35，若查找的记录存在，则必在指针P_1所指的子树内，顺指针找到*c结点，该结点有两个关键字（43和78），而43<47<78，若查找的记录存在，则必在指针P_1所指的子树中。同样，顺指针找到*g结点，在该结点中顺序查找，找到关键字47，由此，查找成功。

查找不成功的过程也类似，例如，在同一棵树中查找23。从根开始，因为23<35，则顺该结点中指针P_0找到*b结点，又因为*b结点中只有一个关键字18，且23>18，所以顺结点中第二个指针P_1找到*e结点。同理，因为23<27，则顺指针往下找，此时因指针所指为叶子结点，说明此棵B- 树中不存在关键字23，查找以失败而告终。

由此可见，在B- 树上进行查找的过程是一个顺指针查找结点，和查找结点的关键字交叉进行的过程。

由于B- 树主要用于文件的索引，因此它的查找涉及外存的存取，在此略去外存的读/写，只做示意性的描述。假设结点类型定义如下：

```
#define m 3                    // B-树的阶,暂设为3
typedef struct BTNode
{
  int keynum;                  //结点中关键字的个数,即结点的大小
  struct BTNode *parent;       //指向双亲结点
  KeyType K[m+1];              //关键字向量,0号单元未用
  struct BTNode *ptr[m+1];     //子树指针向量
  Record *recptr[m+1];         //记录指针向量,0号单元未用
}BTNode,*BTree;                //B-树结点和B-树的类型
typedef struct
{
  BTNode *pt;                  //指向找到的结点
  int i;                       //1～m,在结点中的关键字序号
  int tag;                     //1表示查找成功,0表示查找失败
}Result;                       //B-树的查找结果类型
```

算法7.8　B- 树的查找

【算法步骤】

将给定值key与根结点的各个关键字$K_1, K_2, \cdots, K_j$（$1 \leqslant j \leqslant m-1$）进行比较，由于该关键字序列是有序的，因此查找时可采用顺序查找，也可采用折半查找。查找时：

B- 树的查找

① 若$key = K_i$（$1 \leqslant i \leqslant j$），则查找成功；

② 若$key < K_1$，则顺着指针P_0所指向的子树继续向下查找；

③ 若$K_i < key < K_{i+1}$（$1 \leqslant i \leqslant j-1$），则顺着指针$P_i$所指向的子树继续向下查找；

④ 若$key > K_j$，则顺着指针P_j所指向的子树继续向下查找。

如果在自上而下的查找过程中，找到了值为key的关键字，则查找成功；如果直到叶子结点也未找到值为key的关键字，则查找失败。

【算法描述】

```
Result SearchBTree(BTree T,KeyType key)
{//在m阶B-树T上查找关键字key,返回结果(pt,i,tag)
```

```
//若查找成功,则特征值tag=1,指针pt所指结点中第i个关键字等于key
//否则特征值tag=0,等于key的关键字应插入在指针pt所指结点中第i个和第i+1个关键字之间
 p=T;q=NULL;found=FALSE;i=0;              //初始化,p指向待查结点,q指向p的双亲
 while(p&&!found)
 {
    i=Search(p,key);
    //在p->K[1..keynum]中查找i,使得p->K[i]<=key<p->K[i+1]
    if(i>0&&p->K[i]==key) found=TRUE;      //找到待查关键字
    else{q=p; p=p->ptr[i];}
 }
 if(found) return(p,i,1);                  //查找成功
 else return(q,i,0);                       //查找不成功,返回key的插入位置信息
}
```

【算法分析】

从算法7.8可见，在B-树上进行查找包含两种基本操作：①在B-树中找结点；②在结点中找关键字。由于B-树通常存储在磁盘上，则前一查找操作是在磁盘上进行的（在算法7.8中没有体现），而后一查找操作是在内存中进行的，即在磁盘上找到指针p所指结点后，先将结点中的信息读入内存，然后利用顺序查找或折半查找查询等于key的关键字。显然，在磁盘上进行一次查找比在内存中进行一次查找耗费的时间多出很多，因此，在磁盘上进行查找的次数，即待查关键字所在结点在B-树上的层次数，是决定B-树查找效率的首要因素。

现考虑最坏的情况，即待查结点在B-树的最下面一层。也就是说，含N个关键字的m阶B-树的最大深度是多少？

先看一棵3阶的B-树。按B-树上的定义，3阶的B-树上所有非终端结点至多有两个关键字，至少有一个关键字（子树个数为2或3，故又称2-3树）。因此，当关键字个数小于等于2时，树的深度为2（叶子结点层次为2）；当关键字个数小于等于6时，树的深度不超过3。反之，若B-树的深度为4，则关键字的个数必须大于等于7[见图7.24（g）]，此时，每个结点都含有可能的关键字的最小数目。

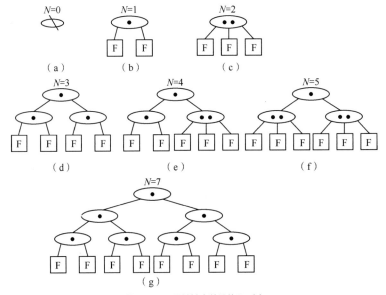

图7.24 不同关键字数目的B-树

一般情况的分析可类似平衡二叉树进行，先讨论深度为$h+1$的m阶B-树所具有的最少节

点数。

　　根据B- 树的定义，第一层至少有1个结点；第二层至少有2个结点；由于除根之外的每个非终端结点至少有$\lceil m/2 \rceil$棵子树，则第三层至少有$2(\lceil m/2 \rceil)$个结点；依次类推，第$h+1$层至少有$2(\lceil m/2 \rceil)^{h-1}$个结点。而$h+1$层的结点为叶子结点。若$m$阶B- 树中具有$N$个关键字，则叶子结点数即查找不成功的结点数为$N+1$，由此有：

$$N+1 \geqslant 2 \times (\lceil m/2 \rceil)^{h-1}$$

反之：

$$h \leqslant \log_{\lceil m/2 \rceil}\left(\frac{N+1}{2}\right)+1$$

　　这就是说，在含有N个关键字的B- 树上进行查找时，从根结点到关键字所在结点的路径上涉及的结点数不超过$\log_{\lceil m/2 \rceil}\left(\frac{N+1}{2}\right)+1$。

3．B- 树的插入

　　B- 树是动态查找树，因此其是从空树起，在查找的过程中通过逐个插入关键字而得到。但由于B- 树中除根之外的所有非终端结点中的关键字个数必须大于等于$\lceil m/2 \rceil-1$，因此，每次插入一个关键字不是在树中添加一个叶子结点，而是首先在最低层的某个非终端结点中添加一个关键字。若该结点的关键字个数不超过$m-1$，则插入完成，否则表明结点已满，需要进行结点的"分裂"，将此结点在同一层分成两个结点。一般情况下，结点分裂方法是：以中间关键字为界把结点一分为二，并把中间关键字向上插入双亲结点上，若双亲结点已满，则采用同样的方法继续分裂。最坏的情况下，一直分裂到树根结点，这时B- 树高度增加1。

　　例如，图7.25（a）所示为3阶的B- 树（图中略去F结点，即叶子结点），假设需依次插入关键字30、26、85和7。首先通过查找确定应插入的位置。由根*a起进行查找，确定30应插入在*d结点中，由于*d中关键字数目不超过2（即$m-1$），因此第一个关键字插入完成。插入30后的B- 树如图7.25（b）所示。同样，通过查找确定关键字26亦应插入在*d结点中。由于*d中关键字的数目超过2，此时需将*d分裂成两个结点，关键字26及其前、后两个指针仍保留在*d结点中，而关键字37及其前、后两个指针存储到新产生的结点*d′中。同时，将关键字30和指示结点*d′的指针插入到其双亲结点中。由于*b结点中的关键字数目没有超过2，则插入完成。插入26后的B- 树如图7.25（c）和图7.25（d）所示。类似地，在*g中插入85之后需分裂成两个结点，如图7.25（e）和图7.25（f）所示。而当70继而插入双亲结点中时，由于*e中关键字数目超过2，则分裂为结点*e和*e′，如图7.25（g）所示。最后在插入关键字7时，*c、*b和*a相继分裂，并生成一个新的根结点*m，如图7.25（h）～（j）所示。

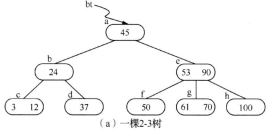

（a）一棵2-3树

图7.25　在B- 树中进行插入（省略叶子结点）

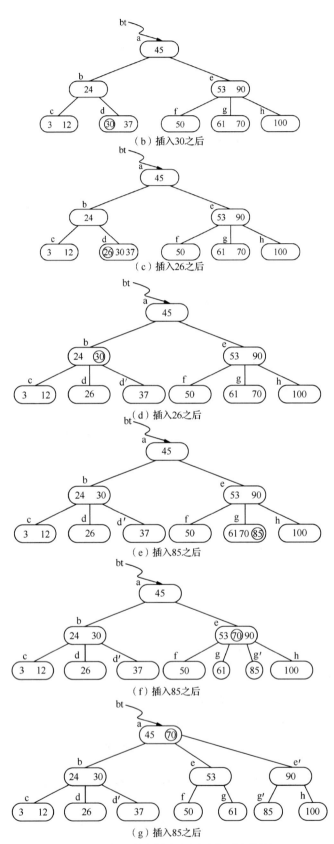

（b）插入30之后

（c）插入26之后

（d）插入26之后

（e）插入85之后

（f）插入85之后

（g）插入85之后

图7.25　在B−树中进行插入（省略叶子结点）（续）

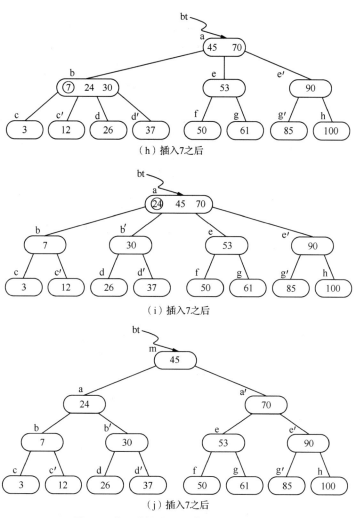

（h）插入7之后

（i）插入7之后

（j）插入7之后

图7.25　在B-树中进行插入（省略叶子结点）（续）

算法7.9　B-树的插入

【算法步骤】

① 在B-树中查找给定关键字的记录，若查找成功，则插入操作失败，否则将新记录作为空指针ap插入查找失败的叶子结点的上一层结点（由q指向）。

② 若插入新记录和空指针后，q指向的结点的关键字个数未超过$m-1$，则插入操作成功，否则转入步骤③。

③ 以该结点的第$\lceil m/2 \rceil$个关键字$K_{\lceil m/2 \rceil}$为拆分点，将该结点分成3个部分：$K_{\lceil m/2 \rceil}$左边部分、$K_{\lceil m/2 \rceil}$、$K_{\lceil m/2 \rceil}$右边部分。$K_{\lceil m/2 \rceil}$左边部分仍然保留在原结点中；$K_{\lceil m/2 \rceil}$右边部分存放在一个新创建的结点（由ap指向）中；关键字为$K_{\lceil m/2 \rceil}$的记录和指针ap插入q的双亲结点。因q的双亲结点增加一个新的记录，所以必须对q的双亲结点重复②和③的操作，依次类推，直至由q指向的结点是根结点，转入步骤④。

④ 由于根结点无双亲，则由其分裂产生的两个结点的指针ap和q，以及关键字为$K_{\lceil m/2 \rceil}$的记录构成一个新的根结点。此时，B-树的高度增加1。

下面算法描述中的q和i是由查找函数SearchBTree返回的信息而得。

B-树的插入

【算法描述】

```
Status InsertBTree(BTree &T,KeyType key,BTree q,int i)
{//在m阶B-树T上结点*q的K[i]与K[i+1]之间插入关键字key
 //若引起结点过大,则沿双亲链进行必要的结点分裂调整,使T仍是m阶B-树
   x=key;ap=NULL;finished=FALSE;         //x表示新插入的关键字,ap为一个空指针
   while(q&&!finished)
   {
      Insert(q,i,x,ap);                  //将x和ap分别插入q->key[i+1]和q->ptr[i+1]
      if(q->keynum<m) finished=TRUE;     //插入完成
      else                               //分裂结点
      {
         s=⌈(m+1)/2⌉; split(q,s,ap); x=q->K[s];
         //将q->K[s+1..m],q->ptr[s..m]和q->recptr[s+1..m]移入新结点*ap
         q=q->parent;
         if(q) i=Search(q,x);            //在双亲结点*q中查找x的插入位置
      }                                  //else
   }                                     //while
   if(!finished)      //T是空树(参数q初值为NULL)或者根结点已分裂为结点*q和*ap
      NewRoot(T,q,x,ap);        //生成含信息(T,x,ap)的新的根结点*T,原T和ap为子树指针
   return OK;
}
```

4. B-树的删除

　　m阶B-树的删除操作，是指在B-树的某个结点中删除指定的关键字及其邻近的一个指针，删除后应该进行调整使该树仍然满足B-树的定义，也就是要保证每个结点的关键字数目区间为[⌈$m/2$⌉-1,m]。删除记录后，结点的关键字个数如果小于⌈$m/2$⌉-1，则要进行"合并"结点的操作。除了删除记录，还要删除该记录邻近的指针。若该结点为最下层的非终端结点，由于其指针均为空，删除后不会影响其他结点，可直接删除；若该结点不是最下层的非终端结点，其邻近的指针则指向一棵子树，不可直接删除。此时可做如下处理：将要删除记录用其右（左）边邻近指针指向的子树中关键字最小（大）的记录（该记录必定在最下层的非终端结点中）替换。采取这种方法进行处理，无论要删除的记录所在的结点是否为最下层的非终端结点，都可归结为在最下层的非终端结点中删除记录的情况。

　　例如，在图7.25（a）所示的B-树上删去45，可以用*f结点中的50替代45，然后在*f结点中删去50。因此，下面可以只讨论删除最下层非终端结点中的关键字的情形。有以下3种可能。

　　（1）被删关键字所在结点中的关键字数目不小于⌈$m/2$⌉，则只需从该结点中删去关键字K_i和相应指针P_i，树的其他部分不变。例如，从图7.25（a）所示B-树中删去关键字12，删除后的B-树如图7.26（a）所示。

　　（2）被删关键字所在结点中的关键字数目等于⌈$m/2$⌉-1，而与该结点相邻的右兄弟（或左兄弟）结点中的关键字数目大于⌈$m/2$⌉-1，则需将其兄弟结点中的最小（或最大）关键字上移至双亲结点中，而将双亲结点中小于（或大于）且紧靠该上移关键字的关键字下移至被删关键字所在结点中。例如，从图7.26（a）中删去50，需将其右兄弟结点中的61上移至*e结点中，而将*e结点中的53移至*f，从而使*f和*g中关键字数目均不小于⌈$m/2$⌉-1，而双亲结点中的关键字数目不变，如图7.26（b）所示。

　　（3）被删关键字所在结点和其相邻的兄弟结点中的关键字数目均等于⌈$m/2$⌉-1。假设该结点有右兄弟，且其右兄弟结点地址由双亲结点中的指针P_i所指，则在删去关键字之后，它所在

结点中剩余的关键字和指针，加上双亲结点中的关键字K_i，一起合并到P_i所指的兄弟结点中（若没有右兄弟，则合并至左兄弟结点中）。例如，从图7.26（b）所示B-树中删去53，则应删去*f结点，并将*f的剩余信息（指针"空"）和双亲*e结点中的61一起合并到右兄弟结点*g中，删除后的树如图7.26（c）所示。如果因此使双亲结点中关键字数目小于$\lceil m/2 \rceil - 1$，则依次类推做相应处理。例如，在图7.26（c）的B-树中删去关键字37之后，双亲结点*b中剩余信息（指针c）应和其双亲结点*a中关键字45一起合并至右兄弟结点*e中，删除后的B-树如图7.26（d）所示。

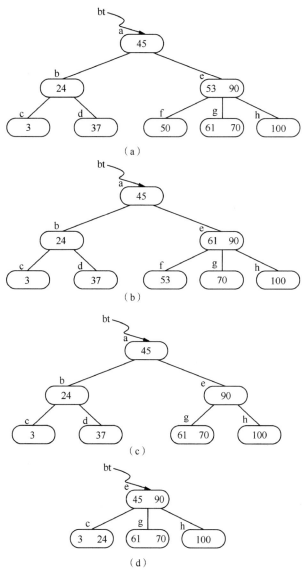

图7.26 在B-树中删除关键字的情形

在B-树中删除结点的算法在此不详述，读者可根据上述讨论自行写出此算法。

7.3.4 B+树

B+树是一种B-树的变形树，更适合用于文件索引系统。严格来讲，它已不是第5章中定义的树了。

1. B+ 树和 B- 树的差异

一棵m阶的B+ 树和m阶的B- 树的差异在于：

（1）有n棵子树的结点中含有n个关键字；

（2）所有的叶子结点中包含了全部关键字的信息，以及指向含这些关键字记录的指针，且叶子结点本身依关键字的大小自小而大顺序链接；

（3）所有的非终端结点可以看成索引部分，结点中仅含有其子树（根结点）中的最大（或最小）关键字。

例如，图7.27所示为一棵3阶的B+ 树，通常在B+ 树上有两个头指针，一个指向根结点，另一个指向关键字最小的叶子结点。因此，可以对B+ 树进行两种查找运算：一种是从最小关键字起顺序查找；另一种是从根结点开始，进行随机查找。

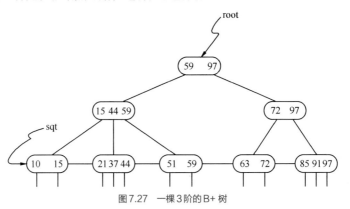

图7.27　一棵3阶的B+ 树

2. B+ 树的查找、插入和删除

在B+ 树上进行随机查找、插入和删除的过程基本上与B- 树类似。

（1）查找：若非终端结点上的关键字等于给定值，并不终止，而是继续向下直到叶子结点。因此，在B+ 树中，不管查找成功与否，每次查找都走一条从根到叶子结点的路径。B+ 树查找的分析类似于B- 树。

B+ 树不仅能够有效地查找单个关键字，而且更适合查找某个范围内的所有关键字。例如，在B+ 树上找出值在[a,b]内的所有关键字。处理方法如下：通过一次查找找出关键字a，不管它是否存在，都可以到达可能出现a的叶子结点，然后在叶子结点中查找值等于a或大于a的那些关键字，对于所找到的每个关键字都有一个指针指向相应的记录，这些记录的关键字在所需要的范围。如果在当前结点中没有发现大于b的关键字，就可以使用当前叶子结点的最后一个指针找到下一个叶子结点，并继续进行同样的处理，直至在某个叶子结点中找到大于b的关键字，才停止查找。

（2）插入：仅在叶子结点上进行插入，当结点中的关键字个数大于m时要分裂成两个结点，它们所含关键字的个数分别为$\lfloor \frac{m+1}{2} \rfloor$和$\lceil \frac{m+1}{2} \rceil$；并且，它们的双亲结点中应同时包含这两个结点中的最大关键字。

（3）删除：B+ 树的删除也仅在叶子结点进行，当叶子结点中最大关键字被删除时，其在非终端结点中的值可以作为一个"分界关键字"存在。当因删除而使结点中关键字的个数少于$\lceil m/2 \rceil$时，其和兄弟结点的合并过程亦和B- 树类似。

7.4 散列表的查找

7.4.1 散列表的基本概念

前面讨论了基于线性表、树表结构的查找方法，这类查找方法都是以关键字的比较为基础的。在查找过程中只考虑各元素关键字之间的相对大小，记录在存储结构中的位置和其关键字无直接关系，其查找时间与表的长度有关，特别是当结点个数很多时，查找时要大量地与无效结点的关键字进行比较，致使查找速度很慢。如果能在元素的存储位置和其关键字之间建立某种直接关系，那么在进行查找时，就无须作比较或只需作很少的比较，按照这种关系直接由关键字找到相应的记录。这就是**散列查找法**（Hash Search）的思想，它通过对元素的关键字值进行某种运算，直接求出元素的地址，即使用关键字到地址的直接转换方法，而不需要反复比较。因此，**散列查找法**又叫**杂凑法**或**散列法**。

下面给出散列法中常用的几个术语。

（1）**散列函数和散列地址**：在记录的存储位置 p 和其关键字 key 之间建立一个确定的对应关系 H，使 $p = H(key)$，称这个对应关系 H 为散列函数，p 为散列地址。

（2）**散列表**：一个有限连续的地址空间，用以存储按散列函数计算得到相应散列地址的数据记录。通常散列表的存储空间是一个一维数组，散列地址是数组的下标。

（3）**冲突和同义词**：对不同的关键字可能得到同一散列地址，即 $key_1 \neq key_2$，而 $H(key_1) = H(key_2)$，这种现象称为冲突。具有相同函数值的关键字对该散列函数来说称作同义词，key_1 与 key_2 互为同义词。

例如，对 C 语言某些关键字集合建立一个散列表，关键字集合为：

$$S_1 = \{main, int, float, while, return, break, switch, case, do\}$$

设定一个长度为 26 的散列表应该足够，散列表可定义为：

$$char\ HT[26][8];$$

假设散列函数的值取为关键字 key 中第一个字母在字母表 {a, b, ···, z} 中的序号（序号范围为 0～25），即：

$$H(key) = key[0] - 'a'$$

其中，设 key 的类型是长度为 8 的字符数组，根据此散列函数构造的散列表如表 7.1 所示。

表 7.1　关键字集合 S1 对应的散列表

0	1	2	3	4	5	···	8	···	12	···	17	18	···	22	···	25
	break	case	do		float		int		main		return	switch		while		

假设关键字集合扩充为：

$$S_2 = S_1 + \{short, default, double, static, for, struct\}$$

如果散列函数不变，新加入的 7 个关键字经过计算得到：$H(short) = H(static) = H(struct) = 18$，$H(default) = H(double) = 3$，$H(for) = 5$，而 18、3 和 5 这几个位置均已存放相应的关键字，这就发生了冲突，其中，switch、short、static 和 struct 称为同义词；do、default 和 double 称为同义词；float 和 for 称为同义词。

集合 S_2 中的关键字仅有 15 个，仔细分析这 15 个关键字的特性，应该不难构造一个散列函数以避免冲突。但在实际应用中，理想化的、不产生冲突的散列函数极少存在，这是因为通常散列表中关键字的取值集合远远大于表空间的地址集。例如，高级语言的编译程序要对源程序中的标识符建立一张符号表进行管理，多数都采取散列表。在设定散列函数时，考虑的查找关键字集合应包含所有可能产生的关键字，不同的源程序中使用的标识符一般也不相同，如果此语言规定标识符为长度不超过8的、字母开头的由字母和数字组成的串，字母区分大小写，则标识符取值集合的大小为：

$$C_{52}^1 \times C_{62}^7 \times 7! = 1.09 \times 10^{12}$$

而一个源程序中出现的标识符是有限的，所以编译程序将散列表的长度设为1000足矣。于是，要将多达10^{12}个可能的标识符映射到有限的地址上，难免产生冲突。通常，散列函数是一个多对一的映射，所以冲突是不可避免的，只能通过选择一个"好"的散列函数使得在一定程度上减少冲突。而一旦发生冲突，就必须采取相应措施及时予以解决。

综上所述，散列查找法主要研究以下两方面的问题：

（1）如何构造散列函数；

（2）如何处理冲突。

7.4.2 散列函数的构造方法

构造散列函数的方法很多，一般来说，应根据具体问题选用不同的散列函数，通常要考虑以下因素：

（1）散列表的长度；

（2）关键字的长度；

（3）关键字的分布情况；

（4）计算散列函数所需的时间；

（5）记录的查找频率。

构造一个"好"的散列函数应遵循以下两条原则：

（1）函数计算要简单，每一关键字只能有一个散列地址与之对应；

（2）函数的值域需在表长的范围内，计算出的散列地址的分布应均匀，尽可能减少冲突。

下面介绍构造散列函数的几种常用方法。

1. 数字分析法

如果事先知道关键字集合，且每个关键字的位数比散列表的地址码位数多，每个关键字由n位数组成，如$k_1 k_2 \cdots k_n$，则可以从关键字中提取数字分布比较均匀的若干位作为散列地址。

例如，有80个记录，其关键字为8位十进制数。假设散列表的表长为100，则可取两位十进制数组成散列地址，选取的原则是分析这80个关键字，使得到的散列地址尽量避免产生冲突。假设这80个关键字中的一部分如下所列：

$$\vdots$$

8	1	3	4	6	5	3	2
8	1	3	7	2	2	4	2
8	1	3	8	7	4	2	2
8	1	3	0	1	3	6	7
8	1	3	2	2	8	1	7
8	1	3	3	8	9	6	7
8	1	3	5	4	1	5	7
8	1	3	6	8	5	3	7
8	1	4	1	9	3	5	5

$$\vdots$$

①	②	③	④	⑤	⑥	⑦	⑧

从对关键字全体的分析中可以发现：第①、②位都是"8 1"，第③位只可能取3或4，第⑧位可能取2、5或7，因此这4位都不可取。由于中间的4位可看成近乎随机的，因此可取其中任意两位，或取其中两位与另外两位叠加求和后舍去进位作为散列地址。

数字分析法的适用情况：事先必须明确知道所有的关键字每一位上各种数字的分布情况。

在实际应用中，例如，同一出版社出版的所有图书，其ISBN的前几位都是相同的，因此，若数据表只包含同一出版社的图书，构造散列函数时可以利用数字分析法排除ISBN的前几位数字。

2．平方取中法

通常在选定散列函数时不一定能知道关键字的全部情况，取其中某几位也不一定合适，而一个数平方后的中间几位数和数的每一位都相关，如果取关键字平方后的中间几位或其组合作为散列地址，则使随机分布的关键字得到的散列地址也是随机的，具体所取的位数由表长决定。平方取中法是一种较常用的构造散列函数的方法。

例如，为源程序中的标识符建立一个散列表，假设标识符为字母开头的由字母和数字组成的串。假设人为约定每个标识的内部编码规则如下：把字母在字母表中的位置序号作为该字母的内部编码，如I的内部编码为09，D的内部编码为04，A的内部编码为01。数字直接用其自身作为内部编码，如1的内部编码为01，2的内部编码为02。根据以上编码规则，可知"IDA1"的内部编码为09040101，同理可以得到"IDB2""XID3"和"YID4"的内部编码。之后分别对内部编码进行平方运算，再取出第7位到第9位作为其相应标识符的散列地址，如表7.2所示。

表7.2 标识符及其散列地址

标识符	内部编码	内部编码的平方	散列地址
IDA1	09040101	081723426090201	426
IDB2	09040202	081725252200804	252
XID3	24090403	580347516702409	516
YID4	25090404	629528372883216	372

平方取中法的适用情况：不能事先了解关键字的所有情况，或难于直接从关键字中找到取值较分散的几位。

3．折叠法

将关键字分割成位数相同的几部分（最后一部分的位数可以不同），然后取这几部分的叠加和（舍去进位）作为散列地址，这种方法称为折叠法。根据数位叠加的方式，可以把折叠法分为移位叠加和边界叠加两种。移位叠加是将分割后每一部分的最低位对齐，然后相加；边界叠加是将两个相邻的部分沿边界来回折叠，然后对齐相加。

例如，当散列表长为1000时，关键字key = 45387765213，从左到右每3位分为一组，可以得到4个部分：453、877、652、13。分别采用移位叠加和边界叠加，求得散列地址为995和914，如图7.28所示。

折叠法的适用情况：适合于散列地址的位数较少，而关键字的位数较多，且难于直接从

```
      453              453
      877              778
      652              652
  +    13          +    31
  ---------        ---------
  [1]995           [1]914
  H(key) = 995     H(key) = 914
  （a）移位叠加     （b）边界叠加
```

图7.28 由折叠法求得散列地址

关键字中找到取值较分散的几位。

4. 除留余数法

假设散列表表长为 m，选择一个不大于 m 的数 p，用 p 去除关键字，除后所得余数为散列地址，即：

$$H(key) = key \% p$$

这个方法的关键是选取适当的 p，一般情况下，可以选 p 为小于表长的最大质数。例如，表长 $m = 100$，可取 $p = 97$。

除留余数法计算简单，适用范围非常广，是最常用的构造散列函数的方法。它不仅可以对关键字直接取模，也可在折叠、平方取中等运算之后取模，这样能够保证散列地址一定落在散列表的地址空间中。

7.4.3 处理冲突的方法

选择一个"好"的散列函数可以在一定程度上减少冲突，但在实际应用中，很难完全避免发生冲突，所以选择一个有效的处理冲突的方法是散列法的另一个关键。创建散列表和查找散列表都会遇到冲突，两种情况下处理冲突的方法应该一致。下面以创建散列表为例，来说明处理冲突的方法。

处理冲突的方法与散列表本身的组织形式有关。按组织形式的不同，处理冲突的方法通常分两大类：开放地址法和链地址法。

1. 开放地址法

开放地址法的基本思想是：把记录都存储在散列表数组中，当某一记录关键字 key 的初始散列地址 $H_0 = H(key)$ 发生冲突时，以 H_0 为基础，采取合适方法计算得到另一个地址 H_1，如果 H_1 仍然发生冲突，以 H_1 为基础再求下一个地址 H_2，若 H_2 仍然冲突，再求得 H_3。依次类推，直至 H_k 不发生冲突为止，则 H_k 为该记录在表中的散列地址。

这种方法在寻找"下一个"空的散列地址时，原来的数组空间对所有的元素都是开放的，所以称为开放地址法。通常把寻找"下一个"空位的过程称为**探测**，上述方法可用如下公式表示：

$$H_i = (H(key) + d_i) \% m \quad i = 1, 2, \cdots, k \ (k \leq m - 1)$$

其中，$H(key)$ 为散列函数，m 为散列表表长，d_i 为增量序列。根据 d_i 取值的不同，可以分为以下3种探测方法。

（1）线性探测法

$$d_i = 1, 2, 3, \cdots, m - 1$$

这种探测方法可以将散列表假想成一个循环表，发生冲突时，从冲突地址的下一单元顺序寻找空单元，如果到最后一个位置也没找到空单元，则回到表头开始继续查找，一旦找到一个空位，就把此元素放入此空位中。如果找不到空位，则说明散列表已满，需要进行溢出处理。

（2）二次探测法

$$d_i = 1^2, -1^2, 2^2, -2^2, 3^2, \cdots, k^2, -k^2 \ (k \leq m/2)$$

（3）伪随机探测法

$$d_i = 伪随机数序列$$

例如，散列表的长度为11，散列函数 $H(key) = key \% 11$，假设表中已填有关键字分别为60、

17、29的记录，如图7.29（a）所示。现有第四个记录，其关键字为38，由散列函数得到散列地址为5，产生冲突。

若用线性探测法处理时，得到下一个地址6，仍冲突；再求下一个地址7，仍冲突；直到散列地址为8的位置为"空"，处理冲突的过程结束，38填入散列表中序号为8的位置，如图7.29（b）所示。

若用二次探测法，散列地址5冲突后，得到下一个地址6，仍冲突；再求得下一个地址4，无冲突，38填入序号为4的位置，如图7.29（c）所示。

若用伪随机探测法，假设产生的伪随机数为9，则计算下一个散列地址为(5+9)%11 = 3，所以38填入序号为3的位置，如图7.29（d）所示。

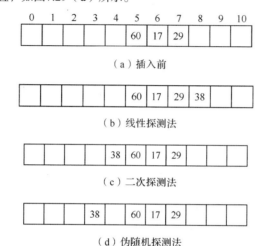

图7.29 用开放地址法处理冲突时，关键字为38的记录插入前后的散列表

从上述线性探测法处理的过程中可以看到一个现象：当表中i、$i + 1$、$i + 2$位置上已填有记录时，下一个散列地址为i、$i + 1$、$i + 2$和$i + 3$的记录都将填入$i + 3$的位置，这种在处理冲突过程中发生的两个第一个散列地址不同的记录争夺同一个后继散列地址的现象称作"**二次聚集**"（或称作"**堆积**"），即在处理同义词的冲突过程中又添加了非同义词的冲突。

可以看出，上述3种处理方法各有优缺点。线性探测法的优点是：只要散列表未填满，总能找到一个不发生冲突的地址。缺点是：会产生"二次聚集"现象。而二次探测法和伪随机探测法的优点是：可以避免"二次聚集"现象。其缺点也很显然：不能保证一定找到不发生冲突的地址。

2. 链地址法

链地址法的基本思想是：把具有相同散列地址的记录放在同一个单链表中，称之为同义词链表。有m个散列地址就有m个单链表，同时用数组$HT[0 \cdots m-1]$存放各个链表的头指针，凡是散列地址为i的记录都以结点方式插入以$HT[i]$为头结点的单链表。

【例7.2】 已知一组关键字为(19, 14, 23, 1, 68, 20, 84, 27, 55, 11, 10, 79)，设散列函数$H(key) = key \%13$，用链地址法处理冲突，试构造这组关键字的散列表。

由散列函数$H(key) = key \%13$得知散列地址的值域为0～12，故整个散列表由13个单链表组成，用数组$HT[0..12]$存放各个链表的头指针。如散列地址均为1的同义词14、1、27、79构成一个单链表，链表的头指针保存在$HT[1]$中，同理，可以构造其他几个单链表，整个散列表的结构如图7.30所示。

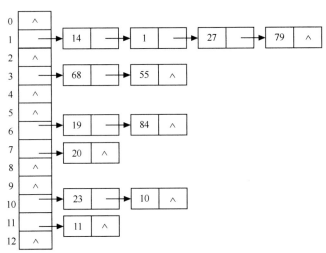

图7.30　用链地址法处理冲突时的散列表

这种构造方法在具体实现时，依次计算各个关键字的散列地址，然后根据散列地址将关键字插入相应的链表。

7.4.4　散列表的查找

在散列表上进行查找的过程和创建散列表的过程基本一致。算法7.10描述了开放地址法（线性探测法）处理冲突的散列表的查找过程。

下面以开放地址法为例，给出散列表的存储表示。

```
//- - - - -开放地址法散列表的存储表示- - - - -
#define m 20                              //散列表的表长
typedef struct{
    KeyType key;                         //关键字项
    InfoType otherinfo;                  //其他数据项
}HashTable[m];
```

算法7.10　散列表的查找

【算法步骤】

① 给定待查找的关键字key，根据创建表时设定的散列函数计算$H_0 = H(key)$。

② 若单元H_0为空，则所查元素不存在。

③ 若单元H_0中元素的关键字为key，则查找成功。

④ 否则重复下述解决冲突的过程：

● 按处理冲突的方法，计算下一个散列地址H_i；

● 若单元H_i为空，则所查元素不存在；

● 若单元H_i中元素的关键字为key，则查找成功。

【算法描述】

```
#define NULLKEY 0                        //单元为空的标记
int SearchHash(HashTable HT,KeyType key)
{//在散列表HT中查找关键字为key的元素,若查找成功,返回散列表的单元标号,否则返回-1
    H0=H(key);                           //根据散列函数H(key)计算散列地址
    if(HT[H0].key==NULLKEY) return -1;   //若单元H0为空,则所查元素不存在
    else if(HT[H0].key==key) return H0;  //若单元H0中元素的关键字为key,则查找成功
    else
```

```
{
    for(i=1;i<m;++i)
    {
        Hi=(H0+i)%m;                      //按照线性探测法计算下一个散列地址 Hi
        if(HT[Hi].key==NULLKEY) return -1; //若单元 Hi 为空，则所查元素不存在
        else if(HT[Hi].key==key) return Hi; //若单元 Hi 中元素的关键字为 key，则查找成功
    }                                     //for
    return -1;
}                                         //else
}
```

【算法分析】

从散列表的查找过程可见：

（1）虽然散列表在关键字与记录的存储位置之间建立了直接映像，但由于"冲突"的产生，使得散列表的查找过程仍然是一个给定值和关键字进行比较的过程，因此，仍需以平均查找长度作为散列表查找效率的量度；

（2）查找过程中需和给定值进行比较的关键字的个数取决于3个因素，即散列函数、处理冲突的方法和散列表的装填因子。

散列表的**装填因子**α定义为：

$$\alpha = \frac{表中填入的记录数}{散列表的长度}$$

α表示散列表的装填程度。直观地看，α越小，发生冲突的可能性就越小；反之，α越大，表中已填入的记录越多，再填记录时，发生冲突的可能性就越大，则查找时，给定值需与之进行比较的关键字的个数也就越多。

（3）散列函数的"好坏"首先影响出现冲突的频繁程度。但一般情况下认为：凡是"均匀"的散列函数，对同一组随机的关键字，产生冲突的可能性相同。假如所设定的散列函数是"均匀"的，则影响平均查找长度的因素只有两个——处理冲突的方法和装填因子α。

表7.3给出了在等概率情况下，采用几种不同方法处理冲突时，得到的散列表查找成功和查找失败时的平均查找长度，证明过程从略。

表 7.3 用几种不同方法处理冲突时散列表的平均查找长度

处理冲突的方法	平均查找长度	
	查找成功	查找失败
线性探测法	$\frac{1}{2}\left(1+\frac{1}{1-\alpha}\right)$	$\frac{1}{2}\left(1+\frac{1}{(1-\alpha)^2}\right)$
二次探测法和伪随机探测法	$-\frac{1}{\alpha}\ln(1-\alpha)$	$\frac{1}{1-\alpha}$
链地址法	$1+\frac{\alpha}{2}$	$\alpha+e^{-\alpha}$

（4）从表7.3可以看出，散列表的平均查找长度是α的函数，而不是记录个数n的函数。由此，在设计散列表时，不管n多大，总可以选择合适的α以便将平均查找长度限定在一个范围内。

对于一个具体的散列表，通常采用直接计算的方法求其平均查找长度，下面通过具体

示例说明。

【例7.3】　对于例7.2中的关键字(19, 14, 23, 1, 68, 20, 84, 27, 55, 11, 10, 79)，仍设散列函数为$H(key)= key$ %13，用线性探测法处理冲突。设表长为16，试构造这组关键字的散列表，并计算查找成功和查找失败时的平均查找长度。

依次计算各个关键字的散列地址，如果没有冲突，将关键字直接存放在相应的散列地址所对应的单元中；否则，用线性探测法处理冲突，直到找到相应的存储单元。

如对于前3个关键字进行计算，$H(19) = 6$，$H(14) = 1$，$H(23) = 10$，所得散列地址均没有冲突，直接填入所在单元。

而对于第四个关键字，$H(1) = 1$，发生冲突，根据线性探测法，求得下一个地址$(1 + 1)$%$16 = 2$，没有冲突，所以1填入序号为2的单元。

同理，可依次填入其他关键字。对于最后一个关键字79，$H(79) = 1$，发生冲突，用线性探测法处理冲突，后面的地址2～8均有冲突，最终79填入9号单元。

最终构造结果如表7.4所示，表中最后一行的数字表示放置该关键字时所进行的关键字比较次数。

表 7.4　用线性探测法处理冲突时的散列表

散列地址	0	1	2	3	4	5	6	7	8	9	10	11	12	13	14	15
关键字		14	1	68	27	55	19	20	84	79	23	11	10			
比较次数		1	2	1	4	3	1	1	3	9	1	1	3			

要查找一个关键字key，根据算法7.10，首先用散列函数计算$H_0 = H(key)$，然后进行比较，比较的次数和创建散列表时放置此关键字的比较次数是相同的。

例如，查找19时，计算散列函数$H(19) = 6$，$HT[6].key$非空且值为19，查找成功，关键字比较次数为1次。

同样，当查找关键字14、68、20、23、11时，均只需比较1次即查找成功。

当查找关键字1时，计算散列函数$H(1) = 1$，$HT[1].key$非空且值为14$\neq$1，用线性探测法处理冲突，计算下一个地址为$(1 + 1)$%$16 = 2$，$HT[2].key$非空且值为1，查找成功，关键字比较次数为2。

当查找关键字55、84、10时，需比较3次；当查找27时，需比较4次；而查找79时，需要比较9次才能查找成功。

在记录的查找概率相等的前提下，这组关键字采用线性探测法处理散列表冲突时，查找成功时的平均查找长度为：

$$ASL_{succ} = \frac{1}{12} \times \left(1 \times 6 + 2 + 3 \times 3 + 4 + 9\right) = 2.5$$

查找失败时有两种情况：

（1）单元为空；

（2）按处理冲突的方法探测一遍后仍未找到。假设散列函数的取值个数为r，则0～r − 1相当于r个查找失败的入口，从每个入口进入后，直到确定查找失败为止，其关键字的比较次数就是与该入口对应的查找失败的查找长度。

在例7.3中，散列函数的取值个数为13，即总共有13个查找失败的入口（0～12），对每个入口依次进行计算。

假设待查找的关键字不在表中，若计算散列函数$H(key) = 0$，$HT[0].key$为空，比较1次即确定查找失败。若$H(key) = 1$，$HT[1].key$非空，则依次向后比较，直到$HT[13].key$为空，总共比较13次才能确定查找失败。类似地，对$H(key) = 2, 3, \cdots, 12$进行分析，可得查找失败的平均查找长度为：

$$ASL_{\text{unsucc}} = \frac{1}{13} \times (1+13+12+11+10+9+8+7+6+5+4+3+2) = 7$$

在例7.2中，采用链地址法处理冲突时，对于图7.30中所示的每个单链表中的第1个结点的关键字（如14、68、19、20、23、11），查找成功时只需比较1次；而对于第2个结点的关键字（如1、55、84、10），查找成功时需比较2次；第3个结点的关键字27需比较3次；第4个结点的关键字79则需比较4次才能查找成功。这时，查找成功时的平均查找长度为：

$$ASL_{\text{succ}} = \frac{1}{12} \times (1 \times 6 + 2 \times 4 + 3 + 4) = 1.75$$

采用链地址法处理冲突时，待查的关键字不在表中，若计算散列函数$H(key) = 0$，$HT[0]$的指针域为空，比较1次即确定查找失败。若$H(key) = 1$，$HT[1]$所指的单链表包括4个结点，所以需要比较5次才能确定失败。类似地，对$H(key) = 2, 3, \cdots, 12$进行分析，可得查找失败的平均查找长度为：

$$ASL_{\text{unsucc}} = \frac{1}{13} \times (1+5+1+3+1+1+3+2+1+1+3+2+1) \approx 1.92$$

容易看出，线性探测法在处理冲突的过程中易产生记录的二次聚集，使得散列地址不相同的记录又产生新的冲突；而链地址法处理冲突不会发生类似情况，因为散列地址不同的记录在不同的链表中，所以链地址法的平均查找长度小于开放地址法的。另外，由于链地址法的结点空间是动态申请的，无须事先确定表的容量，因此更适用于表长不确定的情况。同时，链地址法易于实现插入和删除操作。

通过上面的示例，可以看出，在查找概率相等的前提下，直接计算查找成功的平均查找长度可以采用以下公式：

$$ASL_{\text{succ}} = \frac{1}{n} \sum_{i=1}^{n} C_i \qquad (7\text{-}7)$$

其中，n为散列表中记录的个数，C_i为成功查找第i个记录所需的比较次数。

而直接计算查找失败的平均查找长度可以采用以下公式：

$$ASL_{\text{unsucc}} = \frac{1}{r} \sum_{i=1}^{r} C_i \qquad (7\text{-}8)$$

其中，r为散列函数取值的个数，C_i为散列函数取值为i时查找失败的比较次数。

7.5 小结

查找是数据处理中经常使用的一种操作。本章主要介绍了对查找表的查找，查找表实际上仅仅是一个集合，为了提高查找效率，将查找表组织成不同的数据结构，主要包括3种不同结构的查找表：线性表、树表和散列表。

（1）线性表的查找。基于线性表的查找方法主要包括顺序查找、折半查找和分块查找，3者之间的比较详见表7.5。

表 7.5　顺序查找、折半查找和分块查找的比较

比较项目	查找方法		
	顺序查找	折半查找	分块查找
查找时间复杂度	$O(n)$	$O(\log_2 n)$	与确定所在块的查找方法有关
特点	算法简单，对表结构无任何要求，但查找效率较低	对表结构要求较高，查找效率较高	对表结构有一定要求，查找效率介于折半查找和顺序查找之间
适用情况	任何结构的线性表，不经常进行插入和删除	有序的顺序表，不经常进行插入和删除	块间有序、块内无序的顺序表，经常进行插入和删除

（2）树表的查找。树表的结构主要包括二叉排序树、平衡二叉树、B− 树和B + 树。

① 二叉排序树的查找过程与折半查找的过程类似，二者之间的比较详见表7.6。

表 7.6　折半查找和二叉排序树查找的比较

比较项目	查找方法	
	折半查找	二叉排序树的查找
查找时间复杂度	$O(\log_2 n)$	$O(\log_2 n)$
特点	数据结构采用有序的顺序表，进行插入和删除操作需移动大量元素	数据结构采用树的二叉链表表示，进行插入和删除操作无须移动元素，只需修改指针
适用情况	不经常进行插入和删除的静态查找表	经常进行插入和删除的动态查找表

② 二叉排序树在形态均匀时性能最好，而当其形态为单支树时其查找性能则退化为与顺序查找的性能相同，因此，二叉排序树最好是平衡二叉树。平衡二叉树的平衡调整方法就是确保二叉排序树在任何情况下的深度均为$O(\log_2 n)$，平衡调整方法分为4种：LL型、RR型、LR型和RL型。

③ B− 树是一种平衡的多叉查找树，是一种在外存文件系统中常用的动态索引技术。在B− 树上进行查找的过程和在二叉排序树上进行查找的过程类似，是一个顺指针查找结点和查找结点内的关键字交叉进行的过程。为了确保B− 树的定义，在B− 树中插入一个关键字，可能产生结点的"分裂"；而删除一个关键字，可能产生结点的"合并"。

④ B+ 树是一种B− 树的变形，更适合做文件系统的索引。在B+ 树上进行随机查找、插入和删除的过程基本上与在B− 树上进行类似，但具体实现细节又有所区别。

（3）散列表的查找。散列表也属线性结构，但它的查找和线性表的查找有着本质的区别。它不是以关键字比较为基础进行查找的，而是通过散列函数把记录的关键字和它在表中的位置建立起对应关系，并在存储记录发生冲突时采用专门的处理冲突的方法。这种方式构造的散列表，不仅平均查找长度和记录总数无关，而且可以通过调节装填因子，把平均查找长度控制在所需的范围内。

散列查找法主要研究两方面的问题：如何构造散列函数，以及如何处理冲突。

① 构造散列函数的方法很多，除留余数法是最常用的构造散列函数的方法。它不仅可以对关键字直接取模，也可在折叠、平方取中等运算之后取模。

② 处理冲突的方法通常分为两大类，即开放地址法和链地址法，二者之间的差别类似于顺序表和单链表的差别，二者的比较详见表7.7。

表 7.7 开放地址法和链地址法的比较

比较项目		处理方法	
		开放地址法	链地址法
空间		无指针域，存储效率较高	附加指针域，存储效率较低
时间	查找	有二次聚集现象，查找效率较低	无二次聚集现象，查找效率较高
	插入、删除	不易实现	易于实现
适用情况		表的大小固定，适于表长无变化的情况	结点动态生成，适于表长经常变化的情况

学习完本章后，读者应掌握顺序查找、折半查找和分块查找的方法，掌握描述折半查找过程的判定树的构造方法；掌握二叉排序树的构造和查找方法，平衡二叉树的4种平衡调整方法；理解B-和B+树的特点、基本操作和二者的区别；熟练掌握散列表的构造方法；明确各种不同查找方法之间的区别和各自的适用情况，能够按定义计算各种查找方法在等概率情况下查找成功的平均查找长度。

习题

1. 选择题

（1）对包含n个元素的表进行顺序查找时，若查找每个元素的概率相同，则平均查找长度为（　　）。

    A. $(n-1)/2$ B. $n/2$ C. $(n+1)/2$ D. n

（2）适用于折半查找的表的存储方式，以及元素排列要求为（　　）。

    A. 链接方式存储，元素无序   B. 链接方式存储，元素有序

    C. 顺序方式存储，元素无序   D. 顺序方式存储，元素有序

（3）如果要求一个线性表既能较快地查找，又能适应动态变化的要求，最好采用（　　）查找法。

    A. 顺序查找   B. 折半查找   C. 分块查找   D. 哈希查找

（4）折半查找有序表(4, 6, 10, 12, 20, 30, 50, 70, 88, 100)。若查找表中元素58，则它将依次与表中（　　）比较大小，查找结果是失败。

    A. 20、70、30、50   B. 30、88、70、50

    C. 20、50   D. 30、88、50

（5）对22个记录的有序表进行折半查找，当查找失败时，至少需要比较（　　）次关键字。

    A. 3   B. 4   C. 5   D. 6

（6）折半查找与二叉排序树的时间性能（　　）。

    A. 相同   B. 完全不同   C. 有时不相同   D. 数量级都是$O(\log_2 n)$

（7）分别以下列序列构造二叉排序树，与用其他3个序列所构造的结果不同的是（　　）。

    A. (100, 80, 90, 60, 120, 110, 130)   B. (100, 120, 110, 130, 80, 60, 90)

    C. (100, 60, 80, 90, 120, 110, 130)   D. (100, 80, 60, 90, 120, 130, 110)

（8）在平衡二叉树中插入一个结点后造成了不平衡，设最低的不平衡结点为A，并已知A的左孩子的平衡因子为0，右孩子的平衡因子为1，则应作（　　）型调整以使其平衡。

    A. LL   B. LR   C. RL   D. RR

（9）下列关于m阶B-树的说法错误的是（　　）。

    A. 根结点至多有m棵子树

    B. 所有叶子都在同一层次上

    C. 非叶结点至少有$m/2$（m为偶数）或$m/2+1$（m为奇数）棵子树

    D. 根结点中的数据是有序的

（10）下面关于B-和B+树的叙述中，不正确的是（　　）。

    A. B-树和B+树都是平衡的多叉树

    B. B-树和B+树都可用于文件的索引结构

    C. B-树和B+树都能有效地支持顺序检索

    D. B-树和B+树都能有效地支持随机检索

（11）m阶B-树是一棵（　　）。

    A. m叉排序树   B. m叉平衡排序树

    C. $m-1$叉平衡排序树   D. $m+1$叉平衡排序树

（12）下面关于散列查找的说法，正确的是（　　）。

    A. 散列函数构造得越复杂越好，因为这样随机性好，冲突小

    B. 除留余数法是所有散列函数中最好的

    C. 不存在特别好与特别坏的散列函数，要视情况而定

    D. 散列表的平均查找长度有时也和记录总数有关

（13）下面关于散列查找的说法，不正确的是（　　）。

    A. 采用链地址法处理冲突时，查找任何一个元素的时间都相同

    B. 采用链地址法处理冲突时，若规定插入总是在链首，则插入任一个元素的时间是相同的

    C. 用链地址法处理冲突，不会引起二次聚集现象

    D. 用链地址法处理冲突，适合表长不确定的情况

（14）设散列表长为14，散列函数是$H(key) = key\%11$，表中已有数据的关键字为15、38、61、84这4个，现要将关键字为49的元素加到表中，用二次探测法解决冲突，则放入的位置是（　　）。

    A. 3   B. 5   C. 8   D. 9

（15）采用线性探测法处理冲突，可能要探测多个位置，在查找成功的情况下，所探测的这些位置上的关键字（　　）。

    A. 不一定都是同义词   B. 一定都是同义词

    C. 一定都不是同义词   D. 都相同

2. 应用题

（1）假定对有序表$(3, 4, 5, 7, 24, 30, 42, 54, 63, 72, 87, 95)$进行折半查找，试回答下列问题。

① 画出描述折半查找过程的判定树。

② 若查找元素54，需依次与哪些元素比较？

③ 若查找元素90，需依次与哪些元素比较？

④ 假定每个元素的查找概率相等，求查找成功时的平均查找长度。

（2）在一棵空的二叉排序树中依次插入关键字序列$(12, 7, 17, 11, 16, 2, 13, 9, 21, 4)$，请画出所得到的二叉排序树。

（3）已知如下所示长度为12的表(Jan, Feb, Mar, Apr, May, Jun, Jul, Aug, Sep, Oct, Nov, Dec)。

① 试按表中元素的顺序依次插入一棵初始为空的二叉排序树，画出插入完成之后的二叉排序树，并求其在等概率的情况下查找成功的平均查找长度。

② 若对表中元素先进行排序构成有序表，求在等概率的情况下对此有序表进行折半查找时查找成功的平均查找长度。

③ 按表中元素顺序构造一棵平衡二叉排序树，并求其在等概率的情况下查找成功的平均查找长度。

（4）对图7.31所示的3阶B-树，依次执行下列操作，画出各步操作的结果。

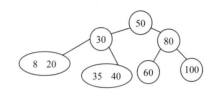

图7.31　3阶B-树

① 插入90；

② 插入25；

③ 插入45；

④ 删除60。

（5）设散列表的地址范围为0～17，散列函数为$H(key) = key\%16$。用线性探测法处理冲突，输入关键字序列(10, 24, 32, 17, 31, 30, 46, 47, 40, 63, 49)，构造散列表，试回答下列问题。

① 画出散列表的示意图。

② 若查找关键字63，需要依次与哪些关键字进行比较？

③ 若查找关键字60，需要依次与哪些关键字进行比较？

④ 假定每个关键字的查找概率相等，求查找成功时的平均查找长度。

（6）设有一组关键字(9, 1, 23, 14, 55, 20, 84, 27)，采用散列函数$H(key) = key\%7$，表长为10，用开放地址法的二次探测法处理冲突。要求：对该关键字序列构造散列表，并计算查找成功的平均查找长度。限定d取值为$1^2, 2^2, \cdots, k^2(k \leq m/2)$。

（7）设散列函数$H(K) = 3K\%11$，散列地址空间为0～10，对关键字序列(32, 13, 49, 24, 38, 21, 4, 12)，按下述两种解决冲突的方法构造散列表，并分别求出等概率下查找成功时和查找失败时的平均查找长度ASL_{succ}和ASL_{unsucc}。

① 线性探测法。

② 链地址法。

3. 算法设计题

（1）试设计折半查找的递归算法。

（2）试设计一个判别给定二叉树是否为二叉排序树的算法。

（3）已知二叉排序树采用二叉链表存储结构，根结点的指针为T，链结点的结构为(lchild, data, rchild)，其中lchild、rchild分别指向该结点左、右孩子的指针，data存放结点的数据信息。请设计递归算法，从小到大输出二叉排序树中所有数据值大于等于x的结点的数据。要求先找到第一个满足条件的结点后，再依次输出其他满足条件的结点。

（4）已知二叉树T的结点形式为(llink, data, count, rlink)，在树中查找值为X的结点，若找到，则记数（count）加1；否则，将其作为一个新结点插入树中，插入后树仍为二叉排序树，设计其非递归算法。

（5）假设一棵平衡二叉树的每个结点都标明了平衡因子b，试设计一个算法，求平衡二叉树的高度。

（6）分别设计在散列表中插入和删除关键字为K的一个记录的算法，设散列函数为H，解决冲突的方法为链地址法。

第8章
排序

排序是计算机程序设计中的一种重要操作，在很多领域中都有广泛的应用。如各种升学考试的录取工作、各类竞赛活动等都离不开排序。排序的一个主要目的是便于查找。从第7章的讨论中容易看出，有序的顺序表可以采用查找效率较高的折半查找法，又如创建树表（无论是二叉排序树还是B- 树）的过程本身就是一个排序的过程。

人们设计了大量的排序算法以满足不同的需求。例如，著名计算机科学家克努特（D.E.Knuth）在他的巨著《计算机程序设计艺术卷3：排序和查找》中，就给出了25种排序方法，并且指出，这只不过是现有排序方法的一小部分。本章仅讨论几种典型的、常用的排序方法。读者在学习本章内容时应注意，除了掌握算法本身以外，更重要的是了解该算法在进行排序时所依据的原则，以利于学习和创造更加新的算法。

8.1 基本概念和排序方法概述

8.1.1 排序的基本概念

1. 排序

排序（Sorting）是按关键字的非递减或非递增顺序对一组记录重新进行排列的操作。确切描述如下。

假设含n个记录的序列为：

$$\{R_1, R_2, \cdots, R_n\} \tag{8-1}$$

其相应的关键字序列为：

$$\{K_1, K_2, \cdots, K_n\}$$

需确定1, 2, $\cdots$, n的一种排列$p_1, p_2, \cdots, p_n$，使其相应的关键字满足如下的非递减（或非递增）关系：

$$K_{p_1} \leq K_{p_2} \leq \cdots \leq K_{p_n} \qquad (8\text{-}2)$$

即使式（8-1）中的序列成为一个按关键字有序的序列：

$$\{R_{p_1},\ R_{p_2},\ \cdots,\ R_{p_n}\} \qquad (8\text{-}3)$$

这样的操作称为排序。

2. 排序的稳定性

当排序记录中的关键字 K_i（$i = 1, 2, \cdots, n$）都不相同时，则任何一个记录的无序序列经排序后得到的结果唯一；反之，当待排序的序列中存在两个或两个以上关键字相等的记录时，则排序所得的结果不唯一。假设 $K_i = K_j$（$1 \leqslant i \leqslant n$，$1 \leqslant j \leqslant n$，$i \neq j$），且在排序前的序列中 R_i 领先于 R_j（即 $i < j$）。若在排序后的序列中 R_i 仍领先于 R_j，则称所用的排序方法是**稳定**的；反之，若可能使排序后的序列中 R_j 领先于 R_i，则称所用的排序方法是**不稳定**的。注意，排序算法的稳定性是针对所有记录而言的。也就是说，在所有的待排序记录中，只要有一组关键字的实例不满足稳定性要求，则该排序方法就是不稳定的。虽然稳定的排序方法和不稳定的排序方法排序结果不同，但不能说不稳定的排序方法就不好，各有各的适用场合。

3. 内部排序和外部排序

由于待排序记录的数量不同，使得排序过程中数据所占用的存储设备会有所不同。根据在排序过程中记录所占用的存储设备，可将排序方法分为两大类：一类是**内部排序**，指的是待排序记录全部存放在计算机内存中进行排序的过程；另一类是**外部排序**，指的是待排序记录的数量很大，以致内存一次不能容纳全部记录，在排序过程中尚需对外存进行访问的排序过程。本章首先介绍各种常用内部排序的方法，最后介绍外部排序的基本过程。

8.1.2　内部排序方法的分类

内部排序的方法很多，但就其全面性能而言，很难提出一种被认为是最好的方法，每一种方法都有各自的优缺点，适合在不同的环境（如记录的初始排列状态等）下使用。

内部排序的过程是一个逐步扩大记录的有序序列长度的过程。在排序的过程中，可以将排序记录区分为两个区域：有序序列区和无序序列区。

使有序区中记录的数目增加一个或几个的操作称为一趟排序。

根据逐步扩大记录有序序列长度的原则不同，可以将内部排序分为以下几类。

（1）插入类：将无序子序列中的一个或几个记录插入有序序列，从而增加记录的有序子序列的长度。主要包括直接插入排序、折半插入排序和希尔排序。

（2）交换类：通过交换无序序列中的记录从而得到其中关键字最小或最大的记录，并将它加入有序子序列中，以此方法增加记录的有序子序列的长度。主要包括冒泡排序和快速排序。

（3）选择类：从记录的无序子序列中选择关键字最小或最大的记录，并将它加入有序子序列中，以此方法增加记录的有序子序列的长度。主要包括简单选择排序、树形选择排序和堆排序。

（4）归并类：通过归并两个或两个以上的记录有序子序列，逐步增加记录有序序列的长度。2-路归并排序是最为常见的归并排序方法。

（5）分配类：是唯一一类不需要进行关键字比较的排序方法，排序时主要利用分配和收集两种基本操作来完成。基数排序是主要的分配排序方法。

8.1.3 待排序记录的存储方式

（1）顺序表：记录之间的次序关系由其存储位置决定，实现排序需要移动记录。

（2）链表：记录之间的次序关系由指针指示，实现排序不需要移动记录，仅需修改指针。这种排序方式称为链表排序。

（3）待排序记录本身存储在一组地址连续的存储单元内，同时另设一个指示各个记录存储位置的地址向量，在排序过程中不移动记录本身，而移动地址向量中这些记录的"地址"，在排序结束之后按照地址向量中的值调整记录的存储位置。这种排序方式称为地址排序。

在本章的讨论中，除基数排序外，待排序记录均按上述第一种方式存储，且为了讨论方便，设记录的关键字均为整数。

即在以后讨论的大部分算法中，待排序记录的数据类型定义为：

```
#define MAXSIZE 20                    //顺序表的最大长度
typedef int KeyType;                  //定义关键字类型为整型
typedef struct{
    KeyType key;                      //关键字项
    InfoType otherinfo;               //其他数据项
}RedType;                             //记录类型
typedef struct{
    RedType r[MAXSIZE+1];             //r[0]闲置或用做哨兵单元
    int length;                       //顺序表长度
}SqList;                              //顺序表类型
```

8.1.4 排序算法效率的评价指标

前面已指出，就排序方法的全面性能而言，很难提出一种被认为是最好的方法。目前，评价排序算法好坏的标准主要有两点。

（1）执行时间

对于排序操作，时间主要消耗在关键字之间的比较和记录的移动上（这里，只考虑以顺序表方式存储待排序记录），排序算法的时间复杂度由这两个指标决定。因此可以认为，高效的排序算法的比较次数和移动次数都应该尽可能的少。

（2）辅助空间

空间复杂度由排序算法所需的辅助空间决定。辅助空间是除了存放待排序记录占用的空间之外，执行算法所需要的其他存储空间。理想的空间复杂度为$O(1)$，即算法执行期间所需要的辅助空间与待排序的数据量无关。

在以下各节讨论各种排序算法时，将给出有关算法的关键字比较次数和记录的移动次数。有的排序算法的执行时间不仅依赖于待排序的记录个数，还取决于待排序序列的初始状态。因此，对这样的算法，本书还将给出其最好、最坏和平均情况下的3种时间性能评价。

在讨论排序算法的平均执行时间时，均假定待排序记录初始状态是随机分布的，即出现各种排列情况的概率是相等的。同时假定各种排序的结果均是按关键字非递减排序。

8.2 插入排序

插入排序的基本思想是：每一趟将一个待排序的记录，按其关键字的大小插入已经排好序的一组记录的适当位置，直到所有待排序记录全部插入为止。

例如，打扑克牌在抓牌时要保证抓过的牌有序排列，则每抓一张牌，就插入合适的位置，直到抓完牌为止，即可得到一个有序序列。

可以选择不同的方法在已排好序的记录中寻找插入位置。根据查找方法的不同，有多种插入排序方法，这里仅介绍3种方法：直接插入排序、折半插入排序和希尔排序。

8.2.1　直接插入排序

直接插入排序（Straight Insertion Sort）是一种最简单的排序方法，其基本操作是将一条记录插入已排好序的表，从而得到一个新的、记录数量增1的有序表。

算法8.1　直接插入排序

【算法步骤】

① 设待排序的记录存放在数组r[1..n]中，r[1]是一个有序序列。

② 循环n-1次，每次使用顺序查找法，查找r[i]（i = 2,…,n）在已排好序的序列r[1…i-1]中的插入位置，然后将r[i]插入表长为i-1的有序序列r[1…i-1]，直到将r[n]插入表长为n-1的有序序列r[1…n-1]，最后得到一个表长为n的有序序列。

【例8.1】　已知待排序记录的关键字序列为{49,38,65,97,76,13,27,$\overline{49}$}，请给出用直接插入排序法进行排序的过程。

直接插入排序过程如图8.1所示，其中( )中为已排好序的记录的关键字。

初始关键字	(49)	38	65	97	76	13	27	$\overline{49}$
i=2	(38	49)	65	97	76	13	27	$\overline{49}$
i=3	(38	49	65)	97	76	13	27	$\overline{49}$
i=4	(38	49	65	97)	76	13	27	$\overline{49}$
i=5	(38	49	65	76	97)	13	27	$\overline{49}$
i=6	(13	38	49	65	76	97)	27	$\overline{49}$
i=7	(13	27	38	49	65	76	97)	$\overline{49}$
i=8	(13	27	38	49	$\overline{49}$	65	76	97)

图8.1　直接插入排序过程

在具体实现r[i]向前面的有序序列插入时，有两种方法：一种是将r[i]与r[1], r[2], …, r[i-1]从前向后顺序比较；另一种是将r[i]与r[i-1], r[i-2], …, r[1]从后向前顺序比较。这里采用后一种方法，和顺序查找类似，为了在查找插入位置的过程中避免数组下标越界，在r[0]处设置监视哨。在自i-1起往前查找插入位置的过程中，可以同时后移记录。

直接插入排序

【算法描述】

```
void InsertSort(SqList &L)
{//对顺序表L进行直接插入排序
  for(i=2;i<=L.length;++i)
    if(L.r[i].key<L.r[i-1].key)           //"<"，需将 r[i]插入有序子表
    {
      L.r[0]=L.r[i];                      //将待插入的记录暂存到监视哨中
      L.r[i]=L.r[i-1];                    //r[i-1]后移
      for(j=i-2; L.r[0].key<L.r[j].key; --j)  //从后向前寻找插入位置
        L.r[j+1]=L.r[j];                  //记录逐个后移，直到找到插入位置
      L.r[j+1]=L.r[0];                    //将r[0]即原r[i]，插入正确位置
    }                                     //if
}
```

【算法分析】

（1）时间复杂度

从时间来看，排序的基本操作为比较两个关键字的大小和移动记录。

对于其中的某一趟插入排序，算法8.1中内层的for循环次数取决于待插记录的关键字与前$i-1$个记录的关键字之间的关系。其中，在最好情况（正序：待排序序列中记录按关键字非递减有序排列）下，比较1次，不移动；在最坏情况（逆序：待排序序列中记录按关键字非递增有序排列）下，比较i次（依次同前面的$i-1$个记录进行比较，并和监视哨比较1次），移动$i+1$次（前面的$i-1$个记录依次向后移动，另外开始时将待插入的记录移动到监视哨中，最后找到插入位置，又从监视哨中移过去）。

对于整个排序过程需执行$n-1$趟，最好情况下，总的比较次数达最小值$n-1$，记录不需移动；最坏情况下，总的关键字比较次数KCN和记录移动次数RMN均达到最大值，分别为：

$$KCN = \sum_{i=2}^{n} i = (n+2)(n-1)/2 \approx n^2/2$$

$$RMN = \sum_{i=2}^{n}(i+1) = (n+4)(n-1)/2 \approx n^2/2$$

若待排序序列中出现各种可能排列的概率相同，则可取上述最好情况和最坏情况的平均情况。在平均情况下，直接插入排序关键字的比较次数和记录移动次数均约为$n^2/4$。

由此，直接插入排序的时间复杂度为$O(n^2)$。

（2）空间复杂度

直接插入排序只需要一个记录的辅助空间r[0]，所以空间复杂度为$O(1)$。

【算法特点】

（1）稳定排序。

（2）算法简便，且容易实现。

（3）也适用于链式存储结构，只是在单链表上无须移动记录，只需修改相应的指针。

（4）更适合于初始记录基本有序（正序）的情况，当初始记录无序、n较大时，此算法时间复杂度较高，不宜采用。

8.2.2 折半插入排序

直接插入排序采用顺序查找法查找当前记录在已排好序的序列中的插入位置，从7.2节的讨论中可知，这个"查找"操作可利用"折半查找"来实现，由此进行的插入排序称之为**折半插入排序**（Binary Insertion Sort）。

算法8.2 折半插入排序

【算法步骤】

① 设待排序的记录存放在数组r[1···n]中，r[1]是一个有序序列。

② 循环$n-1$次，每次使用折半查找法，查找r[i]（$i = 2, \cdots, n$）在已排好序的序列r[1..$i-1$]中的插入位置，然后将r[i]插入表长为$i-1$的有序序列r[1···$i-1$]，直到将r[n]插入表长为$n-1$的有序序列r[1···$n-1$]，最后得到一个表长为n的有序序列。

折半插入排序

【算法描述】

```
void BInsertSort(SqList &L)
{// 对顺序表L进行折半插入排序
    for(i=2;i<=L.length;++i)
```

```
{
    L.r[0]=L.r[i];                              //将待插入的记录暂存到监视哨中
    low=1;high=i-1;                             //置查找区间初值
    while(low<=high)                            //在r[low..high]中折半查找插入的位置
    {
        m=(low+high)/2;                         //折半
        if(L.r[0].key<L.r[m].key) high=m-1;     //插入点在前一子表
        else low=m+1;                           //插入点在后一子表
    }                                           //while
    for(j=i-1;j>=high+1;--j) L.r[j+1]=L.r[j];   //记录后移
    L.r[high+1]=L.r[0];                         //将r[0]即原r[i],插入正确位置
}                                               //for
}
```

【算法分析】

（1）时间复杂度

从时间上比较，折半查找比顺序查找快，所以就平均性能来说，折半插入排序优于直接插入排序。

折半插入排序所需要的关键字比较次数与待排序序列的初始排列无关，仅依赖于记录的个数。不论初始序列情况如何，在插入第i个记录时，需要经过$\lfloor \log_2 i \rfloor+1$次比较，才能确定它应插入的位置。所以当记录的初始排列为正序或接近正序时，直接插入排序比折半插入排序执行的关键字比较次数要少。

折半插入排序的对象移动次数与直接插入排序的相同，依赖于对象的初始排列。

在平均情况下，折半插入排序仅减少了关键字间的比较次数，而记录的移动次数不变。因此，折半插入排序的时间复杂度仍为$O(n^2)$。

（2）空间复杂度

折半插入排序所需附加存储空间和直接插入排序相同，只需要一个记录的辅助空间r[0]，所以空间复杂度为$O(1)$。

【算法特点】

（1）稳定排序。

（2）因为要进行折半查找，所以只能用于顺序结构，不能用于链式结构。

（3）适合初始记录无序、n较大的情况。

8.2.3　希尔排序

希尔排序（Shell's Sort）又称"缩小增量排序"（Diminishing Increment Sort），是插入排序的一种，因D.L.希尔（D.L.Shell）于1959年提出而得名。

当待排序的记录个数较少且待排序序列的关键字基本有序时，直接插入排序效率较高。希尔排序基于以上两点，从"减少记录个数"和"序列基本有序"两个方面对直接插入排序进行了改进。

算法8.3　希尔排序

【算法步骤】

希尔排序实质上是采用分组插入的方法，先将整个待排序记录序列分割成几组，从而减少参与直接插入排序的数据量，对每组分别进行直接插入排序，然后增加每组的数据量，重新分组。这样当经过几次分组排序后，整个序列中的记录"基本有序"时，再对全体记录进行一次

直接插入排序。

希尔对记录的分组，不是简单地"逐段分割"，而是将相隔某个"增量"的记录分成一组。

① 第一趟取增量 d_1（$d_1 < n$）把全部记录分成 d_1 个组，所有间隔为 d_1 的记录分在同一组，在各个组中进行直接插入排序。

② 第二趟取增量 d_2（$d_2 < d_1$），重复上述的分组和排序。

③ 依次类推，直到所取的增量 $d_t = 1$（$d_t < d_{t-1} < \cdots < d_2 < d_1$），所有记录在同一组中进行直接插入排序为止。

【例8.2】 已知待排序记录的关键字序列为 {49,38,65,97,76,13,27,$\overline{49}$,55,04}，请给出用希尔排序法进行排序的过程（增量选取5、3和1）。

希尔排序过程如图8.2所示。

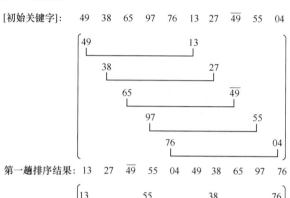

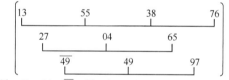

图8.2 希尔排序过程

（1）第一趟取增量 $d_1 = 5$，所有间隔为5的记录分在同一组，全部记录分成5组，在各个组中分别进行直接插入排序，排序结果如图8.2的第7行所示。

（2）第二趟取增量 $d_2 = 3$，所有间隔为3的记录分在同一组，全部记录分成3组，在各个组中分别进行直接插入排序，排序结果如图8.2的第11行所示。

（3）第三趟取增量 $d_3 = 1$，对整个序列进行一趟直接插入排序，排序完成，排序结果如图8.2的第12行所示。

希尔排序的算法实现如算法8.3所示。预设好的增量序列保存在数组 $dt[0 \cdots t-1]$ 中，整个希尔排序算法需执行 t 趟。从上述排序过程可见，算法8.1中的直接插入排序可以看成一趟增量是1的希尔排序，所以可以通过修改算法8.1，得到一趟希尔排序算法ShellInsert。在ShellInsert中，具体改写主要有两处：

（1）前后记录位置的增量是 dk，而不是1；

（2）r[0]只是暂存单元，不是监视哨。当 $j \leqslant 0$ 时，插入位置已找到。

【算法描述】

```
void ShellInsert(SqList &L, int dk)
{// 对顺序表L进行一趟增量是dk的希尔插入排序
```

希尔排序

```
   for(i=dk+1;i<=L.length;++i)
     if(L.r[i].key<L.r[i-dk].key)              //需将L.r[i]插入有序增量子表
     {
        L.r[0]=L.r[i];                         //暂存在r[0]中
        for(j=i-dk; j>0&& L.r[0].key<L.r[j].key;j-=dk)
           L.r[j+dk]=L.r[j];                    //记录后移，直到找到插入位置
        L.r[j+dk]=L.r[0];                       //将r[0]即原r[i]，插入正确位置
     }                                          //if
}

void ShellSort(SqList &L,int dt[],int t)
{//按增量序列dt[0..t-1]对顺序表L进行t趟希尔排序
   for(k=0;k<t;++k)
     ShellInsert(L,dt[k]);                      //一趟增量为dt[t]的希尔插入排序
}
```

【算法分析】

（1）时间复杂度

当增量大于1时，关键字较小的记录就不是一步一步地挪动，而是跳跃式地移动，从而使得在进行最后一趟增量为1的插入排序时，序列已基本有序，只要对记录进行少量比较和移动即可完成排序，因此希尔排序的时间复杂度较直接插入排序的低。但要具体进行分析，则是一个复杂的问题，因为希尔排序的时间复杂度是所取"增量"序列的函数，这涉及一些数学上尚未解决的难题。因此，到目前为止尚未有人求得一种最好的增量序列，但大量的研究已得出一些局部的结论。如有人指出，当增量序列为$dt[k]=2^{t-k+1}-1$时，希尔排序的时间复杂度为$O(n^{3/2})$，其中t为排序趟数，$1\leq k\leq t\leq\lfloor\log_2(n+1)\rfloor$。还有人在大量的实验基础上推出：当$n$在某个特定范围内，希尔排序所需的比较和移动次数约为$n^{1.3}$，当$n\to\infty$时，比较和移动次数可减少到$n(\log_2 n)^2$。

（2）空间复杂度

从空间来看，希尔排序和前面两种排序方法一样，也只需要一个辅助空间r[0]，空间复杂度为$O(1)$。

【算法特点】

（1）记录跳跃式地移动导致排序方法是不稳定的。

（2）只能用于顺序结构，不能用于链式结构。

（3）增量序列可以有各种取法，但应该使增量序列中的值没有除1之外的公因子，并且最后一个增量值必须等于1。

（4）记录总的比较次数和移动次数都比直接插入排序的要少，n越大时，效果越明显。所以适合初始记录无序、n较大时的情况。

8.3　交换排序

交换排序的基本思想是：两两比较待排序记录的关键字，一旦发现两个记录不满足次序要求时则进行交换，直到整个序列全部满足要求为止。本节首先介绍基于简单交换思想实现的冒泡排序，然后给出另一种在此基础上进行改进的排序方法—快速排序。

8.3.1　冒泡排序

冒泡排序（Bubble Sort）是一种最简单的交换排序方法，它通过两两比较相邻记录的关

键字，如果为逆序，则进行交换，从而使关键字小的记录如气泡一般逐渐往上"漂浮"（左移），或者使关键字大的记录如石块一样逐渐向下"坠落"（右移）。

算法8.4　冒泡排序

【算法步骤】

① 设待排序的记录存放在数组r[1⋯n]中。首先将第一个记录的关键字和第二个记录的关键字进行比较，若为逆序（即L.r[1].key>L.r[2].key），则交换两个记录。然后比较第二个记录和第三个记录的关键字。依次类推，直至第n-1个记录和第n个记录的关键字进行过比较为止。上述过程称作第一趟起泡排序，其结果使得关键字最大的记录被安置到最后一个记录的位置上。

② 然后进行第二趟起泡排序，对前n-1个记录进行同样的操作，其结果是使关键字次大的记录被安置到第n-1个记录的位置上。

③ 重复上述比较和交换过程，第i趟是从L.r[1]到L.r[n-i+1]依次比较相邻两个记录的关键字，并在"逆序"时交换相邻记录，其结果是这n-i+1个记录中关键字最大的记录被交换到第n-i+1的位置上。直到在某一趟排序过程中没有进行过交换记录的操作，说明序列已全部达到排序要求，则完成排序。

【例8.3】　已知待排序记录的关键字序列为{49,38,65,97,76,13,27,$\overline{49}$}，请给出用冒泡排序法进行排序的过程。

冒泡排序过程如图 8.3 所示，算法如算法8.4所示。

49	38	38	38	38	13	**13**
38	49	49	49	13	27	**27**
65	65	65	13	27	38	**38**
97	76	13	27	49	**49**	
76	13	27	$\overline{49}$	$\overline{49}$		
13	27	$\overline{49}$	**65**			
27	$\overline{49}$	**76**				
$\overline{49}$	**97**					
初始关键字	第一趟排序后	第二趟排序后	第三趟排序后	第四趟排序后	第五趟排序后	第六趟排序后

图8.3　冒泡排序过程

待排序的记录总共有8个，但算法在第六趟排序过程中没有进行过交换记录的操作，则完成排序。

【算法描述】

```
void BubbleSort(SqList &L)
{//对顺序表L进行冒泡排序
  m=L.length-1;flag=1;          //flag用来标记某一趟排序是否发生交换
  while((m>0)&&(flag==1))
  {
    flag=0;                     //flag置为0,如果本趟排序没有发生交换,则不会执行下一趟排序
    for(j=1;j<=m;j++)
      if(L.r[j].key>L.r[j+1].key)
      {
        flag=1;                 //flag置为1,表示本趟排序发生了交换
        t=L.r[j]; L.r[j]=L.r[j+1]; L.r[j+1]=t;//交换前后两个记录
      }                         //if
```

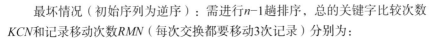

```
        --m;
    }                          //while
}                              //BubbleSort
```

【算法分析】

（1）时间复杂度

冒泡排序

最好情况（初始序列为正序）：只需进行一趟排序，在排序过程中进行$n-1$次关键字间的比较，且不移动记录。

最坏情况（初始序列为逆序）：需进行$n-1$趟排序，总的关键字比较次数KCN和记录移动次数RMN（每次交换都要移动3次记录）分别为：

$$KCN = \sum_{i=n}^{2}(i-1) = n(n-1)/2 \approx n^2/2$$

$$RMN = 3\sum_{i=n}^{2}(i-1) = 3n(n-1)/2 \approx 3n^2/2$$

所以，在平均情况下，冒泡排序关键字的比较次数和记录移动次数分别约为$n^2/4$和$3n^2/4$，时间复杂度为$O(n^2)$。

（2）空间复杂度

冒泡排序只有在两个记录交换位置时需要一个辅助空间用于暂存记录，所以空间复杂度为$O(1)$。

【算法特点】

（1）稳定排序。

（2）可用于链式存储结构。

（3）移动记录次数较多，算法的平均时间性能比直接插入排序的差。当初始记录无序、n较大时，此算法不宜采用。

8.3.2 快速排序

快速排序（Quick Sort）是由冒泡排序改进而得的。在冒泡排序过程中，只对相邻的两个记录进行比较，因此每次交换两个相邻记录时只能消除一个逆序排列。如果能通过两个（不相邻）记录的一次交换，消除多个逆序排列，则会大大加快排序的速度。快速排序方法中的一次交换可能消除多个逆序排列。

算法8.5　快速排序

【算法步骤】

在待排序的n个记录中任取一个记录（通常取第一个记录）作为枢轴（或支点），设其关键字为pivotkey。经过一趟排序后，把所有关键字小于pivotkey的记录交换到前面，把所有关键字大于pivotkey的记录交换到后面，结果将待排序记录分成两个子表，最后将枢轴放置在分界处的位置。然后，分别对左、右子表重复上述过程，直至每一子表只有一个记录时，排序完成。

其中，一趟快速排序的具体步骤如下。

① 选择待排序表中的第一个记录作为枢轴，将枢轴记录暂存在r[0]的位置上。附设两个指针low和high，初始时分别指向表的下界和上界（第一趟时，low = 1; high = L.length;）。

② 从表的最右侧位置依次向左搜索，找到第一个关键字小于枢轴关键字pivotkey的记录，将其移到low处。具体操作是：当low<high时，若high所指记录的关键字大于等于pivotkey，则向左移动指针high（执行操作--high），否则将high所指记录与枢轴记录交换。

③ 然后从表的最左侧位置，依次向右搜索找到第一个关键字大于pivotkey的记录和枢轴记录交换。具体操作是：当low<high时，若low所指记录的关键字小于等于pivotkey，则向右移动指针low（执行操作++low），否则将low所指记录与枢轴记录交换。

④ 重复步骤②和步骤③，直至low与high相等为止。此时low或high的位置即枢轴在此趟排序中的最终位置，原表被分成两个子表。

在上述过程中，记录的交换都是与枢轴之间发生的，每次交换都要移动3次记录，可以先将枢轴记录暂存在r[0]的位置上，排序过程中只移动要与枢轴交换的记录，即只进行r[low]或r[high]的单向移动，直至一趟排序结束后再将枢轴记录移至正确位置上。

【例8.4】　已知待排序记录的关键字序列为{49,38,65,97,76,13,27,$\overline{49}$}，请给出用快速排序法进行排序的过程。

第一趟快速排序过程如图8.4（a）所示，整个快速排序的过程如图8.4（b）所示。

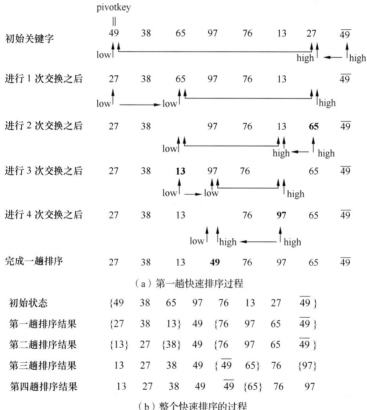

（a）第一趟快速排序过程

初始状态	{49	38	65	97	76	13	27	$\overline{49}$ }
第一趟排序结果	{27	38	13}	49	{76	97	65	$\overline{49}$ }
第二趟排序结果	{13}	27	{38}	49	{76	97	65	$\overline{49}$ }
第三趟排序结果	13	27	38	49	{$\overline{49}$	65}	76	{97}
第四趟排序结果	13	27	38	49	$\overline{49}$	{65}	76	97

（b）整个快速排序的过程

图8.4　快速排序过程

由上述可知，整个快速排序的过程可递归进行，其递归树如图8.5所示。快速排序的算法实现如算法8.5所示。其中，算法Partition完成一趟快速排序，返回枢轴的位置。若待排序序列长度大于1（low<high），算法QuickSort调用Partition获取枢轴位置，然后递归执行，分别对分割所得的两个子表进行排序。若待排序序列中只有一个记录，递归结束，排序完成。

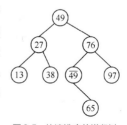

图8.5　快速排序的递归树

【算法描述】

```
int Partition(SqList &L, int low, int high)
```

```
{//对顺序表L中的子表r[low..high]进行一趟排序,返回枢轴位置
    L.r[0]=L.r[low];                     //用子表的第一个记录作为枢轴记录
    pivotkey=L.r[low].key;               //枢轴记录关键字保存在pivotkey中
    while(low<high)                      //从表的两端交替地向中间查找
    {
        while(low<high&&L.r[high].key>=pivotkey) --high;
        L.r[low]=L.r[high];              //将比枢轴记录小的记录移到低端
        while(low<high&&L.r[low].key<=pivotkey) ++low;
        L.r[high]=L.r[low];             //将比枢轴记录大的记录移到高端
    }                                    //while
    L.r[low]=L.r[0];                     //枢轴记录到位
    return low;                          //返回枢轴位置
}

void QSort(SqList &L,int low,int high)
{// 调用前置初值:low=1; high=L.length;
 // 对顺序表L中的子表L.r[low..high]进行快速排序
    if(low<high){                        //长度大于1
        pivotloc=Partition(L, low, high); //将L.r[low..high]一分为二,pivotloc是枢轴位置
        QSort(L, low, pivotloc-1);        //对左子表递归排序
        QSort(L, pivotloc+1, high);       //对右子表递归排序
    }
}

void QuickSort(SqList &L)
{//对顺序表L进行快速排序
    QSort(L,1,L.length);
}
```

【算法分析】

（1）时间复杂度

从快速排序算法的递归树可知，快速排序的趟数取决于递归树的深度。

快速排序

最好情况：每一趟排序后都能将记录序列均匀地分割成两个长度大致相等的子表，类似折半查找。在 n 个元素的序列中，对枢轴定位所需时间为 $O(n)$。若设 $T(n)$ 是对 n 个元素的序列进行排序所需的时间，而且每次对枢轴正确定位后，正好把序列划分为长度相等的两个子表，此时，设 Cn 是一个常数，表示 n 个元素进行一趟快速排序的时间，则总的排序时间为：

$$T(n) = Cn + 2T(n/2)$$
$$\leqslant n + 2T(n/2)$$
$$\leqslant n + 2(n/2 + 2T(n/4)) = 2n + 4T(n/4)$$
$$\leqslant 2n + 4(n/4 + 2T(n/8)) = 3n + 8T(n/8)$$
$$\cdots$$
$$\leqslant kn + 2^k T(n/2^k)$$

$\because\ k = \log_2 n$

$\therefore\ T(n) \leqslant n\log_2 n + n\,T(1) \approx O(n\log_2 n)$

最坏情况：在待排序序列已经排好序的情况下，其递归树成为单支树，每次划分只得到一个比上一次少一个记录的子序列。这样，必须经过 $n-1$ 趟才能将所有记录定位，而且第 i 趟需要经过 $n-i$ 次比较。这样，总的关键字比较次数 KCN 为：

$$KCN = \sum_{i=1}^{n-1} n-i = n(n-1)/2 \approx n^2/2$$

这种情况下，快速排序的速度已经退化到简单排序的水平。枢轴记录的合理选择可避免这种最坏情况的出现，如利用"三者取中"的规则：比较当前表中第一个记录、最后一个记录和中间一个记录的关键字，取关键字居中的记录作为枢轴记录，并将其事先调换到第一个记录的位置。

理论上可以证明，平均情况下，快速排序的时间复杂度为$O(n\log_2 n)$。

（2）空间复杂度

快速排序是递归的，执行时需要有一个栈来存放相应的数据。最大递归调用次数与递归树的深度一致，所以以最好情况下的空间复杂度为$O(\log_2 n)$，最坏情况下为$O(n)$。

【算法特点】

（1）记录非顺次的移动导致排序方法是不稳定的。

（2）排序过程中需要定位表的下界和上界，所以适合用于顺序结构，很难用于链式结构。

（3）当n较大时，在平均情况下快速排序是所有内部排序方法中速度最快的一种，所以其适合初始记录无序、n较大的情况。

8.4 选择排序

选择排序的基本思想是：每一趟从待排序的记录中选出关键字最小的记录，按顺序将其放在已排好序的记录序列的最后，直到全部排完为止。本节首先介绍简单选择排序方法，然后给出一种改进的选择排序方法——堆排序。

8.4.1 简单选择排序

简单选择排序（Simple Selection Sort）也称作**直接选择排序**。

算法8.6 简单选择排序

【算法步骤】

① 设待排序的记录存放在数组r[1…n]中。第一趟从r[1]开始，通过$n-1$次比较，从n个记录中选出关键字最小的记录，记为r[k]，交换r[1]和r[k]。

② 第二趟从r[2]开始，通过$n-2$次比较，从$n-1$个记录中选出关键字最小的记录，记为r[k]，交换r[2]和r[k]。

③ 依次类推，第i趟从r[i]开始，通过$n-i$次比较，从$n-i+1$个记录中选出关键字最小的记录，记为r[k]，交换r[i]和r[k]。

④ 经过$n-1$趟，排序完成。

【例8.5】 已知待排序记录的关键字序列为$\{49,38,65,97,\overline{49},13,27,76\}$，给出用简单选择排序法进行排序的过程。

简单选择排序过程如图8.6所示，其中( )中为已排好序的记录的关键字。

初始关键字	49	38	65	97	$\overline{49}$	13	27	76
第一趟排序结果	(13)	38	65	97	$\overline{49}$	49	27	76
第二趟排序结果	(13	27)	65	97	$\overline{49}$	49	38	76
第三趟排序结果	(13	27	38)	97	$\overline{49}$	49	65	76
第四趟排序结果	(13	27	38	$\overline{49}$)	97	49	65	76
第五趟排序结果	(13	27	38	$\overline{49}$	49)	97	65	76
第六趟排序结果	(13	27	38	$\overline{49}$	49	65)	97	76
第七趟排序结果	(13	27	38	$\overline{49}$	49	65	76)	97

图8.6 简单选择排序过程

【算法描述】

```
void SelectSort(SqList &L)
{// 对顺序表L进行简单选择排序
  for(i=1;i<L.length;++i){              //在L.r[i..L.length] 中选择关键字最小的记录
    k=i;
    for(j=i+1;j<=L.length;++j)
      if(L.r[j].key<L.r[k].key) k=j;    //k指向此趟排序中关键字最小的记录
    if(k!=i)
      {t=L.r[i]; L.r[i]=L.r[k]; L.r[k]=t;} //交换r[i]与r[k]
  }                                     //for
}
```

【算法分析】

（1）时间复杂度

简单选择排序过程中，所需进行记录移动的次数较少。最好情况（正序）：不移动。最坏情况（关键字最大的记录位于数组第一个位置，其余元素正序）：移动3(n−1)次。

然而，无论记录的初始排列如何，所需进行的关键字间的比较次数相同，均为：

简单选择排序

$$KCN = \sum_{i=1}^{n-1} n-i = n\,(n-1)/2 \approx n^2/2$$

因此，简单选择排序的时间复杂度也是$O(n^2)$。

（2）空间复杂度

同冒泡排序一样，只有在两个记录交换时需要一个辅助空间，所以空间复杂度为$O(1)$。

【算法特点】

（1）就选择排序方法本身来讲，它是一种稳定的排序方法，但图8.6所表现出来的现象是不稳定的，这是因为上述实现选择排序的算法采用"交换记录"的策略所造成的，改变这个策略，可以写出不产生"不稳定现象"的选择排序算法。

（2）可用于链式存储结构。

（3）移动记录次数较少，当每一记录占用的空间较多时，此方法比直接插入排序快。

从上述可见，选择排序的主要操作是进行关键字间的比较，因此改进简单选择排序应从如何减少"比较"出发考虑。显然，在n个关键字中选出最小值，至少要进行$n-1$次比较，然而，继续在剩余的$n-1$个关键字中选择次小值并非一定要进行$n-2$次比较，若能利用前$n-1$次比较所得信息，则可减少以后各趟选择排序中所用的比较次数。实际上，体育比赛中的锦标赛便是一种选择排序。例如，在8个运动员中决出前3名至多需要11场比赛，而不是7+6+5=18场比赛（它的前提是，若乙胜丙，甲胜乙，则认为甲必能胜丙）。例如，图8.7（a）中最低层的叶子结点中8个选手之间经过第一轮的4场比赛之后选拔出4个优胜者"CHA""BAO""DIAO"和"WANG"，然后经过两场半决赛和一场决赛之后，选拔出冠军"BAO"。显然，按照锦标赛的传递关系，亚军只能产生于分别在决赛、半决赛和第一轮比赛中输给冠军的选手中。由此，在经过"CHA"和"LIU"、"CHA"和"DIAO"的两场比赛之后，选拔出亚军"CHA"，如图8.7（b）所示。同理，选拔季军的比赛只要在"ZHAO""LIU"和"DIAO"3个选手之间进行即可，如图8.7（c）所示。按照这种锦标赛的思想可导出树形选择排序。

（a）选拔冠军的比赛程序

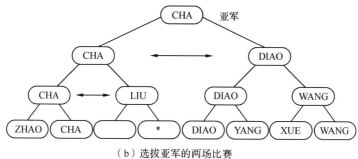

（b）选拔亚军的两场比赛

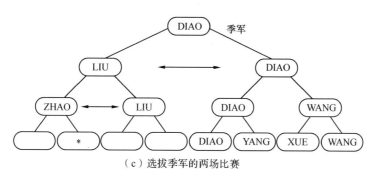

（c）选拔季军的两场比赛

图8.7　锦标赛过程示意

8.4.2　树形选择排序

树形选择排序（Tree Selection Sort），又称锦标赛排序（Tournament Sort），是一种按照锦标赛的思想进行选择排序的方法。首先对 n 个记录的关键字进行两两比较，然后在其中 $\left\lceil\dfrac{n}{2}\right\rceil$ 个较小者之间再进行两两比较，如此重复，直至选出最小关键字的记录为止。这个过程可用一棵有 n 个叶子结点的完全二叉树表示。例如，图8.8（a）中的二叉树表示从8个关键字中选出最小关键字的过程。8个叶子结点中依次存放排序之前的8个关键字，每个非终端结点中的关键字均等于其左、右孩子结点中较小的关键字，则根结点中的关键字即叶子结点中的最小关键字。在输出最小关键字之后，根据关系的可传递性，欲选出次小关键字，仅需将叶子结点中的最小关键字（13）改为"最大值"，然后从该叶子结点开始，和其左（或右）兄弟的关键字进行比较，修改从叶子结点到根的路径上各结点的关键字，则根结点的关键字即次小关键字。同理，可依次选出从小到大的所有关键字如图8.8（b）和图8.8（c）所示。由于含有 n 个叶子结点的完全二叉树的深度为 $\lceil\log_2 n\rceil+1$，则在树形选择排序中，除了最小关键字之外，每选择一个次小关键字仅需进行 $\lceil\log_2 n\rceil$ 次比较，因此，它的时间复杂度为 $O(n\log_2 n)$。但是，这种排序方法尚有辅助存储空间较多、和"最大值"进行多余的比较等缺点。为了弥补这个缺点，威廉姆斯（J.Williams）在1964年提出了另一种形式的选择排序——堆排序。

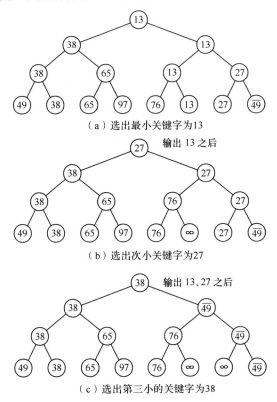

（a）选出最小关键字为13

输出 13 之后

（b）选出次小关键字为27

输出 13、27 之后

（c）选出第三小的关键字为38

图8.8 树形选择排序示例

8.4.3 堆排序

堆排序（Heap Sort）是一种树形选择排序，在排序过程中，将待排序的记录r[1..n]看成一棵完全二叉树的顺序存储结构，利用完全二叉树中双亲结点和孩子结点之间的内在关系，在当前无序的序列中选择关键字最大（或最小）的记录。

首先给出堆的定义。

n个元素的序列$\{k_1,k_2,\cdots,k_n\}$称之为堆，当且仅当满足以下条件时：

（1）$k_i \geq k_{2i}$且$k_i \geq k_{2i+1}$　　　或（2）$k_i \leq k_{2i}$且$k_i \leq k_{2i+1}$ $(1 \leq i \leq \lfloor n/2 \rfloor)$

若将和此序列对应的一维数组（即以一维数组做此序列的存储结构）看成是一个完全二叉树，则堆实质上是满足如下性质的完全二叉树：树中所有非终端结点的值均不大于（或不小于）其左、右孩子结点的值。

例如，关键字序列{96,83,27,38,11,09}和{12,36,24,85,47,30,53,91}分别满足条件（1）和条件（2），故它们均为堆，对应的完全二叉树分别如图8.9（a）和图8.9（b）所示。显然，在这两种堆中，堆顶元素（或完全二叉树的根）必为序列中n个元素的最大值（或最小值），分别称之为大根堆（或小根堆）。

堆排序利用了大根堆（或小根堆）堆顶记录的关键字最大（或最小）这一特征，使得当前无序的序列中选择关键字最大（或最小）的记录变得简单。下面讨论用大根堆进行排序，堆排序的步骤如下。

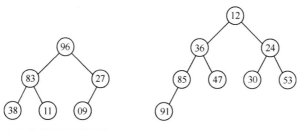

（a）堆顶元素取最大值　　　　　（b）堆顶元素取最小值

图8.9　堆的示例

① 按堆的定义将待排序序列r[1..*n*]调整为大根堆（这个过程称为建初堆），交换r[1]和r[*n*]，则r[*n*]为关键字最大的记录。

② 将r[1..*n*-1]重新调整为堆，交换r[1]和r[*n*-1]，则r[*n*-1]为关键字次大的记录。

③ 循环*n*-1次，直到交换r[1]和r[2]为止，得到一个非递减的有序序列r[1..*n*]。

同样，可以通过构造小根堆得到一个非递增的有序序列。

由此，实现堆排序需要解决如下两个问题。

（1）建初堆：如何将一个无序序列建成一个堆？

（2）调整堆：去掉堆顶元素，在堆顶元素改变之后，如何调整剩余元素成为一个新的堆？

因为建初堆要用到调整堆的操作，所以下面先讨论调整堆的实现。

1. 调整堆

先看一个例子，图8.10（a）是个堆，将堆顶元素97和堆中最后一个元素38交换后，如图8.10（b）所示。由于此时除根结点外，其余结点均满足堆的性质，因此仅需自上至下进行一条路径上的结点调整即可。首先以堆顶元素38和其左、右子树根结点的值进行比较，由于左子树根结点的值大于右子树根结点的值且大于根结点的值，则将38和76交换；由于38替代了76之后破坏了左子树的"堆"，则需进行类似的调整，直至叶子结点，调整后的状态如图8.10（c）所示。重复上述过程，将堆顶元素76和堆中最后一个元素27交换且调整，得到如图8.10（d）所示的新堆。

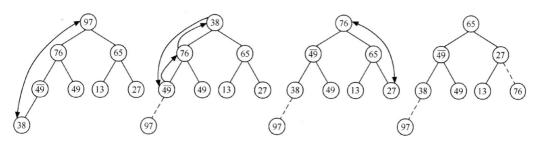

（a）大根堆　　　　（b）97和38交换后的情形　　　（c）调整后的新堆　　　　（d）76和27交换后再
　　　　　　　　　　　　　　　　　　　　　　　　　　　　　　　　　　　进行调整后的新堆

图8.10　堆顶元素改变后调整堆的过程

上述过程就像"过筛子"一样，把较小的关键字逐层筛下去，而将较大的关键字逐层选上来。因此，称此方法为"筛选法"。

假设r[*s*+1..*m*]已经是堆，按"筛选法"将r[*s*..*m*]调整为以r[*s*]为根的堆，算法实现如下。

算法8.7　筛选法调整堆

筛选法调整堆

【算法步骤】

从r[2s]和r[2s+1]中选出关键字较大者，假设r[2s]的关键字较大，比较r[s]和r[2s]的关键字。

① 若r[s].key>= r[2s].key，说明以r[s]为根的子树已经是堆，不必进行任何调整。

② 若r[s].key<r[2s].key，交换r[s]和r[2s]。交换后，以r[2s+1]为根的子树仍是堆，如果以r[2s]为根的子树不是堆，则重复上述过程，将以r[2s]为根的子树调整为堆，直至进行到叶子结点为止。

【算法描述】

```
void HeapAdjust(SqList &L,int s,int m)
{//假设r[s+1..m]已经是堆,将r[s..m]调整为以r[s]为根的大根堆
  rc=L.r[s];
  for(j=2*s;j<=m;j*=2)                      //沿key较大的孩子结点向下筛选
  {
    if(j<m&&L.r[j].key<L.r[j+1].key) ++j; //j为key较大的记录的下标
    if(rc.key>=L.r[j].key) break;          //rc应插入在位置s上
    L.r[s]=L.r[j];s=j;
  }                                         //for
  L.r[s]=rc;                                // 插入
}
```

2. 建初堆

要将一个无序序列调整为堆，就必须将其所对应的完全二叉树中以每一结点为根的子树都调整为堆。显然，只有一个结点的树必是堆，而在完全二叉树中，所有序号大于$\lfloor n/2 \rfloor$的结点都是叶子，因此以这些结点为根的子树均已是堆。这样，只需利用筛选法，从最后一个分支结点$\lfloor n/2 \rfloor$开始，依次将序号为$\lfloor n/2 \rfloor$、$\lfloor n/2 \rfloor-1$、…、1的结点作为根的子树都调整为堆即可。

算法8.8　建初堆

【算法步骤】

对于无序序列r[1…n]，从$i = n/2$开始，反复调用筛选法HeapAdjust(L,i,n)，依次将以r[i]、r[i-1]、…、r[1]为根的子树调整为堆。

建初堆

【算法描述】

```
void CreatHeap(SqList &L)
{//把无序序列L.r[1..n]建成大根堆
  n=L.length;
  for(i=n/2;i>0; --i)                 //反复调用HeapAdjust
    HeapAdjust(L,i,n);
}
```

【例8.6】　已知无序序列为{49,38,65,97,76,13,27,$\overline{49}$}，用筛选法将其调整为一个大根堆，给出建堆的过程。

从图8.11（a）所示的无序序列的最后一个非终端结点开始筛选，即从第4个元素97开始，由于97>$\overline{49}$，因此无须交换。同理，第3个元素65不小于其左、右子树根的值，仍无须交换。而第2个元素38<97，被筛选之后序列的状态如图8.11（b）所示，然后对根元素49进行筛选之后得到图8.11（c）所示的大根堆。

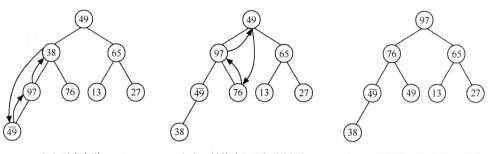

（a）无序序列　　　　　（b）38被筛选之后序列的状态　　（c）49被筛选之后得到的大根堆

图8.11　建初堆的过程

3. 堆排序算法的实现

根据前面堆排序算法步骤的描述，可知堆排序就是将无序序列建成初堆以后，反复进行交换和堆调整。在建初堆和调整堆算法实现的基础上，下面给出堆排序算法的实现。

堆排序

算法8.9　堆排序

【算法描述】

```
void HeapSort(SqList &L)
{//对顺序表L进行堆排序
  CreatHeap(L);           //把无序序列L.r[1..L.length]建成大根堆
  for(i=L.length;i>1;--i)
  {
    x=L.r[1];             //将堆顶记录和当前未经排序子序列L.r[1..i]中最后一个记录互换
    L.r[1]=L.r[i];
    L.r[i]=x;
    HeapAdjust(L,1,i-1);  //将L.r[1..i-1]重新调整为大根堆
  }                       //for
}
```

【例8.7】　已知待排序记录的关键字序列为{49, 38, 65, 97, 76, 13, 27, $\overline{49}$ }，给出用堆排序法进行排序的过程。

首先将无序序列建初堆，过程如图8.11所示。在初始大根堆的基础上，反复交换堆顶元素和最后一个元素，然后重新调整堆，直至最后得到一个有序序列，整个堆排序过程如图8.12所示。

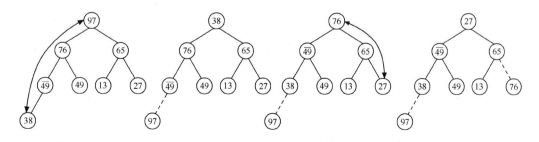

（a）初始大根堆r[1..8]　（b）第一趟排序的交换操作之后　（c）第一趟重调整堆r[1..7]之后　（d）第二趟排序的交换操作之后

图8.12　堆排序过程

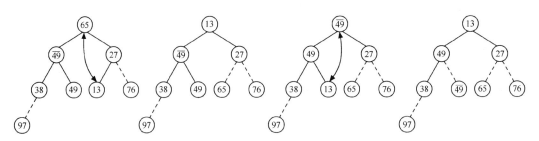

（e）第二趟重调整堆r[1..6]之后 （f）第三趟排序的交换操作之后 （g）第三趟重调整堆r[1..5]之后 （h）第四趟排序的交换操作之后

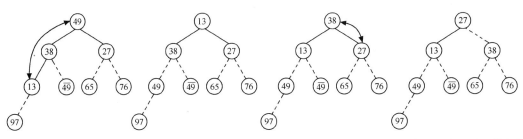

（i）第四趟重调整堆r[1..4]之后 （j）第五趟排序的交换操作之后 （k）第五趟重调整堆r[1..3]之后 （l）第六趟排序的交换操作之后

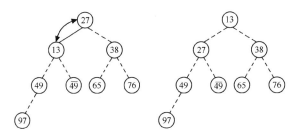

（m）第六趟重调整堆r[1..2]之后 　　　（n）第七趟排序的交换操作之后

图8.12　堆排序过程（续）

【算法分析】

（1）时间复杂度

堆排序的运行时间主要耗费在建初堆和调整堆时进行的反复筛选上。

设有n个记录的初始序列所对应的完全二叉树的深度为h，建初堆时，每个非终端结点都要自上而下进行筛选。由于第i层上的结点数小于等于2^{i-1}，且第i层结点最大下移的深度为$h-i$，每下移一层要做两次比较，因此建初堆时关键字总的比较次数为：

$$\sum_{i=h-1}^{1} 2^{i-1} \cdot 2(h-i) = \sum_{i=h-1}^{1} 2^i \cdot (h-i) = \sum_{j=1}^{h-1} 2^{h-j} \cdot j \leqslant 2n \sum_{j=1}^{h-1} j / 2^j \leqslant 4n$$

调整建新堆时要进行$n-1$次筛选，每次筛选都要将根结点下移到合适的位置。n个结点的完全二叉树的深度为$\lfloor \log_2 n \rfloor + 1$，则重建堆时关键字总的比较次数不超过：

$$2(\lfloor \log_2(n-1) \rfloor + \lfloor \log_2(n-2) \rfloor + \cdots + \log_2 2) < 2n(\lfloor \log_2 n \rfloor)$$

由此，堆排序在最坏的情况下，其时间复杂度也为$O(n\log_2 n)$。

实验研究表明，堆排序的平均性能接近于最坏性能。

（2）空间复杂度

仅需一个记录大小供交换用的辅助存储空间，所以空间复杂度为$O(1)$。

【算法特点】

（1）是不稳定排序。

（2）只能用于顺序结构，不能用于链式结构。

（3）初始建堆所需的比较次数较多，因此记录数较少时不宜采用。堆排序在最坏情况下时间复杂度为$O(n\log_2 n)$，相对于快速排序最坏情况下的$O(n^2)$而言更有优势，当记录较多时较为高效。

8.5 归并排序

归并排序（Merging Sort）就是将两个或两个以上的有序表合并成一个有序表的过程。将两个有序表合并成一个有序表的过程称为**2-路归并**，2-路归并最为简单和常用。下面以2-路归并为例，介绍归并排序算法。

归并排序算法的思想是：假设初始序列含有n个记录，则可将其看成n个有序的子序列，每个子序列的长度为1，然后两两归并，得到$\lceil n/2 \rceil$个长度为2或1的有序子序列；再两两归并，如此重复，直至得到一个长度为n的有序序列为止。

【例8.8】 已知待排序记录的关键字序列为{49, 38, 65, 97, 76, 13, 27}，给出用2-路归并排序法进行排序的过程。

2-路归并排序的过程如图8.13所示。

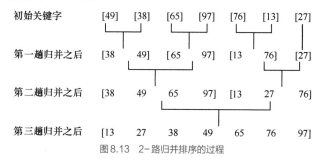

图8.13 2-路归并排序的过程

2-路归并排序中的核心操作是，将待排序序列中前后相邻的两个有序序列归并为一个有序序列，其算法类似于第2章的算法2.16。

算法8.10 相邻两个有序子序列的归并

【算法步骤】

设两个有序表存放在同一数组中相邻的位置（R[low..mid]和R[mid + 1..high]）上，每次分别从两个表中取出一个记录进行关键字的比较，将较小者放入T[1ow..high]中。重复此过程，直至其中一个表为空，最后将另一非空表中余下的部分直接复制到T中。

相邻两个有序
子序列的归并

【算法描述】

```
void Merge(RedType R[],RedType T[],int low,int mid,int high)
{//将有序表R[low..mid]和R[mid+1..high]归并为有序表T[low..high]
  i=low;j=mid+1;k=low;
  while(i<=mid&&j<=high)          //将R中的记录由小到大地并入T中
  {
    if(R[i].key<=R[j].key) T[k++]=R[i++];
```

```
        else T[k++]=R[j++];
    }                                   //while
    while(i<=mid) T[k++]=R[i++];        //将剩余的R[i..mid]复制到T中
    while(j<=high) T[k++]=R[j++];       //将剩余的R[j..high]复制到T中
}
```

假设每个子序列的长度为h，则一趟归并排序需调用$\lceil n/2h \rceil$次算法merge进行两两归并，得到前后相邻、长度为$2h$的有序段，整个归并排序需进行$\lceil \log_2 n \rceil$趟。

与快速排序类似，2-路归并排序也可以利用划分为子序列的方法递归实现。首先把整个待排序序列划分为两个长度大致相等的子序列，对这两个子序列分别递归地进行排序，然后把它们归并。

算法8.11　归并排序

【算法步骤】

2-路归并排序将R[low..high]中的记录归并排序后放入T[low..high]中。当序列长度等于1时，递归结束，否则：

① 将当前序列一分为二，求出分裂点mid =$\lfloor(low+high)/2\rfloor$；

② 对子序列R[low..mid]递归进行归并排序，结果放入S[low..mid]中；

③ 对子序列R[mid + 1..high]递归进行归并排序，结果放入S[mid + 1..high]中；

④ 调用算法Merge，将有序的两个子序列S[low..mid]和S[mid + 1..high]归并为一个有序的序列T[low..high]。

归并排序

【算法描述】

```
void MSort(RedType R[],RedType T[],int low,int high)
{//R[low..high]归并排序后放入T[low..high]中
    if(low==high) T[low]=R[low];
    else
    {
        mid=(low+high)/2;        //将当前序列一分为二,求出分裂点mid
        MSort(R,S,low,mid);      //对子序列R[low..mid]递归进行归并排序,结果放入S[low..mid]
        MSort(R,S,mid+1,high);
        //对子序列R[mid+1..high]递归进行归并排序,结果放入S[mid+1..high]
        Merge(S,T,low,mid,high); //将S[low..mid]和S[mid+1..high]归并到T[low..high]
    }                            //else
}

void MergeSort(SqList &L)
{//对顺序表L进行归并排序
    MSort(L.r,L.r,1,L.length);
}
```

【算法分析】

（1）时间复杂度

当有n个记录时，需进行$\lceil \log_2 n \rceil$趟归并排序，每一趟归并的关键字比较次数不超过n，元素移动次数都是n，因此，归并排序的时间复杂度为$O(n\log_2 n)$。

（2）空间复杂度

用顺序表实现归并排序时，需要和待排序记录个数相等的辅助存储空间，所以空间复杂度为$O(n)$。

【算法特点】

（1）是稳定排序。

（2）可用于链式结构，且不需要附加存储空间，但递归实现时仍需要开辟相应的递归工作栈。

8.6 基数排序

前述各类排序方法都建立在关键字比较的基础上，而分配类排序不需要比较关键字的大小，它是根据关键字中各位的值，通过对待排序记录进行若干趟"分配"与"收集"来实现排序的，是一种借助于多关键字排序的思想对单关键字进行排序的方法。**基数排序**（Radix Sorting）是典型的分配类排序。

8.6.1 多关键字的排序

先看一个具体例子。

已知扑克牌中52张牌面的次序关系为

$$♣ 2 < ♣ 3 < \cdots < ♣ A < ♦ 2 < ♦ 3 < \cdots < ♦ A < ♥ 2 < ♥ 3 < \cdots < ♥ A < ♠ 2 < ♠ 3 < \cdots < ♠ A$$

每一张牌有两个"关键字"：花色（♣ < ♦ < ♥ < ♠）和面值（2<3<…<A），且花色的地位高于面值。在比较任意两张牌面的大小时，必须先比较花色，若花色相同，则再比较面值。

由此，将扑克牌整理成如上所述次序关系时，有以下两种排序法。

（1）**最高位优先法**：先按不同花色分成有次序的4堆牌，每堆牌均具有相同的花色，然后分别对每堆牌按面值大小整理排序。

（2）**最低位优先法**：这是一种分配与收集交替进行的方法。先按不同面值将牌分成13堆，然后将这13堆牌自小至大叠在一起（"3"在"2"之上，"4"在"3"之上，……，最上面的是4张"A"），再将每堆按照面值的次序收集到一起。接着重新对这些牌按不同花色分成4堆，最后将这4堆牌按花色的次序再收集到一起（♣在最下面，♠在最上面），此时同样得到一副满足如上次序关系的牌，如图8.14所示。

8.6.2 链式基数排序

基数排序的思想类似于上述最低位优先法的洗牌过程，是借助分配和收集两种操作对单逻辑关键字进行排序的一种内部排序方法。有的逻辑关键字可以看成由若干个关键字复合而成。例如，若关键字是数值，且其值都为$0 \le K \le 999$，则可把每一个十进制数字看成一个关键字，即可认为K由3个关键字（K^0，K^1，K^2）组成，其中K^0是百位数，K^1是十位数，K^2是个位数；又若关键字K是由5个字母组成的单词，则可看成

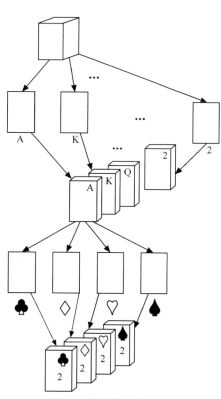

图8.14 扑克牌的一种洗牌过程

由5个关键字(K^0, K^1, K^2, K^3, K^4)组成，其中K^{j-1}是（自左至右的）第j个字母。由于如此分解而得的每个关键字K^j都在相同的范围内（对数字，$0 \le K^j \le 9$；对字母，'A'$\le K^j \le$'Z'），故可以按照分配和收集的方法进行排序。

假设记录的逻辑关键字由d个关键字组成，每个关键字可能取rd个值。只要从最低数位关键字起，按关键字的不同值将序列中记录分配到rd个队列中后再收集，如此重复d次完成排序。按这种方法实现排序称之为**基数排序**，其中"基"指的是rd的取值范围，在上述两种关键字的情况下，rd分别为10和26。

具体实现时，一般采用链式基数排序。

先看一个具体例子。首先以链表存储n个待排记录，并令表头指针指向第一个记录，如图8.15（a）所示，然后通过以下3趟分配和收集操作来完成排序。

第一趟分配对最低数位关键字（个位数）进行，改变记录的指针值将链表中的记录分配至10个链队列中，每个队列中记录的关键字的个位数相等，如图8.15（b）所示，其中f[i]和e[i]分别为第i个队列的头指针和尾指针；第一趟收集是改变所有非空队列的队尾记录的指针域，令其指向下一个非空队列的队头记录，重新将10个队列中的记录链成一个链表，如图8.15（c）所示。

第二趟分配和第二趟收集是对十位数进行的，其过程第一趟的类似。分配和收集结果分别如图8.15（d）和图8.15（e）所示。

第三趟分配和第三趟收集是对百位数进行的，过程与第一趟和第二趟的类似，分配和收集结果分别如图8.15（f）和图8.15（g）所示。至此排序完毕。

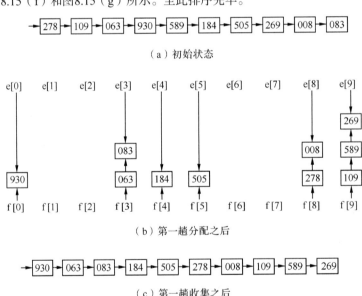

图8.15 链式基数排序过程

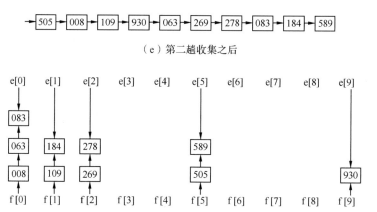

（e）第二趟收集之后

（f）第三趟分配之后

（g）第三趟收集之后

图8.15 链式基数排序过程（续）

算法实现时采用静态链表，以便于更有效地存储和重排记录。相关数据类型的定义如下：

```
#define MAXNUM_KEY 8                    //关键字项数的最大值
#define RADIX 10                        //关键字基数，此时基数是十进制整数
#define MAX_SPACE 10000
typedef struct
{
    KeyType keys[MAXNUM_KEY];          //关键字
    InfoType otheritems;               //其他数据项
    int next;
}SLCell;                                //静态链表的结点类型
typedef struct
{
    SLCell r[MAX_SPACE];               //静态链表的可利用空间，r[0]为头结点
    int keynum;                        //记录的当前关键字个数
    int recnum;                        //静态链表的当前长度
}SLList;                                //静态链表类型
typedef int ArrType[RADIX]             //数组类型
```

算法8.12 基数排序

【算法描述】

```
void Distribute(SLCell &r,int i,ArrType &f,ArrType &e)
{//静态链表L的r域中记录已按 (keys[0], …, keys[i-1]) 有序
 //本算法按第i个关键字keys[i]建立RADIX个子表，使同一子表中记录的
keys[i] 相同
 //f[0..RADIX-1]和e[0..RADIX-1]分别指向各子表中第一个和最后一个记录
    for(j=0;j<RADIX;++j)  f[j]=0;//各子表初始化为空表
    for(p=r[0].next;p;p=r[p].next)
    {
        j=ord(r[p].keys[i]);  //ord将记录中第i个关键字映射到[0..RADIX-1]
        if(!f[j])  f[j]=p;
        else r[e[j]].next=p;
        e[j]=p;               //将p所指的结点插入第j个子表中
    }                          //for
```

基数排序

```
}
void Collect(SLCell &r,int i,ArrType f,ArrType e)
{//本算法按keys[i]自小至大地将f[0..RADIX-1]所指各子表依次链接成一个链表
 //e[0..RADIX-1]为各子表的尾指针
  for(j=0;!f[j]; j=succ(j));           //找第一个非空子表,succ()为求后继函数
  r[0].next=f[j]; t=e[j];              //r[0].next指向第一个非空子表中第一个结点
  while(j<RADIX)
  {
    for(j=succ(j);j<RADIX-1&&!f[j];j=succ(j));  //找下一个非空子表
    if(f[j]) {r[t].next=f[j]; t=e[j];}          //链接两个非空子表
  }                                             //while
  r[t].next=0;                        //t指向最后一个非空子表中的最后一个结点
}

void RadixSort(SLList &L)
{//L是采用静态链表表示的顺序表
 //对L进行基数排序,使得L成为按关键字自小到大的有序静态链表,L.r[0]为头结点
  for(i=0;i<L.recnum;++i) L.r[i].next=i+1;
  L.r[L.recnum].next = 0;             //将L改造为静态链表
  for(i=0;i<L.keynum;++i)             //按最低位优先依次对各关键字进行分配和收集
  {
    Distribute(L.r,i,f,e);           //第i趟分配
    Collect(L.r,i,f,e);              //第i趟收集
  }                                  //for
}
```

【算法分析】

（1）时间复杂度

对于n个记录（假设每个记录含d个关键字，每个关键字的取值范围为rd个值）进行链式基数排序时，每一趟分配的时间复杂度为$O(n)$，每一趟收集的时间复杂度为$O(rd)$，整个排序需进行d趟分配和收集，所以时间复杂度为$O(d(n+rd))$。

（2）空间复杂度

所需辅助空间为2rd个队列指针，另外由于需用链表作为存储结构，则相对于其他以顺序结构存储记录的排序方法而言，链式基数排序还增加了n个指针域的空间，所以空间复杂度为$O(n+rd)$。

【算法特点】

（1）是稳定排序。

（2）可用于链式结构，也可用于顺序结构。

（3）时间复杂度可以突破基于关键字比较一类方法的下界$O(n\log_2 n)$，达到$O(n)$。

（4）基数排序使用条件有严格的要求：需要知道各级关键字的主次关系和各级关键字的取值范围。

8.7 外部排序

前面讨论的都是内部排序的方法，即整个排序过程全部是在内存中完成的，并不涉及数据的内外存交换问题。但如果待排序的记录数目很大，无法一次性调入内存，整个排序过程就必须借用外存分批调入内存才能完成。

8.7.1　外部排序的基本方法

外部排序基本上由两个相对独立的阶段组成。首先，按可用内存大小，将外存上含n个记录的文件分成若干长度为l的子文件或**段**（segment），将其依次读入内存并利用有效的内部排序方法对它们进行排序，并将排序后得到的有序子文件重新写入外存，通常称这些有序子文件为**归并段**或**顺串**；然后，对这些归并段进行逐趟归并，使归并段（有序的子文件）逐渐由小至大，直至得到整个有序文件为止。显然，第一阶段所涉及的内部排序的工作在前几节已经讨论过。本节主要讨论第二阶段即归并的过程。先从一个具体例子来看外部排序中的归并是如何进行的。

假设有一个含10 000个记录的文件，首先通过10次内部排序得到10个初始归并段R1～R10，其中每一段都含1 000个记录。然后对它们进行如图8.16所示的两两归并，直至得到一个有序文件为止。

从图8.16可见，由10个初始归并段到一个有序文件，共进行了4趟归并，每一趟从m个归并段得到$\lceil m/2 \rceil$个归并段。这种归并方法称为**2-路平衡归并**。

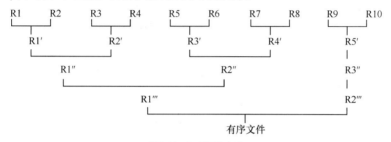

图8.16　2-路平衡归并

将两个有序段归并成一个有序段的过程，若在内存进行，则很简单，算法8.10的merge过程便可实现此归并。但是，在外部排序中实现两两归并时，不仅要调用merge过程，而且要进行对外存的读/写，这是由于我们不可能将两个有序段及归并结果段同时存放在内存中的缘故。我们知道，对外存上信息的读/写是以物理块为单位的。假设在上例中每个物理块可以容纳200个记录，则每一趟归并需进行50次读和50次写，4趟归并加上内部排序时所需进行的读/写使得在外部排序中总共需进行500次读和500次写。

一般情况下，

外部排序所需总的时间=内部排序（产生初始归并段）所需的时间（$m \times t_{IS}$）+
外存信息读/写的时间（$d \times t_{IO}$）+
内部归并所需的时间（$s \times ut_{mg}$）　　　　　　（8-4）

其中，t_{IS}为得到一个初始归并段进行内部排序所需时间的均值；t_{IO}是进行一次外存读/写时间的均值；ut_{mg}是对u个记录进行内部归并所需时间；m为经过内部排序之后得到的初始归并段的个数；s为归并的趟数；d为总的读/写次数。由此，上例10 000个记录利用2-路归并进行外部排序所需总的时间为：

$$10 \times t_{IS} + 500 \times t_{IO} + 4 \times 10\ 000t_{mg}$$

其中，t_{IO}取决于所用的外存设备，显然，t_{IO}较t_{mg}要大得多。因此，提高外部排序的效率应主要着眼于减少外存信息读/写的次数d。

下面来分析d和归并过程的关系。若对上例中所得的10个初始归并段进行5-路平衡归并（每一趟将5个或5个以下的有序子文件归并成一个有序子文件），则从图8.17可见，仅需进行二趟归并，外部排序时总的读/写次数便减至$2 \times 100 + 100 = 300$，比2-路归并减少了200次读/写。

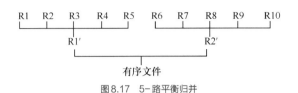

图 8.17 5-路平衡归并

可见，对同一文件而言，进行外部排序时所需读/写外存的次数和归并的趟数s成正比。而在一般情况下，对m个初始归并段进行k-路平衡归并时，归并的趟数：

$$s = \lceil \log_k m \rceil \qquad (8\text{-}5)$$

此时，为了减少归并趟数s，可以从以下两个方面进行改进：

（1）增加归并段的个数k；

（2）减少初始归并段的个数m。

其中，"多路平衡归并"的方法是通过增加归并段的个数来减少对数据的查找趟数的；"置换-选择"的方法通过在查找一遍的前提下得到更长的初始归并段，从而减少初始归并段的个数。

下面分别就这两个方面进行讨论。

8.7.2　多路平衡归并的实现

从式（8-5）得知，增加k可以减少s，从而减少外存读/写的次数。但是，从下面的讨论中又可发现，单纯增加k将导致内部归并的时间ut_{mg}增加。那么，如何解决这个矛盾呢？

先看2-路归并。令u个记录分布在两个归并段上，按merge过程进行归并。每得到归并后的一个记录，仅需一次比较即可，则得到含u记录的归并段需进行$u-1$次比较。

再看k-路归并。令u个记录分布在k个归并段上，显然，归并后的第一个记录应是k个归并段中关键字最小的记录，即应从每个归并段的第一个记录的比较中选出最小者，这需要进行$k-1$次比较。同理，每得到归并后的有序段中的一个记录，都要进行$k-1$次比较。显然，为得到含u个记录的归并段需进行$(u-1)(k-1)$次比较。由此，对含有n个记录的文件进行外部排序时，在内部归并过程中进行的总的比较次数为$s(k-1)(n-1)$。假设所得初始归并段为m个，则由式（8-5）可得内部归并过程中进行的总的比较次数为：

$$\lceil \log_k m \rceil (k-1)(n-1)t_{mg} = \left\lceil \frac{\log_2 m}{\log_2 k} \right\rceil (k-1)(n-1)t_{mg} \qquad (8\text{-}6)$$

由于$\dfrac{k-1}{\log_2 k}$随k的增长而增长，因此内部归并时间亦随k的增长而增长。这将抵消由于增大k而缩短外存信息读/写时间所得效益，这是我们所不希望的。然而，若在进行k-路归并时利用"**败者树**"（Tree of Loser），则可使在k个记录中选出关键字最小的记录仅需进行$\lceil \log_2 k \rceil$次比较，从而使总的归并时间由式（8-6）变为$\lceil \log_2 m \rceil (n-1)t_{mg}$，显然，这个式子和$k$无关，它不再随$k$的增长而增长。

那么，什么是"败者树"？它是树形选择排序的一种变形。相对地，我们可称图8.7和图8.8中的二叉树为"胜者树"，因为其每个非终端结点均表示其左、右孩子结点中的"胜者"。反之，若在双亲结点中记下刚进行完的这场"比赛"中的"败者"，而让胜者去参加更高一层的比赛，便可得到一棵败者树。例如，图8.18（a）所示为一棵实现5-路归并的败者树ls[0..4]，图中方形结点表示叶子结点（也可看成外结点），分别为5个归并段中当前参加归并选择的记录的关键字；败者树中根结点ls[1]的双亲结点ls[0]为"冠军"，在此指示各归并段中的最小关键字记录为第3段中的当前记录；结点ls[3]指示b1和b2两个叶子结点中的败者即b2，而胜者b1和b3（b3是与b4和b0经过两场比赛后的胜者）进行比较，结点ls[1]则指示它们中的败者为b1。在选得最小关键字的记录之后，只要修改叶子结点b3中的值，使其为同一归并段中的下一个记录的关键字，然后从该结点向上和双亲结点所指的关键字进行比较，败者留在该双亲结点，胜者继续向上，直至树根的双亲。如图8.18（b）所示，当第3个归并段中第2个记录参加归并时，选得的最小关键字记录为第1个归并段中的记录。为防止在归并过程中某个归并段变空，可以在每个归并段中附加一个关键字为最大值的记录。当选出的"冠军"记录的关键字为最大值时，表明此次归并已完成。由于实现k-路归并的败者树的深度为$\lceil \log_2 k \rceil + 1$，因此在$k$个记录中选择最小关键字仅需进行$\lceil \log_2 k \rceil$次比较。败者树的初始化也容易实现，只要先令所有的非终端结点指向一个含最小关键字的叶子结点，然后从各个叶子结点出发调整非终端结点为新的败者即可。

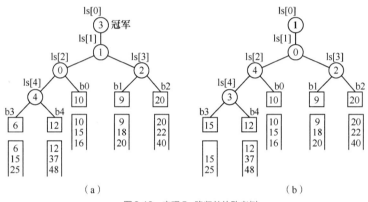

图8.18　实现5-路归并的败者树

最后要提及一点，k值的选择并非越大越好，如何选择合适的k值是一个需要综合考虑的问题。

8.7.3　置换－选择排序

由式（8-5）得知，归并的趟数s不仅和k成反比，也和m成反比，因此，减少m是减少s的另一条途径。然而，我们从8.7.1小节的讨论中也得知，m是外部文件经过内部排序之后得到的初始归并段的个数，显然，$m = \lceil n/l \rceil$，其中n为外部文件中的记录数，l为初始归并段中的记录数。回顾前面讨论的各种内部排序方法，在内部排序过程中移动记录和对关键字进行比较都是在内存中进行的。因此，用这些方法进行内部排序得到的各个初始归并段的长度l（除最后一段外）都相同，且其完全依赖于进行内部排序时可用内存工作区的大小，m也随其而限定。由此，若要减小m，即增加l，就必须探索新的排序方法。

置换－选择排序（Replacement-Selection Sorting）是在树形选择排序的基础上得来的，它的特点是：在整个排序（得到所有初始归并段）的过程中，选择最小（或最大）关键字和输入、输出交叉或平行进行。

先从具体例子谈起。已知初始文件含有24个记录，它们的关键字分别为51,49,39,46,38,29,14,61,15,30,1,48,52,3,63,27,4,13,89,24,46,58,33,76。假设内存工作区可容纳6个记录，则按前面讨论的选择排序可求得如下4个初始归并段。

RUN1：29,38,39,46,49,51

RUN2：1,14,15,30,48,61

RUN3：3,4,13,27,52,63

RUN4：24,33,46,58,76,89

若按置换-选择排序进行排序，则可求得如下3个初始归并段。

RUN1：29,38,39,46,49,51,61

RUN2：1,3,14,15,27,30,48,52,63,89

RUN3：4,13,24,33,46,58,76

假设初始待排文件为输入文件FI，初始归并段文件为输出文件FO，内存工作区为WA，FO和WA的初始状态为空，并设内存工作区的容量可容纳w个记录，则置换-选择排序的操作过程如下。

① 从FI输出w个记录到工作区WA。

② 从WA中选出其中关键字取最小值的记录，记为MINIMAX记录。

③ 将MINIMAX记录输入FO。

④ 若FI不空，则从FI输出下一个记录到WA。

⑤ 从WA中所有关键字比MINIMAX记录的关键字大的记录中选出最小关键字记录，作为新的MINIMAX记录。

⑥ 重复③～⑤，直至WA中选不出新的MINIMAX记录为止，由此得到一个初始归并段，输入一个归并段的结束标志到FO。

⑦ 重复②～⑥，直至WA为空。由此得到所有初始归并段。

例如，以上所举之例的置换-选择过程如表8.1所示。

表8.1　置换－选择过程

FO	WA	FI
空	空	51,49,39,46,38,29,14,61,15,30,1,48,52,3,63,27,4…
空	51,49,39,46,38,29	14,61,15,30,1,48,52,3,63,27,4,…
29	51,49,39,46,38,	14,61,15,30,1,48,52,3,63,27,4,…
29	51,49,39,46,38,14	61,15,30,1,48,52,3,63,27,4,…
29,38	51,49,39,46, ,14	61,15,30,1,48,52,3,63,27,4,…
29,38	51,49,39,46,61,14	15,30,1,48,52,3,63,27,4,…
29,38,39	51,49, ,46,61,14	15,30,1,48,52,3,63,27,4,…
29,38,39	51,49,15,46,61,14	30,1,48,52,3,63,27,4,…
29,38,39,46	51,49,15, ,61,14	30,1,48,52,3,63,27,4,…
29,38,39,46	51,49,15,30,61,14	1,48,52,3,63,27,4,…
29,38,39,46,49	51, ,15,30,61,14	1,48,52,3,63,27,4,…
29,38,39,46,49	51, 1,15,30,61,14	48,52,3,63,27,4,…
29,38,39,46,49,51	, 1,15,30,61,14	48,52,3,63,27,4,…
29,38,39,46,49,51	48, 1,15,30,61,14	52,3,63,27,4,…
29,38,39,46,49,51,61	48, 1,15,30, ,14	52,3,63,27,4,…
29,38,39,46,49,51,61	48, 1,15,30,52,14	3,63,27,4,…
29,38,39,46,49,51,61，*	48, 1,15,30,52,14	3,63,27,4,…
29,38,39,46,49,51,61，*，1	48, ,15,30,52,14	3,63,27,4,…
29,38,39,46,49,51,61，*，1	48, 3,15,30,52,14	63,27,4,…
…	…	…

注：　"*"为归并段的结束标志

在WA中选择MINIMAX记录的过程需利用"败者树"来实现。关于"败者树"本身，上节已有详细讨论，在此仅就置换-选择排序中的实现细节加以说明。

（1）内存工作区中的记录作为败者树的外部结点，而败者树中根结点的双亲结点指示工作区中关键字最小的记录。

（2）为了便于选出 MINIMAX 记录，为每个记录附设一个所在归并段的序号，在进行关键字的比较时，先比较段号，段号小者为胜者；段号相同的则关键字小的为胜者。

（3）败者树的建立可从设工作区中所有记录的段号均为 0 开始，然后从 FI 逐个输入 w 个记录到工作区时，自上而下调整败者树。由于这些记录的段号为"1"，所以它们对于段号为 0 的记录而言均为败者，从而逐个填充到败者树的各结点中去。

下面利用败者树对前面例子进行置换-选择排序时的局部状况进行说明，如图8.19所示。其中，内存工作区的存储结构定义如下：

```
//- - - - - 内存工作区的存储结构- - - - -
typedef struct
{
  RedType rec;              //记录
  KeyType key;              //从记录中抽取的关键字
  int rnum;                 //所属归并段的段号
}RcdNode,WorkArea[w];       //内存工作区,容量为w
WorkArea wa;
```

图8.19（a）～（g）显示了败者树建立过程中的状态变化状况。最后得到最小关键字的记录为wa[0]，之后，输出wa[0].rec，并从FI中输出下一个记录至wa[0]。由于它的关键字小于刚刚输出的记录的关键字，则设此新输入的记录的段号为2[见图8.19（h）]，而由于在输出wa[1]之后新输入的关键字较wa[1].key大，则该新输入的记录的段号仍为1[见图8.19（i）]。图8.19（j）所示为在输出6个记录之后得到的MINIMAX记录为wa[1]时的败者树。图8.19（k）表明在该记录wa[1]之后，由于输入的下一条记录的关键字较小，其段号亦为2，致使工作区中的所有记录的段号均为2。由此败者树选出的新的MINIMAX记录的段号大于当前生成的归并段的序号。这说明该段已结束，而此新的MINIMAX记录应是下一归并段中的第一个记录。

从上述可见，由置换-选择排序所得初始归并段的长度不等。且可证明，当输入文件中记录的关键字为随机数时，所得初始归并段的平均长度为内存工作区大小w的两倍。这个证明是E.F.摩尔（E.F.Moore）在1961年从置换-选择排序和扫雪机的类比中得出的。

假设一台扫雪机在环形路上等速进行扫雪，下雪的速度也是均衡的（每小时落到地面上的雪量相等），雪均匀地落在扫雪机的前、后路面上，边下雪边扫雪。显然，在某个时刻之后，整个系统达到平衡状态，路面上的积雪总量不变。且在任何时刻，整个路面上的积雪都形成一个均匀的斜面，紧靠扫雪机前端的积雪最厚，其深度为h，而在扫雪机刚扫过的路面上的积雪深度为0。若将环形路伸展开来，路面积雪状态如图8.20所示。假设此刻路面积雪的总体积为w，环形路一圈的长度为l，由于扫雪机在任何时刻扫走的雪的深度为h，则扫雪机在环形路上走一圈扫掉的积雪体积为lh，即$2w$。

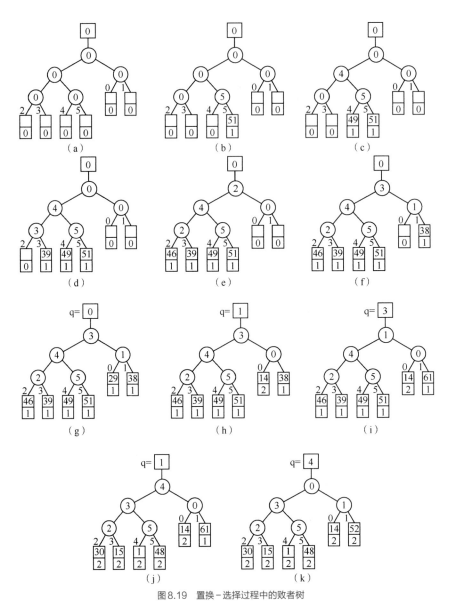

图8.19 置换－选择过程中的败者树

注：图8.19（a）～（g）建立败者树，选出最小关键字记录wa[0]，图8.19（h）～（k）选好新的MINIMAX记录

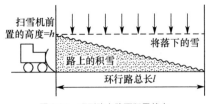

图8.20 环形路上路面积雪状态

　　将置换-选择排序与此类比，工作区中的记录好比路面的积雪，输出的MINIMAX记录好比扫走的雪，新输入的记录好比新下的雪，当关键字为随机数时，新记录的关键字比MINIMAX大或小的概率相等。若大，则该关键字属当前归并段（好比落在扫雪机前面的积雪，在这一圈中将被扫走）；若小，则该关键字属下一归并段（好比落在扫雪机后面的积雪，在下一圈中才能被扫走）。由此，得到一个初始归并段好比扫雪机走一圈。假设工作区的容量为w，则置换-选

择所得初始归并段长度的期望值便为$2w$。

容易看出，若不计输入、输出的时间，则对n个记录的文件而言，生成所有初始归并段所需时间为$O(n\log_2 w)$。

8.7.4 最佳归并树

这一节要讨论的问题是，由置换-选择生成所得的初始归并段，其各段长度不等对平衡归并有何影响？

假设由置换-选择得到9个初始归并段，其长度（记录数）依次为9、30、12、18、3、17、2、6、24。现对其进行3-路平衡归并，其归并树（表示归并过程的图）如图8.21所示，图中每个圆圈表示一个初始归并段，圆圈中数字表示归并段的长度。假设每个记录占一个物理块，则两趟归并所需对外存进行读/写的次数为

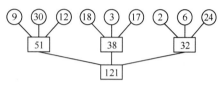

图8.21　3-路平衡归并的归并树

$$(9+30+12+18+3+17+2+6+24)\times 2\times 2 = 484$$

若将初始归并段的长度看成归并树中叶子结点的权，则此3叉树的带权路径长度的两倍恰为484。显然，归并方案不同，树的带权路径长度（或外存读/写次数）亦不同。在第5章中曾讨论了有n个叶子结点的带权路径长度最短的二叉树称哈夫曼树，同理，存在有n个叶子结点的带权路径长度最短的3叉、4叉、…、k叉树，亦称哈夫曼树。因此，若对长度不等的m个初始归并段，构造一棵哈夫曼树作为归并树，便可使在进行外部归并时所需对外存进行读/写的次数达到最少。例如，对上述9个初始归并段可构造一棵图8.22所示的归并树，按此树进行归并，仅需对外存进行446次读/写，这棵归并树便称作**最佳归并树**。

图8.22中的哈夫曼树是一棵真正的3叉树，即树中只有度为3或0的结点。假若只有8个初始归并段，例如，在前面例子中少了一个长度为30的归并段。如果在设计归并方案时，缺额的归并段留在最后，即除了最后一次进行2-路归并外，其他各次归并都是3-路归并，容易看出此归并方案的外存读/写次数为386。显然，这不是最佳方案。正确的做法是，当初始归并段的数目不足时，需附加长度为0的"虚段"，按照哈夫曼树构造的原则，权为0的叶子应离树根最远，因此，这个只有8个初始归并段的归并树应如图8.23所示。

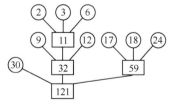

图8.22　3-路平衡归并的最佳归并树

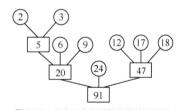

图8.23　只有8个归并段的最佳归并树

那么，如何判断附加虚段的数目？当3叉树中只有度为3或0的结点时，必有$n_3=(n_0-1)/2$，其中，n_3是度为3的结点数，n_0是度为0的结点数。由于n_3必为整数，因此$(n_0-1) \bmod 2=0$。也就是说，对3-路归并而言，只有当初始归并段的个数为偶数时，才需加1个虚段。

在一般情况下，对k-路归并而言，容易推算得到，若$(m-1) \bmod (k-1)=0$，则不需加虚段，否则需附加$k-(m-1) \bmod (k-1)-1$个虚段。换句话说，第一次归并为$[(m-1) \bmod (k-1)+1]$-路归并。

若按最佳归并树的归并方案进行磁盘归并排序，需在内存建立一张载有归并段的长度和它在磁盘上的物理位置的索引表。

8.8 小结

本章介绍了内部排序和外部排序的方法，内部排序是外部排序的基础，必须通过内部排序产生初始归并段之后，才能进行外部排序。

对于内部排序，本章总计介绍了5类共9种较常用的排序方法，下面从时间复杂度、空间复杂度和稳定性几个方面对这些内部排序方法进行比较，结果如表8.2所示。

表 8.2　各种内部排序方法的比较

排序方法	时间复杂度			空间复杂度	稳定性
	最好情况	最坏情况	平均情况		
直接插入排序	$O(n)$	$O(n^2)$	$O(n^2)$	$O(1)$	稳定
折半插入排序	$O(n\log_2 n)$	$O(n^2)$	$O(n^2)$	$O(1)$	稳定
希尔排序			$O(n^{1.3})$	$O(1)$	不稳定
冒泡排序	$O(n)$	$O(n^2)$	$O(n^2)$	$O(1)$	稳定
简单选择排序	$O(n^2)$	$O(n^2)$	$O(n^2)$	$O(1)$	稳定
快速排序	$O(n\log_2 n)$	$O(n^2)$	$O(n\log_2 n)$	$O(\log_2 n)$	不稳定
堆排序	$O(n\log_2 n)$	$O(n\log_2 n)$	$O(n\log_2 n)$	$O(1)$	不稳定
归并排序	$O(n\log_2 n)$	$O(n\log_2 n)$	$O(n\log_2 n)$	$O(n)$	稳定
基数排序	$O(d(n+rd))$	$O(d(n+rd))$	$O(d(n+rd))$	$O(n+rd)$	稳定

从表8.2的时间复杂度的平均情况来看，直接插入排序、折半插入排序、冒泡排序和简单选择排序的速度较慢，而其他排序方法的速度较快。从算法实现的角度来看，速度较慢的算法实现过程比较简单，称之为简单的排序方法；而速度较快的算法可以看作是对某一排序算法的改进，称之为先进的排序方法，但这些算法实现过程比较复杂。总的来看，各种排序算法各有优缺点，没有哪一种是绝对最优的。在使用时需根据不同情况适当选用，甚至可将多种方法结合起来使用。一般综合考虑以下因素：

（1）待排序的记录个数；

（2）记录本身的大小；

（3）关键字的结构及初始状态；

（4）对排序稳定性的要求；

（5）存储结构。

根据这些因素和表8.2所做的比较，可以得出以下几点结论。

（1）当待排序的记录个数n较小时，n^2和$n\log_2 n$的差别不大，可选用简单的排序方法。而当关键字基本有序时，可选用直接插入排序或冒泡排序，排序速度很快，其中直接插入排序最为简单常用，性能也最佳。

（2）当n较大时，应该选用先进的排序方法。对于先进的排序方法，就平均时间性能而言，快速排序最佳，是目前基于比较的排序方法中最好的方法。但在最坏情况下，即当关键字基本有序时，快速排序的递归深度为n，时间复杂度为$O(n^2)$，空间复杂度为$O(n)$。堆排序和归并排序不会出现快速排序的最坏情况，但归并排序的辅助空间较大。这样，当n较大时，具体选用的原则是：

① 当关键字分布随机，对稳定性不做要求时，可采用快速排序；

② 当关键字基本有序，对稳定性不做要求时，可采用堆排序；

③ 当关键字基本有序，内存允许且要求排序稳定时，可采用归并排序。

（3）可以将简单的排序方法和先进的排序方法结合使用。例如，当n较大时，可以先将待排序序列划分成若干子序列分别进行直接插入排序，再利用归并排序将有序子序列合并成一个完整的有序序列。或者，在快速排序中，当划分子区间的长度小于某值时，可以转而调用直接插入排序算法。

（4）基数排序的时间复杂度也可写成$O(dn)$。因此，它最适用于n值很大而关键字较小的序列。若关键字也很大，而序列中大多数记录的"最高位关键字"均不同，则亦可先按"最高位关键字"不同将序列分成若干"小"的子序列，而后进行直接插入排序。但基数排序对使用条件有严格的要求：需要知道各级关键字的主次关系和各级关键字的取值范围，即只适用于像整数和字符这类有明显结构特征的关键字，当关键字的取值范围为无穷集合时，则无法使用基数排序。

（5）从方法的稳定性来比较，基数排序是稳定的内部排序方法，所有时间复杂度为$O(n^2)$的简单排序法也是稳定的，然而，快速排序、堆排序和希尔排序等时间性能较好的排序方法都是不稳定的。

一般来说，如果排序过程中的比较是在相邻的两个记录关键字间进行的，则排序方法是稳定的。值得提出的是，稳定性是由方法本身决定的，对不稳定的排序方法而言，不管其描述形式如何，总能举出一个不稳定的实例来。反之，对稳定的排序方法，可能有的描述形式会引起不稳定，但总能找到一种可不引起不稳定的描述形式。由于大多数情况下排序是按记录的主关键字进行的，因此所用的排序方法是否稳定无关紧要。若排序按记录的次关键字进行，则必须采用稳定的排序方法。

（6）在本章讨论的排序方法中，多数是采用顺序表实现的。若记录本身信息量较大，为避免移动记录耗费大量时间，可采用链式存储结构。比如直接插入排序、归并排序都易于在链表上实现。但像折半插入排序、希尔排序、快速排序和堆排序，却难以在链表上实现。

对于外部排序，常用的方法是归并方法，这种方法主要由两个独立的阶段组成：第一，把待排序的文件划分成若干个子文件；第二，逐趟归并子文件，最后形成对整个文件的排序。为减少归并中外存读/写的次数，提高外排序的效率，一般通过增大归并路数和减少初始归并段个数两种方案对归并算法进行改进，其中，多路平衡归并的方法可以增加归并段的个数，置换-选择的方法可以减少初始归并段的个数。

学完本章后，读者应掌握与排序相关的基本概念，如关键字比较次数、数据移动次数、稳定性、内部排序、外部排序；深刻理解各种内部排序方法的基本思想、特点、实现方法及其性能分析，能从时间、空间、稳定性各个方面对各种排序方法进行综合比较，并能加以灵活应用。掌握外部排序方法中败者树的建立及归并方法；掌握置换-选择排序的过程和最佳归并树的构造方法。

习题

1. 选择题

（1）从未排序序列中依次取出元素与已排序序列（初始时为空）中的元素进行比较，将其放入已排序序列的正确位置，这种排序方法称为（　　　）。

  A. 归并排序 B. 冒泡排序 C. 插入排序 D. 选择排序

（2）从未排序序列中挑选元素，并将其依次插入已排序序列（初始时为空）末端的方法，称为（　　　）。

  A. 归并排序 B. 冒泡排序 C. 插入排序 D. 选择排序

（3）对 n 个不同的关键字由小到大进行冒泡排序，在下列（　　　）情况下比较的次数最多。

  A. 元素从小到大排列好的   B. 元素从大到小排列好的

  C. 元素无序的   D. 元素基本有序的

（4）对 n 个不同的排序码进行冒泡排序，在元素无序的情况下比较的次数为（　　　）。

  A. $n+1$ B. n C. $n-1$ D. $n(n-1)/2$

（5）快速排序在下列（　　　）的情况下最易发挥其长处。

  A. 被排序的数据中含有多个相同排序码

  B. 被排序的数据已基本有序

  C. 被排序的数据完全无序

  D. 被排序的数据中的最大值和最小值相差悬殊

（6）对 n 个关键字进行快速排序，在最坏情况下，算法的时间复杂度是（　　　）。

  A. $O(n)$ B. $O(n^2)$ C. $O(n\log_2 n)$ D. $O(n^3)$

（7）若一组记录的排序码为(46, 79, 56, 38, 40, 84)，则利用快速排序的方法，以第一个记录为基准得到的一次划分结果为（　　　）。

  A. 38, 40, 46, 56, 79, 84   B. 40, 38, 46, 79, 56, 84

  C. 40, 38, 46, 56, 79, 84   D. 40, 38, 46, 84, 56, 79

（8）下列关键字序列中，（　　　）是堆。

  A. 16, 72, 31, 23, 94, 53   B. 94, 23, 31, 72, 16, 53

  C. 16, 53, 23, 94, 31, 72   D. 16, 23, 53, 31, 94, 72

（9）堆是一种（　　　）排序。

  A. 插入 B. 选择 C. 交换 D. 归并

（10）堆的形状是一棵（　　　）。

  A. 二叉排序树 B. 满二叉树 C. 完全二叉树 D. 平衡二叉树

（11）若一组记录的排序码为(46, 79, 56, 38, 40, 84)，则利用堆排序的方法建立的初始堆为（　　　）。

  A. 79, 46, 56, 38, 40, 84   B. 84, 79, 56, 38, 40, 46

  C. 84, 79, 56, 46, 40, 38   D. 84, 56, 79, 40, 46, 38

（12）下述几种排序方法中，要求内存最大的是（　　　）。

  A. 希尔排序 B. 快速排序 C. 归并排序 D. 堆排序

（13）下述几种排序方法中，（　　　）是稳定的排序方法。

  A. 希尔排序 B. 快速排序 C. 归并排序 D. 堆排序

（14）数据表中有10000个元素，如果仅要求求出其中最大的10个元素，则采用（　　　）算法最节省时间。

  A. 冒泡排序 B. 快速排序 C. 简单选择排序 D. 堆排序

（15）下列排序算法中，不能保证每趟排序至少能将一个元素放到其最终的位置上的排序方法是（　　　）。

      A．希尔排序   B．快速排序   C．冒泡排序   D．堆排序

2．应用题

（1）设待排序的关键字序列为{12, 2, 16, 30, 28, 10, 16*, 20, 6, 18}，试分别写出使用以下排序方法，每趟排序结束后关键字序列的状态。

① 直接插入排序；

② 折半插入排序；

③ 希尔排序（增量选取5、3和1）；

④ 冒泡排序；

⑤ 快速排序；

⑥ 简单选择排序；

⑦ 堆排序；

⑧ 二路归并排序。

（2）给出如下关键字序列{321, 156, 57, 46, 28, 7, 331, 33, 34, 63}，试按链式基数排序方法，列出每一趟分配和收集的过程。

（3）对输入序列(101, 51, 19, 61, 3, 71, 31, 17, 19, 100, 55, 20, 9, 30, 50, 6, 90)；当k=6时，使用置换-选择算法，写出建立的初始败者树及生成的初始归并段。

3．算法设计题

（1）试以单链表为存储结构，实现简单选择排序算法。

（2）有n个记录存储在带头结点的双向链表中，利用双向冒泡排序法对其按升序进行排序，请设计这种排序的算法。（注：双向冒泡排序即相邻两趟排序向相反方向冒泡。）

（3）设有顺序放置的n个桶，每个桶中装有一粒砾石，每粒砾石的颜色是红、白、蓝之一。要求重新安排这些砾石，使得所有红色砾石在前，所有白色砾石居中，所有蓝色砾石在后，重新安排时对每粒砾石的颜色只能看一次，并且只允许用交换操作来调整砾石的位置。

（4）设计算法，对n个整数值的关键字记录序列进行重新排列，使所有关键字为负值的记录排在关键字为非负值的记录之前，要求：

① 采用顺序存储结构，至多使用存储一个记录的辅助空间；

② 算法的时间复杂度为$O(n)$。

（5）借助于快速排序的算法思想，在一组无序的记录中查找给定关键字值等于key的记录。设此组记录存放于数组r[1..n]中。若查找成功，则输出该记录在数组r中的位置及其关键字值，否则显示"not find"信息。请简要说明算法思想并设计算法。

（6）有一种简单的排序算法，叫作计数排序。这种排序算法对一个待排序的表进行排序（所有待排序的关键字互不相同），并将排序结果存放到一个新的表中。计数排序的要求如下：针对表中的每个记录，逐趟遍历待排序的表，每趟遍历结束后统计出当前表中比该记录关键字小的记录个数。假设针对某一个记录，统计出的计数值为c，则将该记录在新的有序表中的存放位置置为c。

① 给出适用于计数排序的顺序表定义；

② 设计实现计数排序的算法；

③ 对于有n个记录的表，关键字比较次数是多少？

④ 与简单选择排序相比较，这种方法是否更好？为什么？

参考文献

[1] 严蔚敏，吴伟民. 数据结构（C语言版）[M]. 北京：清华大学出版社，2011.

[2] 严蔚敏，陈文博. 数据结构及应用算法教程（修订版）[M]. 北京：清华大学出版社，2011.

[3] 陈越，何钦铭，徐镜春，等. 数据结构[M]. 北京：高等教育出版社，2012.

[4] 耿国华. 数据结构——用C语言描述[M]. 北京：高等教育出版社，2011.

[5] 王红梅，胡明，王涛. 数据结构（C++版）[M]. 北京：清华大学出版社，2011.